# APCS

## 大學程式設計
## 先修檢測
### 使用C & Python

完勝
教材

Python

C

# APCS 大學程式設計先修檢測完勝教材--使用 C & Python

作　　者：蔡文龍 / 張志成 / 何嘉益 / 張力元
企劃編輯：江佳慧
文字編輯：王雅雯
設計裝幀：張寶莉
發 行 人：廖文良

發 行 所：碁峰資訊股份有限公司
地　　址：台北市南港區三重路 66 號 7 樓之 6
電　　話：(02)2788-2408
傳　　真：(02)8192-4433
網　　站：www.gotop.com.tw
書　　號：AEL027000
版　　次：2023 年 09 月初版
建議售價：NT$500

國家圖書館出版品預行編目資料

APCS 大學程式設計先修檢測完勝教材：使用 C & Python / 蔡文
　龍, 張志成, 何嘉益, 張力元著. -- 初版. -- 臺北市：碁峰資訊,
　2023.09
　　面；　公分
　ISBN 978-626-324-618-8(平裝)
　1.CST：電腦程式設計　2.CST：C(電腦程式語言)
　3.CST：Python(電腦程式語言)
312.2　　　　　　　　　　　　　　　　　　　　112014331

讀者服務

● 感謝您購買碁峰圖書，如果您
  對本書的內容或表達上有不清
  楚的地方或其他建議，請至碁
  峰網站：「聯絡我們」\「圖書問
  題」留下您所購買之書籍及問
  題。(請註明購買書籍之書號及
  書名，以及問題頁數，以便能
  儘快為您處理)
  http://www.gotop.com.tw

● 售後服務僅限書籍本身內容，
  若是軟、硬體問題，請您直接
  與軟、硬體廠商聯絡。

● 若於購買書籍後發現有破損、
  缺頁、裝訂錯誤之問題，請直
  接將書寄回更換，並註明您的
  姓名、連絡電話及地址，將有
  專人與您連絡補寄商品。

# 序

現今因為 ChatGPT 的崛起，資訊人才在就業市場炙手可熱，所以資訊科系的錄取分數不斷提高。APCS 就是「大學程式設計先修檢測」，目的在檢測考生程式設計的能力，提供大專院校選才的參考依據。APCS 題目分為程式設計「**觀念題**」與「**實作題**」兩大科目，「觀念題」為選擇題 40 題滿分 100 分、「實作題」共有四題程式實作滿分 400 分。目前資訊相關科系都將 APCS 成績，列入多元入學的重要篩選項目中。

本書為配合 APCS 檢測，觀念題方面採用 C 語言進行解說，實作題則採用 Python 語言進行演練解析，所以本書將內容分成 **C 語言**與 **Python 語言**兩大部分。C 語言部份是針對 APCS 學科「觀念題」，介紹變數、運算子、輸出入、流程控制、陣列、函式、遞迴等基本程式知識。並將 105、106 年所有 APCS 檢測「觀念題」做詳細的說明，期望讀者能融會貫通。因為 Python 語言語法簡潔，函式功能強大，適合在時間有限的情況下完成程式實作。所以除了介紹基本的 Python 語法外，並將 105、106 年四份 APCS 檢測術科「實作題」，從解題的演算法說明，到程式碼的實際撰寫，做深入淺出的解說，希望幫助讀者能夠獨立思考，養成程式設計的能力，並能順利高分通過 APCS 檢測。

本書由科技大學與補教業教授程式設計的老師共同編著，針對目前高中職與初學者所應具備程式設計基本素養，精心編寫的入門教材。內容由語法解說、範例說明、問題分析、程式設計進行循序漸進的範例實作與說明，希望訓練初學者具有邏輯思考與解決問題的能力，能輕鬆擁有 APCS 應試的技能。

**為方便教學，本書另提供教學投影片，歡迎採用本書的授課教師可向碁峰業務索取。同時系列書籍於程式享樂趣 YouTube 頻道每週分享補充教材與新知，以利初學者快速上手。**有關本書的任何問題可來信至 itPCBook@gmail.com，我們會盡快答覆。本書雖經多次精心校對，難免百密一疏，尚祈讀者先進不吝指正，以期再版時能更趨紮實。感謝周家旬與廖美昭小姐細心校稿與提供寶貴的意見，以及碁峰同仁的鼓勵與協助，使得本書得以順利出書。在此聲明，書中所提及相關產品名稱皆為各所屬公司之註冊商標。

**程式享樂趣** YouTube 頻道：https://www.youtube.com/@happycodingfun

微軟最有價值專家、僑光科技大學多媒體與遊戲設計系 副教授　蔡文龍

張志成、何嘉益、張力元 編著

2023.8.20 於台中

# 目錄

## 01 C 語言開發環境與程式基本觀念

## 02 C 語言輸出入函式

# 03　C 語言程式流程控制

# 04　C 語言陣列

# 05　C 語言函式

# 06 C 語言遞迴

# 07 APCS 觀念題解析—使用 C 解題

# 08 Python 開發環境與程式基本觀念

# 09 Python 字串與輸出入函式

# 10 Python 流程控制

# 11 Python 串列

# 12 Python 函式與遞迴

# 13 APCS 105 年 3 月實作題解析─使用 Python 解題

# 14 APCS 105 年 10 月實作題解析─使用 Python 解題

# 15 APCS 106 年 3 月實作題解析─使用 Python 解題

# 16 APCS 106 年 10 月實作題解析─使用 Python 解題

# A 安裝 Code::Blocks 整合開發環境 〔電子書，請線上下載〕

# B 安裝 Python IDLE 整合開發環境 〔電子書，請線上下載〕

▶**下載說明**

本書範例檔、附錄電子書請至以下碁峰網站下載
http://books.gotop.com.tw/download/AEL027000，其內容僅供
合法持有本書的讀者使用，未經授權不得抄襲、轉載或任意散佈。

# C 語言開發環境
# 與程式基本觀念

開發 C 語言的應用程式時，必須使用程式編輯器、編譯器、除錯器 …等多種軟體。本書為配合 APCS 考場的系統環境，將採用 Code::Blocks 軟體，以便考生平時就能習慣操作環境，應考時自然會有最佳的表現。安裝 Code::Blocks 的步驟請參考附錄 A。

## 1.1　Code::Blocks 整合開發環境介紹

在本節中將利用開發一個簡單的控制台(或稱主控台)應用程式 (Console application)，介紹在 Code::Blocks 整合開發環境撰寫 C 語言應用程式的基本操作步驟。

### 1.1.1 新增 C 專案

1. 開啟 Code::Blocks 整合開發環境：

   執行工作列 【 ▦ 開始 / CodeBlocks (Launcher) 】，或快按兩下桌面上的 ▦ 捷徑圖示，就會進入 Code::Blocks 整合開發環境。

2. 新增控制台應用程式專案：

   控制台應用程式只有文字輸出入，適合學習程式語言的邏輯設計。操作步驟如下：

   ① 新增專案：

   請執行功能表的 【File / New / Project…】指令，會開啟「New from template」對話方塊。

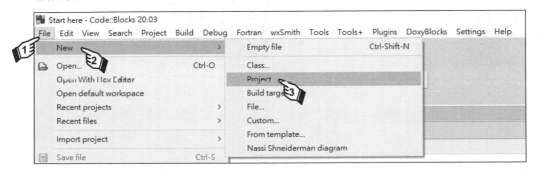

② 指定建立控制台應用程式專案：

在「New from template」對話方塊中，先選擇新增專案的類型為「Console application」，再按 ▭ Go ▭ 鈕。此時會出現「Console application」對話方塊的歡迎畫面，按 ▭ Next > ▭ 鈕進行下一步驟。

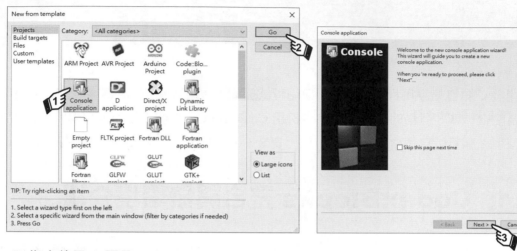

③ 指定使用 C 語言：

請選取「C」項目，然後按 ▭ Next > ▭ 鈕進行下一步驟。

④ 設定 test.cbp 專案的名稱和路徑：

將專案標題 (Project title) 設為「test」，專案路徑 (Folder to create project in ) 設為「C:\apcs\ex01」。此時系統會自動設專案名稱 (Project filename) 為「test.cbp」，專案完整路徑名稱 (Resulting filename) 為「C:\apcs\ex01\test\test.cbp」，也就是我們會建立一個 test.cbp 專案檔，儲存在 C:\apcs\ex01\test 資料夾中。按 ▭ Next > ▭ 鈕進行下一步驟。

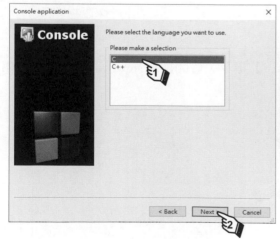
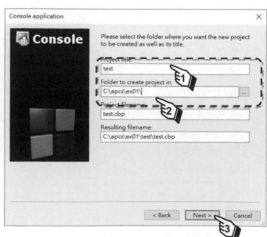

⑤ 選擇編譯器：

編譯器預設為「GNU GCC Compiler」，相關資料夾為「Debug」和「Release」，我們不需要修改使用預設值，按下 Finish 鈕，就完成 C 語言程式 test 專案的新增。當編輯和編譯程式時，Code::Blocks 會自動建立多個相關的檔案，所以每個專案應該單獨儲存在專屬的資料夾中，以方便日後維護和複製程式。

⑥ 產生程式檔：

新增 test 專案後，系統會自動建立一個 main.c 程式檔，並在其中新增一些預設的程式碼。在 Code::Blocks 環境左側的專案視窗，可以看到專案的架構。若使用檔案總管，則會看到 C:\apcs\ex01\test 資料夾下有 main.c 程式檔和 test.cbp 專案檔。

⑦ 開啟程式檔：

預設程式檔名稱為 main.c，若要更改名稱可在專案視窗的程式檔上按右鍵，執行【Rename file…】指令，輸入新檔名。目前我們仍繼續使用 main.c，不修改檔名。

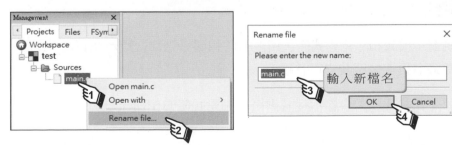

在專案視窗的 main.c 程式檔上快按兩下，就會開啟該程式檔，系統會自動在其中加入一些預設的程式敘述。

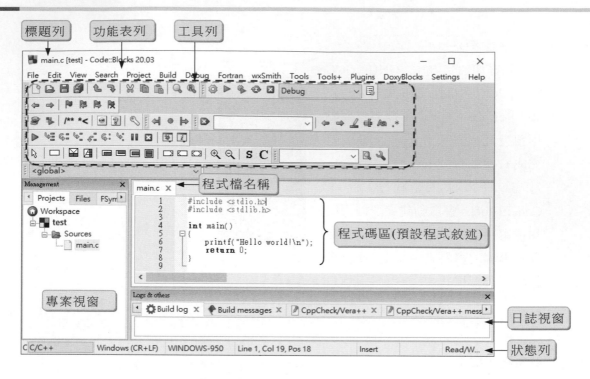

## 1.1.2 Code::Blocks 整合環境介紹

Code::Blocks 整合了開發 C 和 C++語言應用程式,所需要的編輯器、編譯器、連結器…等,提供程式設計者方便的操作環境。整合環境中各區域的功能說明如下:

1. **標題列**:標題列上會顯示目前編輯程式檔和專案的名稱,以及 Code::Blocks 的版本。另外,標題列的右邊有三個圖示鈕可以操作視窗。

2. **功能表列**:功能表列中將 Code::Blocks 的功能分類存放,方便使用者選用功能。

3. **工具列**:工具列內將常用的功能以圖示鈕方式顯示,方便使用者直接點選使用。

4. **專案視窗**:在專案視窗中可以執行新增、移除…等動作管理專案中的檔案。另外,也可以按標籤名稱,切換到其他視窗。

5. **程式碼區**:在程式碼區內可以撰寫程式碼。

6. **日誌視窗**:編譯和除錯程式時,所產生的相關訊息都會顯示在日誌 (Logs) 視窗,可以按標籤名稱切換至其它日誌視窗。

7. **狀態列**:在狀態列中會顯示程式碼區內編輯狀態的相關訊息。

## 1.1.3 程式的撰寫、儲存與執行

　　利用上節所建立的 test.cbp 專案檔，來編寫第一個 C 程式，從中學習編輯程式碼、儲存專案以及編譯並執行程式的操作方式。

1. 新增空白行：

　　將插入點移到 main.c 檔第 7 行「return 0;」敘述的前面，然後按 Enter↵ 鍵會在上面新增一行空白行。如果插入點在敘述的後面，按 Enter↵ 鍵則會在下面新增一行空白行。注意此時標籤的「main.c」檔名前面會加上*號，提醒使用者程式碼內容有修改。

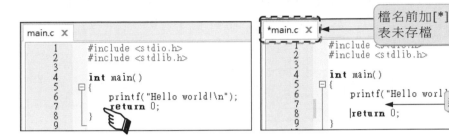

2. 刪除整行敘述：

　　用滑鼠拖曳選取「prinf("Hello world!\n");」敘述，使「prinf("Hello world!\n");」反白顯示，選取後按 Del 鍵可以刪除敘述文字，再按一次 Del 鍵可以刪除空白行。

3. 編寫程式碼：

　　在空白行處輸入下列的程式碼：

```
printf("Hello C 語言");
```

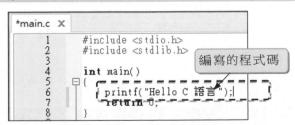

説明

① main() 主函式是程式執行的起點，所有 C 語言程式都必須有 main() 函式。main()主函式的程式碼要寫在 { 和 } 中間，程式敘述可以使用 Tab 鍵來增加縮排，或用 Backspace 鍵減少縮排以方便程式閱讀。

② 輸入程式碼時要注意，要用半形文字輸入英文和數字不要使用全形。另外，C 語言字母有分大小寫，輸入時要特別注意。

③ C 語言中敘述的結尾，必須以「；」分號字元結束。按 Enter↵ 鍵會產生換行，即使插入點跳到下一行的開頭，按 空白鍵 會產生空格。

④ 執行「printf("Hello C 語言");」敘述時，會將「Hello C 語言」文字顯示在螢幕上。

⑤ 輸入程式敘述時，編輯器會貼心以清單方式提醒可用的保留字、函式…等，可以用滑鼠直接點選採用，若按 Tab 鍵則第一個清單指令就會加入敘述，如此可以加快速度也能避免輸入錯誤。例如輸入「pri」時，會出現如下清單：

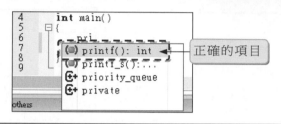

4. 儲存程式檔：

執行功能表的【File / Save File】指令，或點按工具列的 📄 儲存檔案圖示鈕，或按 Ctrl + S 快速鍵，都可以儲存目前編輯的檔案。若點按 📑 圖示鈕，則會儲存所有的檔案。

5. 編譯並執行程式：

執行功能表的【Build / Build and run】指令、點選工具列 🐦 圖示鈕或是按 F9 快速鍵，可以編譯並執行程式來觀看執行結果。

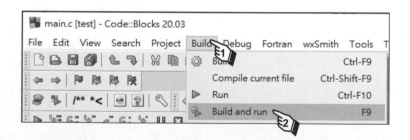

執行結果

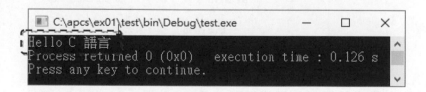

6. 執行檔：

編譯過後系統會自動新增「bin」和「obj」兩資料夾，產生的 test.exe 執行檔會存放在「bin/Debug」資料夾中。使用檔案總管查看，畫面如下：

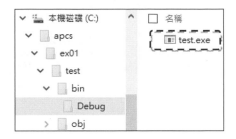

## 1.1.4 關閉專案和 Code::Blocks

1. 關閉專案：

執行功能表的【File / Close project】指令，可關閉目前編輯的專案。如果程式碼有修改尚未儲存，會出現「Save file」對話方塊。按 是(Y) 鈕會儲存目前的程式碼，然後關閉專案。按 否(N) 鈕不儲存目前的程式碼，直接關閉專案。按 取消 鈕會停止關閉專案，可以繼續編輯專案。

2. 關閉 Code::Blocks：

執行功能表【File / Quit】指令，或按右上角的 × 關閉鈕，離開 Code::Blocks 環境。

## 1.1.5 開啟專案和程式檔

若想編輯或執行程式檔，要先開啟該檔所屬的專案檔，然後再開啟該程式檔。下面以開啟 test.cbp 專案檔和 main.c 程式檔為例，說明開啟已存在專案和程式檔的操作步驟。

1. 開啟專案檔：

執行功能表的【File / Open】指令、點選工具列 📂 圖示鈕或按 Ctrl + O 快速鍵，可以開啟「Open file」對話方塊。在對話方塊中，選取 test.cbp 專案檔，最後再按 開啟(O) 鈕，就會開啟該專案檔。

### 2. 開啟程式檔：

一個專案檔中可以有多個程式檔，在專案視窗中先展開 Sources 資料夾，然後在 main.c 程式檔名稱上快按兩下，就會在程式碼區開啟該程式碼。

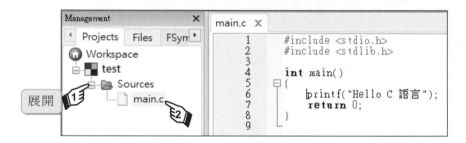

---

# 1.2 C 語言的程式架構

## 1.2.1 程式架構

使用任何程式語言撰寫程式時，都必須依照其規定的架構，才能正確且快速編譯成可執行檔(.exe)，至於 C 語言的程式架構主要由下列三個部分構成：

1. **宣告區**：可包含下列常用的宣告，依程式碼的需求引用需要的宣告：

 ① 前置處理指令 (Preprocessor Directive)：例如 #include、#define、#ifdef 等。

 ② 全域變數或常數宣告：所宣告的變數和常數在整個程式中都可以使用。

 ③ 函式宣告：宣告自定函式的定義。

 ④ 結構、巨集…等的宣告。

 ⑤ 含入 (using，或稱引用) 命名空間 (namespace)。

2. **主函式區**：每個 C 程式都要有一個 main() 函式，是程式執行的進入點 (Entry point)，主要的程式碼就寫在其中。

3. **自定函式區**：由程式設計師自行編寫的函式，就稱為自定函式。

 **範例** ：off.c

設計顯示商品原價 (1200 元)，以及打八五折後售價的程式。

**執行結果**

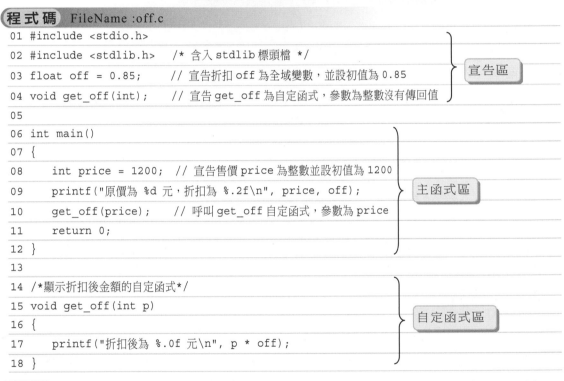

**程式碼**　FileName :off.c

```
01 #include <stdio.h>
02 #include <stdlib.h>    /* 含入 stdlib 標頭檔 */                 ┐
03 float off = 0.85;       // 宣告折扣 off 為全域變數，並設初值為 0.85   ├ 宣告區
04 void get_off(int);      // 宣告 get_off 為自定函式，參數為整數沒有傳回值 ┘
05
06 int main()                                                    ┐
07 {
08     int price = 1200;   // 宣告售價 price 為整數並設初值為 1200
09     printf("原價為 %d 元，折扣為 %.2f\n", price, off);            ├ 主函式區
10     get_off(price);     // 呼叫 get_off 自定函式，參數為 price
11     return 0;
12 }                                                             ┘
13
14 /*顯示折扣後金額的自定函式*/                                       ┐
15 void get_off(int p)
16 {                                                             ├ 自定函式區
17     printf("折扣後為 %.0f 元\n", p * off);
18 }                                                             ┘
```

**說明**

1. 每行敘述前面的編號稱為行號，只是為了解說方便才特別加入，編寫程式碼時不可以輸入行號。

2. 第 2 行的「/* 含入 stdlib 標頭檔 */」稱為註解，註解是為日後方便閱讀程式所加註的說明文字。為程式碼寫適當的註解，是程式設計師要養成的習慣。程式編譯時會略過註解不做編譯，所以增加註解不會影響程式執行的速度。註解的方式有下列幾種：

   ① /* … */ 註解：以 「/*」 開頭和 「*/」 結束，符號之間的文字說明為註解，註解文字可以為單行或多行。

單行註解：

/* 學習程式語言真有趣 */

敘述註解：註解寫在敘述結尾 ; 字元之後。

int num;　　　　　　　/* 整數 num 表學生座號 */

多行註解：

/* 作者： 張三丰
　　日期：2023 年 12 月 31 日
　　版本：V2.01 */

② // 註解：一行敘述中「//」以後的文字為註解。

單行註解：

// C 語言功能強大

敘述註解：

double score;　　　// score 表示學生成績

3. 編寫程式時，可以增加空白行來區隔各程式區段，以方便閱讀。

4. 在 C 語言中要輸出資料時，可以使用 printf() 輸出函式，例如第 9 行敘述

　　printf("原價為 %d 元，折扣為 %.2f\n", price, off);

① printf() 輸出函式可以將 "..." 框住的文字顯示出來。

② "..." 內可以使用轉換字串，來代入其後的引數。轉換字串 %d 表代入值為整數，本敘述會代入第一個引數 price。轉換字串 %.2f 表代入值為小數 2 位的浮點數整數，會代入第二個引數 off。詳細用法請看第 2 章的說明。

③ "\n" 代表換行符號，之後的文字會改在下一行開頭處開始顯示。

## 1.2.2 宣告區

當建立 C 語言控制台應用程式時，系統會自動在程式開頭設定含入 stdio.h 和 stdlib.h 標頭檔。可以視程式的需求，自行新增含入的標頭檔，或是其他的前置處理指令。前置處理指令是以 # 字元開頭，程式編譯時系統會將前置處理指令，取代成指定的內容。要特別注意，前置處理指令不屬於 C 語言的指令，所以結尾不加「;」字元。

```
01    #include <stdio.h>
02    #include <stdlib.h>
```

在宣告區宣告的變數是屬於全域變數，其有效範圍為整個程式檔。在函式內宣告的變數，其有效範圍僅限於函式內，是屬於該函式的區域變數。範例的第 3 行程式：「float off = 0.85;」，所宣告的 off 為全域變數，變數在 main() 函式和 get_off() 函式內都有效。第 8 行程式所宣告的 price 為 main() 函式的區域變數，其有效範圍只在 main() 函式 (第 6~12 行) 內。

當程式必須使用到函式，而此函式 C 語言標準函式庫沒有提供時，就必須自行依程式需求定義新的函式 (第 15 ~ 18 行)，就稱為自定函式。有自定函式時，必須在程式前面的函式宣告區，宣告本程式中有使用到自定函式的原形 (第 4 行)。自定函式宣告後，編譯時程式中有呼叫該自定函式時，會自動跳到該函式執行。

```
04   void get_off(int);
```

宣告自定函式的原形，是定義函式的參數數量和資料型別，以及傳回值的資料型別。上面敘述是宣告 get_off 為一個自定函式，呼叫此函式時必須傳入一個資料型別為 int 的整數，函式運算的結果不傳回所以開頭指定為 void。如果直接將自定函式寫在宣告區，則不用宣告自定函式的原形，但仍然建議宣告。

## 1.2.3 主函式區

C 語言所撰寫的程式都是由一個或一個以上的函式所組成，為方便編譯器能辨認是否為函式，因此在每個函式的後面都跟著一對小括號()，小括號裡面可為零或多個參數串列，參數是用來讓函式間能互傳資料。程式中的函式都有自己的名稱不能重複。

每個 C 程式中都必須有一個名稱為 main 的函式，程式執行時是由 main() 函式開始執行，也就是程式執行的進入點。因此 main() 函式被稱為「主函式」，被視為和作業系統之間的介面。main() 函式接著是{}大括弧框住的程式碼，是主要程式編寫的位置。當 main() 函式內的程式執行到 return，或是 } 右大括號便結束程式，其寫法如下：

```
int main()  或  int main(int argc, char *argv[])  或  int main(int argc, char **argv)
{
   …主程式碼…
    return 0;
}
```

**説明**

① main() 主函式前面加 int，表示此函式執行完畢，會傳回一個整數。

② return 0; 是指定函式傳回值為 0，表示 main() 函式正常結束。

進入 main() 主函式後，程式會從第 8 行開始，向下逐一執行到第 11 行「return 0;」敘述，才離開函式結束程式執行。第 8 行敘述是宣告一個代表售價的整數變數 price，並設初值為 1200，程式敘述如下：

```
08   int price = 1200;
```

第 9 行程式敘述是使用 printf() 函式，顯示商品原價 (price) 和折扣 (off)，程式敘述如下：

```
09   printf("原價為 %d 元，折扣為 %.2f\n", price, off);
```

第 10 行程式敘述是呼叫 get_off() 自定函式，並傳入 price 參數，此時程式會跳到第 15 行執行 get_off() 函式，程式敘述如下：

```
10   get_off(price);   // 呼叫 get_off 自定函式，參數為 price
```

第 11 行程式敘述傳回值 0，表示 main() 主函式正確執行完畢，程式敘述如下：

```
11   return 0;
```

### 1.2.4 自定函式區

應用程式會由多個函式組成，這些函式可能函式庫有提供，有些則由程式設計師自行編寫。這些自行編寫的函式，稱為自定函式。自定函式通常集中在自定函式區，以方便管理。自定函式可以供其他函式重複呼叫，所以可縮短程式碼也方便維護。語法如下：

```
語法
傳回值資料型別 函式名稱([資料型別 1 參數 1[, 資料型別 2 參數 2, …]])
{
    …程式碼…
    return 傳回值;
}
```

當 main() 函式執行到第 10 行「get_off(price);」敘述時，程式會呼叫第 15~18 行的 get_off() 函式，price 變數會傳給 get_off() 函式的 p 引數。因為 off 為全域變數，所以在 get_off() 自定函式中也可以使用。當 get_off() 函式執行完第 17 行敘述後，就會回到第 10 行原呼叫處，接著繼續執行其後的程式。

```
15 void get_off(int p)
16 {
17     printf("折扣後為 %.0f 元\n", p * off);
18 }
```

# 1.3  常值與資料型別

程式主要功能就是處理資料，C 語言提供基本和延伸資料型別。所謂常值 (Literal) 或稱字面值，是指不需宣告電腦就能處理的數值、字元和字串資料。

## 1.3.1　常值

### 一. 字元常值

字元常值是以 ' ' 單引號框住字元，例如：'A'、'a'、'6'、'$'...等。

### 二. 字串常值

字串常值是以 " " 雙引號框住連續字元，例如："Good!"、"a"、"12"、"反毒"...等。

### 三. 整數常值

整數常值是不含小數的整數，例如 6、125，C 語言提供十、八、十六進位制方式：

1. **十進位制**：十進位制的表示方式和日常習慣相同，程式的整數數字預設為十進制 int 整數。如果要指定為 long 長整數可以在數值後加上 L 或 l (小寫 L)，例如 12L 或 12l。如果要指定為 unsigned int 無號整數可以在數值後加上 U 或 u，例如 12U 或 12u。

2. **八進位制**：八進位制是由 0~7 數字構成，程式中要使用八進制數值必須以數字 0 (非字母 O) 開頭，例如 017 (為十進制 15)。

3. **十六進位制**：八進位制是由數字 0~9 和字母 A~F 構成，程式中使用十六進制數值要以 0x 或 0X (0 為數字) 開頭，例如 0X17 (為十進制 23) 或 0x1B (為十進制 27)。

### 四. 浮點數常值

浮點數又稱為實數，浮點數常值是含有小數的數值。C 語言提供兩種方式來表示，一種是常用的小數點表示法，例如 3.14159；另一種為科學記號，例如數學式 $1.28 \times 10^8$ 數值，可用 1.23E+8(或 1.23e+8)表示。科學記號的語法如下：

| 語法 |
| --- |
| a E\|e ±n　 (即 a x $10^{\pm n}$ )　　　　　 // a為浮點數或整數(1 ≤ a < 10)、n為整數 |

C 語言中浮點數資料型別有 32 位元的 float (單精確)、64 位元的 double (倍精確) 和 128 位元的 long double (長倍精確)。浮點數常值預設為 float 單精確浮點數，例如 12.34。如果要指定為長倍精確度可以在數值後加上 L 或 l (會和數字 1 混淆應避免使用)，例如 12.34L 或 12.34l。

## 1.3.2　基本資料型別

因為程式主要功能就是處理資料，所以要了解程式語言支援哪些資料型別，以及資料的宣告方式。資料經過宣告後，便可得知該資料屬於哪種資料型別、占用的記憶空間，以及使用的最大和最小範圍。宣告變數時要選擇適當的資料型別，可避免範圍太小執行時發生資料溢位 (Overflow)，或是範圍太大造成記憶體浪費。例如班級的學生人數約為 0 ~ 100，可用沒有小數的正整數資料型別。又例如商品的折扣為 0 ~ 1 (85 折為 0.85)，則必須使用有小數的浮點數。

## 一. char 字元資料型別

使用 char 關鍵字所宣告的變數，用來存放單一字元，以該字元對應的 ASCII 碼 (整數) 存放在記憶體。

**簡例** 宣告 ch1 字元資料型別變數，變數值為 'A' 寫法如下：

```
char ch1 = 'A';
char ch1 = 65;          // 'A' 的 ASCII 碼為 65
char ch1 = 0x41;        // 65 以十六進制表示
char ch1 = 0101;        // 65 以八進制表示 (前面為零非字母 O)
```

## 二. int 整數資料型別

使用 int 關鍵字所宣告的變數，用來存放不含小數點的整數。整數資料型別有 short int (短整數) 和 long int (長整數) 兩種延伸類別，若宣告時只使用 int，前面未加上 short 或 long，會被視為 long int 長整數宣告。

**簡例**

```
int num1 = 1234;        //宣告 num1 為整數變數，變數值為 1234
short int num2 = 123;   //宣告 num2 為短整數變數，變數值為 123
long int num3 = 123456; //宣告 num3 為長整數變數，變數值為 123456
```

## 三. float 浮點數資料型別

使用 float 關鍵字所宣告的浮點數變數，是用來存放帶有小數點的數值。

**簡例**

```
float rate = 0.05;       //宣告 rate 為浮點變數，並給予初值為 0.05 (科學記號：5e-2)
float var = 2.9856E+6;   //宣告 var 為浮點變數，並給予初值為 2.9856 x 10⁶ (2,985,600)
```

## 四. double 倍精確浮點數資料型別

如果帶有小數點的數值超過 float 資料型別的範圍，可改用 double 來宣告。

簡例

```
double rate = 1.25e-40;      //宣告 rate 為倍精確浮點變數,設初值為 1.25 x 10⁻⁴⁰
double var = 2.9856E+40;     //宣告 var 為倍精確浮點變數,設初值為 2.9856 x 10⁴⁰
```

## 1.3.3 延伸資料型別

在撰寫程式時,為了要增加或降低變數的精確度和所占用記憶體的空間,C 語言提供資料的延伸類型,允許在上面基本資料型別的前面加上 short、long、unsigned 修飾詞。

### 一. short | long　修飾詞

加上 short 修飾詞用來降低精確度,使得變數的有效範圍比原來基本資料型別大小縮減。int 資料型別占 4 Bytes 記憶體,short int 只占 2 Bytes,short int 也可以寫為 short。

加上 long 修飾詞用來增大精確度,使得變數的有效範圍比原來基本資料型別擴大。double 資料型別占 8 Bytes 記憶體,long double 會占 16 Bytes。但是 int 預設為 long int,所以 int、long int 和 long 都是代表長整數資料型別。

### 二. unsigned　修飾詞

加上 unsigned 修飾詞用來表示數值只有正數。如果變數只會儲存正數,可在宣告變數時,在資料型別的前面加上 unsigned,則該變數只能存放正數和 0。

下表為 C 語言基本和延伸資料型別所占用記憶體的大小,以及有效範圍:

| 資料型別 | 常值種類 | 占用記憶體 (Bytes) | 有效範圍 |
|---|---|---|---|
| char | 字元 | 1 | -128~127 或 0~255 |
| unsigned char | 字元 | 1 | 0~255 |
| short int (short) | 整數 | 2 | -32,768~32,767 |
| int (long、long int) | 整數 | 4 | -2,147,483,648~2,147,483,647 |
| unsigned short | 整數 | 2 | 0~65,535 |
| unsigned int (unsigned long) | 整數 | 4 | 0~4,294,967,295 |
| float | 浮點數 | 4 | 約-1.2. x $10^{-38}$ ~ 3.4 x $10^{38}$ |
| double | 浮點數 | 8 | 約 2.2 x $10^{-308}$ - 1.0 x $10^{308}$ |
| long double | 浮點數 | 16 | 約-3.4 x $10^{-4932}$ ~ 1.2 x $10^{4932}$ |

說明

1. 在不同程式語言、編譯器和系統中，所定義資料型別其占用記憶體和有效範圍可能會不相同。要想查看變數所占用記憶體大小，可使用 sizeof() 函式來查詢。例如顯示整數變數 num 所占記憶體大小，程式寫法如下：

```
int num = 123;
printf("%d", sizeof(num));          //執行結果為 4
```

2. 在設定變數的資料型別時要適當，如果所設定的資料型別占用的記憶體太小，會造成溢位使得程式得到不可預期的結果。例如 short 短整數變數的範圍是 -32,768 ~ 32,767，若該變數的值超過 32,767 時，會造成資料溢位而發生錯誤。例如：指定 short 變數值為 32,768 時，其值會為-32,768，若指定為 32,769 時，其值會為 -32,767，其餘類推。如果變數資料型別宣告過大，則會浪費記憶體空間。

## 1.4  識別字

在真實社會中人或物都有名稱以方便識別，程式中亦是如此。在 C 語言中，「識別字」(Identifier) 可用來當作程式中變數、常數、陣列、結構、函式…等的名稱。

### 1.4.1  識別字命名規則

識別字是由一個字元，或是多個字元所組成的字串。至於識別字的命名規則如下：

1. 識別字名稱必須以 A-Z、a-z 或 _(底線) 等字元開頭，其後可以接大小寫字母、數字、_ (底線) 和 $ (錢字號)，例如 a3、_ok 是合法的識別字。識別字不允許以數字 0 ~ 9 開頭，所以 3M 是不正確的識別字。

2. 識別字最短為一個字元，長度最好在 32 個字元之內。

3. 關鍵字 (保留字)、庫存函式名稱等，不可用來當做為識別字。

4. C 語言的識別字將字母的大小寫視為不相同的字元，譬如：SCORE、Score、score 視為三個不同的名稱。

5. 識別字的命名最好具有意義、名稱最好和資料有關連，如此在程式中不但可讀性高而且易記。例如：以 salary 代表薪資、total 代表總數，切勿使用 a 和 b 之類無意義的識別字當作重要的變數名稱。

6. 識別字允許多個英文單字連用，單字間使用「_」區隔可增加可讀性，例如用 id_no 代表身分證號碼變數。或是將每個單字的第一個字母大寫，其它字母小寫 (駝峰式)，例如用 TelNo 或 telNo 代表電話號碼變數。

簡例

1. 下列是正確的識別字命名方式：
   GoodLuck、seven_eleven、_score、game9、_test_pass、薪資

2. 下列是錯誤的識別字命名方式：
   good　luck (中間不能使用空格)、7_eleven (第一個字元不可以是數字)
   B&Q、is-int (&、- 是不可使用的字元)

## 1.4.2 關鍵字

　　C 語言將某些識別字保留給系統使用，當作程式中敘述的組合單元，這些識別字稱為「關鍵字」也稱為「保留字」，保留字是不允許用來當做識別字。使用這些關鍵字，和運算子、分隔符號結合，就可以編寫出程式的敘述。下表為 ANSI C 常用的保留字：

| auto | break | case | char | const | continue |
|------|-------|------|------|-------|----------|
| default | do | double | else | enum | extern |
| float | for | goto | if | inline | int |
| long | register | restrict | return | short | signed |
| sizeof | static | struct | switch | typedef | union |
| unsigned | void | volatile | while | | |

# 1.5　變數和常數的宣告

## 1.5.1 變數的宣告

　　程式執行時，變數的變數值會存放在電腦的記憶體中，在執行過程該記憶體中可以存放不同的值。變數所占用的記憶體大小，視所定義的資料型別而有差異。為方便存取變數，每個變數都必須給予一個識別字做為「變數名稱」，變數名稱必須遵循識別字命名規則。

　　通常在程式開頭宣告 (Declare) 變數，賦予變數名稱和適當的資料型別。宣告後會在記憶體中配置該資料型別大小的空間，來存放該變數的值。變數可以先宣告，然後再指定變數值。或是在宣告變數的同時，使用 =(指定運算子) 來指定初值。語法如下：

| 語法一 | 資料型別 變數名稱 1 [, 變數名稱 2 …] ; |
|--------|----------------------------------------|
| 語法二 | 資料型別 變數名稱 1 = 值 1 [, 變數名稱 2 = 值 2…]; |

簡例

```
char chr1;                    // 宣告 chr1 為一個字元變數
int price, qty;               // 宣告 price、qty 為整數變數，變數之間用逗號分開
float myVar = -20.4;          // 宣告 myVar 是一個浮點數變數，並指定初值為-20.4
int n1 = 1, n2 = 1, n3 = 1;   // 宣告 n1,n2,n3 為整數變數，並將初值都指定為 1
double v1, v2, v3 = 1.25;     // 宣告 v1,v2,v3 為倍精確度變數，但只指定 v3 初值為 1.25
```

變數如果沒有先宣告就使用，編譯時會產生錯誤。變數如果沒有指定初值就直接使用，雖然編譯時不會產生錯誤，但是會因為該記憶體的原有值不一，而造成程式計算結果錯誤。所以，建議在變數宣告後立即指定初值，或是在宣告變數時同時指定初值。

## 1.5.2 常數的宣告

程式中如果有固定不變的資料時，可以將該資料值宣告為常數。常數一經宣告後，在程式執行過程中不能改變該常數的值。使用常數可以避免重要的數值，被不小心修改造成錯誤，例如銀行的利率、所得稅的稅率、圓周率、人名…等。另外，使用常數可以集中管理資料方便程式維護，例如若銀行調整利率時只要修改常數值即可，其他程式碼都不用更動。宣告常數的語法如下：

| 語法一 | const 資料型別 常數名稱 = 常數值 ; |
|---|---|
| 語法二 | #define 常數名稱 常數值 |

常數通常在程式宣告區宣告，供程式全域使用。因為常數值不能修改，所以常數名稱的命名習慣會全部使用大寫字母，例如 PI。用前置處理指令 #define 來宣告常值時，要注意敘述結尾不加「;」字元。

📥 **範例** ： constant.c

設計能計算顧客購買兩本書合計金額的程式。

執行結果

C:\apcs\ex01\constant\bin\Debug\constant.exe — □ ×

C語言基礎必修課　2　本　合計　900　元

**程式碼** FileName : constant.c

```
01 #include <stdio.h>
02 #include <stdlib.h>
03 const int BOOK_PRICE = 450;
04 #define BOOK_NAME " C 語言基礎必修課 "
05
```

```
06  int main()
07  {
08      int num = 2;
09      //BOOK_PRICE = 500;
10      printf("%s %d 本 合計 %d 元", BOOK_NAME, num, num*BOOK_PRICE);
11      return 0;
12  }
```

**説明**

1. 第 3 行：在宣告區用 const 宣告常數 BOOK_PRICE，也可以寫為：
   int const BOOK_PRICE = 450;

2. 第 4 行：用 #define 宣告常數 BOOK_NAME，也可以寫為：
   const string BOOK_NAME = " C 語言基礎必修課 ";

3. 第 9 行敘述如果執行時，因為修改常數值編譯器會產生錯誤訊息。

# 1.6　運算子

　　運算子 (Operator) 是用來指定資料做何種運算，運算子配合運算元 (Operand) 就構成一個運算式 (Expression)。所謂運算元是指變數、常數、常值或運算式。例如：num + 1 就是一個運算式，其中 num 和 1 為運算元，+ 為運算子。

　　運算子按照運算時所需要的運算元數目分成：一元運算子 (例如：-5、k++)、二元運算子 (例如：a + b)、三元運算子 (例如：max = (a > b) ? a : b )。運算子按照功能可分成算術運算子 (例如：+、-e)、關係運算子 (例如：>、<)、邏輯運算子 (例如：&&、||)、指定運算子、複合指定運算子 (例如：=、+=)、遞減和遞增運算子 (例如：++、--)。

## 1.6.1　算術運算子

　　算術運算子是用來執行一般的數學運算，例如：加、減、乘、除和取餘數等運算。運算子做運算時，前後需要有一個運算元才能運算。C 語言所提供的算術運算子與運算式實例如下表：

| 運算子符號 | 義意 | 實例 (設 j=4) |
|:---:|:---:|:---:|
| + | 相加 | i = j + 1; ⇨ i = 5 |
| - | 相減 | i = j – 1; ⇨ i = 3 |
| * | 相乘 | i = j * 2; ⇨ i = 8; |
| / | 相除 | i = j / 2; ⇨ i = 2 |
| % | 取餘數 | i = j % 2; ⇨ i = 0 |
| >> | 右移位元 | i = j >> 1; ⇨ i = 2 (等於除以 $2^1$) |
| << | 左移位元 | i = j << 2; ⇨ i = 16 (等於乘以 $2^2$) |

● 範例： count.cpp

設計顧客購買 120 和 345 元貨品付現 1000 元時，能顯示找錢金額的程式。

執行結果

C:\apcs\ex01\count\bin\Debug\count.exe — □ ×

應找 535 元

程式碼  FileName : count.cpp

```
01 #include <stdio.h>
02 #include <stdlib.h>
03
04 int main()
05 {
06     int money;
07     money = 1000 - 120 - 345;
08     printf(" 應找 %d 元", money);
09     return 0;
10 }
```

說明

1. 第 6 行：因為通常金額計算到元，所以宣告找錢變數 money 的資料型別為 int 整數。如果要計算更精確，可以宣告成 double 資料型別，然後再做四捨五入。

2. 第 7 行：為計算找錢金額的運算式，付現金額用「-」運算子減去購物金額。

## 1.6.2 關係運算子

關係運算子是用來判斷,位於關係運算子前後運算元的關係是否成立。若成立結果以 1 (真) 表示;若不成立以 0 表示。撰寫程式時常透過關係運算式的結果,來決定程式的執行流向。下表是 C 語言的關係運算子與關係運算式:

| 關係運算子 | 意義 | 數學表示式 | 關係運算式 | 結果(若 A=3,B=2) |
|---|---|---|---|---|
| == | 相等 | A = B | A == B | 0 (假) |
| != | 不相等 | A ≠ B | A != B | 1 (真) |
| > | 大於 | A > B | A > B | 1 (真) |
| < | 小於 | A < B | A < B | 0 (假) |
| >= | 大於或等於 | A ≥ B | A >= B | 1 (真) |
| <= | 小於或等於 | A ≤ B | A <= B | 0 (假) |

## 1.6.3 邏輯運算子

「邏輯運算式」可連結多個關係運算式,常用來測試較複雜的條件。譬如:(a > b) && (c > d),其中 (a > b) 和 (c > d) 為關係運算式,兩者用 && (且) 邏輯運算子連結。邏輯運算式的結果為 1 (真) 或 0 (假),下表為邏輯運算子種類與邏輯運算式的用法:

| 邏輯運算子 | 意義 | 邏輯運算式 | 運算結果 |
|---|---|---|---|
| && | 且 (AND) | A && B | 當 A、B 都為真時,結果才為真。 |
| \|\| | 或 (OR) | A \|\| B | 若 A、B 其中只要有一個為真,結果為真。 |
| ! | 非 (NOT) | ! A | 若 A 為真,結果為假;若 A 為假,結果為真。 |

下表中 A 和 B 兩個都是邏輯運算元,每個運算元的值若為 1 (真)、0 (假) 兩種。因此有下列四種組合,列出經過 &&、||、! 三種邏輯運算後所有可能的結果:

| A | B | A && B (A 且 B) | A \|\| B (A 或 B) | ! A (非 A) |
|---|---|---|---|---|
| 1 | 1 | 1 | 1 | 0 |
| 1 | 0 | 0 | 1 | 0 |
| 0 | 1 | 0 | 1 | 1 |
| 0 | 0 | 0 | 0 | 1 |

簡例

```
(1 > 2) && (1 != 2);        // 結果為 0,因前者為假後者為真,&& 須兩者都真才為真
('A' == 'a') || ('A' < 'a');   // 結果為 1,因前者為假後者為真,|| 只要一個為真就為真
!(1 <= 2);                  // 結果為 0,因 1<=2 為真,真相反後為假
```

## 1.6.4 指定運算子與複合指定運算子

若一個指定運算式在等號的兩邊都有相同的變數，就可以採複合指定運算子來表示。譬如 i＝i＋5 為一個指定運算式，由於指定運算子 (＝ 等號) 兩邊都有相同的變數 i，因此可改寫為 i += 5。下表為 C 常用的複合指定運算子的意義和實例：

| 運算子符號 | 意義 | 實例 |
|---|---|---|
| = | 指定 | x = y; |
| += | 相加後再指定 | x += y; 相當於 x = x+y |
| -= | 相減後再指定 | x -= y; 相當於 x = x-y |
| *= | 相乘後再指定 | x *= y; 相當於 x = x*y |
| /= | 相除後再指定 | x /= y; 相當於 x = x/y |
| %= | 餘數除法後再指定 | x %= y; 相當於 x = x%y |
| <<= | 左移指定運算 | x <<= y; 相當於 x = x<<y |
| >>= | 右移指定運算 | x >>= y; 相當於 x = x>>y |

簡例

```
x += 1;          //等於  x = x + 1;
x /= (y + 1);    //等於  x = x / (y + 1);
x %= 2;          //等於  x = x % 2;
```

## 1.6.5 遞增與遞減運算子

++遞增 (Increment Operator) 和 --遞減 (Decrement Operator) 運算子都是屬於一元運算子，可以使運算元加 1 和減 1。譬如 i++; 敘述等於 i＝i＋1，i--; 敘述等於 i＝i－1。另外，遞增及遞減運算子可以寫在運算元的前面或後面。若將遞增運算子放在變數之前，表示為前遞增，例如 ++i。若放在之後則為後遞增，例如 i++。-- 遞減運算子亦是如此。若 a 變數值為 2，各種遞增、遞減運算結果如下：

| 遞增、遞減運算式 | 一般運算式 | 執行結果 |
|---|---|---|
| b = ++a;  //前遞增 | a = a + 1;   // a 變數先加 1<br>b = a;       // a 變數值指定給 b | a = 3 、 b = 3 |
| b = a++;  //後遞增 | b = a;       // a 變數值先指定給 b<br>a = a + 1;   // a 變數才加 1 | a = 3 、 b = 2 |
| b = --a;  //前遞減 | a = a - 1;   // a 變數先減 1<br>b = a;       // a 變數值指定給 b | a = 1 、 b = 1 |
| b = a--;  //後遞減 | b = a;       // a 變數值先指定給 b<br>a = a - 1;   // a 變數才減 1 | a = 1 、 b = 2 |

**簡例**

```
int i = 5; int j = 5; int k = 5;
i += 3 * (++j) - (k--) * 2;
```

**説明**

1. 將運算式運算的步驟分解條列如下：

   ① i = i + ( 3 * (j + 1) - (k--) * 2);　⇨ j 為前遞增所以先加 1，j = 6

   ② i = 5 + ( 3 * 6) - ( 5 * 2)　⇨ k 為後遞減所以先用原值 5 做運算

   ③ i = 5 + 18 - 10　⇨ k 運算後減 1，k = 4

   ④ i = 13

2. 運算的結果：i = 13、j = 6、k = 4。

## 1.6.6 運算子的運算優先順序

　　程式碼中的運算式經常非常複雜，C 語言有一套規則來確保計算出正確結果。基本的規則是運算式中優先順序較高的運算子要先運算，優先順序相同時由左向右依序運算。為避免運算子的優先順序影響到計算結果，應該善用 ( ) 括號。( ) 內的運算式會獨立計算，如此會減少錯誤而且容易閱讀。下表為 C 語言常用運算子的優先順序：

| 優先順序 | 運算子(Operator) | 運算次序 |
| --- | --- | --- |
| 1 | x.y、f(x)、a[x]、x++、x--、new、sizeof、typeof、() | 由內至外 |
| 2 | !、+(正號)、-(負號)、++x、--x、*(取值)、&(取址) | 由右至左 |
| 3 | *(乘)、 /(除)、 %(取餘數) | 由左至右 |
| 4 | +(加)、 -(減) | 由左至右 |
| 5 | << (左移) 、 >> (右移) | 由左至右 |
| 6 | < 、 <=、 >、 >= (關係運算子) | 由左至右 |
| 7 | == (相等) 、 != (不等於) | 由左至右 |
| 8 | & (位元運算 AND) | 由左至右 |
| 9 | ^ (位元運算 XOR) | 由左至右 |
| 10 | \| (位元運算 OR) | 由左至右 |
| 11 | && (條件式 AND) | 由左至右 |
| 12 | \|\| (條件式 OR) | 由左至右 |
| 13 | ?: (條件運算子) | 由右至左 |
| 14 | =、 +=、 -=、 *=、 /=、 %=、<<=、>==、&=、^=、!=(指定、複合指定運算子) | 由右而左 |
| 15 | , (逗號) | 由左至右 |

簡例

5 + 4 * 3 / 2 % 3

説明

1. 將運算式運算的步驟分解條列如下：
   ① 5 + *12 / 2* % 3　　⇨ + 順序低後運算，其餘順序相同由左開始運算
   ② 5 + *6 % 3*　　　　⇨ 先是 / 運算，然後是 % 運算
   ③ *5 + 0*　　　　　　⇨ + 順序低最後運算
   ④ 5　　　　　　　　⇨ 運算的結果為 5。

2. 本運算式可以改為 5 + (4 * 3 / 2 % 3)，會比較容易閱讀。

3. 若改為 (5 + 4) * (3 / 2) % 3 結果會不同，因為 () 會改變運算的順序。

簡例

2 >= 3 && 2 != 3 || 2 * 2 > 3

説明

1. 將運算式運算的步驟分解條列如下：
   ① *2 >= 3* && 2 != 3 || 4 > 3　⇨ >=、>順序最高，左邊的>=先，結果為 0(假)
   ② 0 && 2 != 3 || *4 > 3*　　　⇨ 接著算右邊的 >，結果為真所以為 1
   ③ 0 && *2 != 3* || 1　　　　　⇨ != 順序高，結果為真所以為 1
   ④ *0 && 1* || 1　　　　　　　⇨ &&、|| 順序相同，左邊的&&先，結果為 0
   ⑤ *0 || 1*　　　　　　　　　⇨ 接著 || 運算
   ⑥ 1　　　　　　　　　　　　⇨ 結果為 1(或只要一個真就為真)

# 1.7　型別轉換與轉型

運算式中如果包含不同資料型別的數值時，運算前必須將資料型別調整為相同。在 C 語言中有自動型別轉換和強制型別轉換兩種方式。

## 1.7.1　自動型別轉換

撰寫四則運算式時，常需要將資料型別不同的數值做運算，此時 C 語言能自動做型別轉換。例如：1 + 2.5 兩數相加時，C 語言會自動先將整數常值 1 轉換成 double 資料型別 1.0，再做相加的工作。如果宣告 total 為 double 資料型別變數，程式中撰寫 total = 0 時，C 語言會自動將 0 轉成 0.0 來處理。如果宣告 k 為 int 資料型別變數，程式中撰寫 k = 1.9999 時，C 語言也會自動將小數部分去掉，將 1 指定給 k 變數。

運算式中若使用多種數值資料型別時，編譯器會在運算前先將數值轉換為彼此相容的資料型別，其規則是將占記憶較少的數值轉換成占記憶較多的資料型別，規則如下：

(占記憶較少)　　char ⇨ short ⇨ int ⇨ long ⇨ float ⇨ double　　(占記憶較多)

## 1.7.2 強制型別轉換

資料的型別除了交由系統做自動型別轉換外，也可以自行強制轉換資料型別。轉換時在變數名稱前面加上小括號，小括號內指定要轉換的資料型別，此種強制轉換資料型別的方式稱為「轉型」(casting)，其寫法如下：

> **語法**
>
> 　　(新資料型別) 變數 | 常值;

占記憶少資料型別資料轉換成較多的資料型別時，一般不會發生問題，例如將整數轉換成浮點數。但若是由占記憶多資料型別資料換成較少資料型別時，因為占用的記憶體空間縮小，會降低該變數的精確度，甚至造成溢位的錯誤，例如將浮點數轉換成整數。

**簡例**

```
9 / 2;        結果為 4，因為所有運算元都是整數，所以結果也會是整數。
(float)9 / 2;  結果為 4.5，因為先將 9 轉型為浮點數。
```

🔽 **範例**：produce.c

今天 A 工廠完成 15.6 台機器，B 工廠完成 17.8 台機器，計算兩間工廠總共完成幾台可出貨的機器。

**執行結果**

```
C:\apcs\ex01\produce\bin\Debug\produce.exe        ─    □    ✕
A廠完成15台，B廠完成17台，合計32台
```

**程式碼**　FileName：produce.c

```c
01 #include <stdio.h>
02 #include <stdlib.h>
03
04 int main()
05 {
06     float a = 15.6;
07     float b = 17.8;
08     int produce = (int)a + (int)b;
```

```
09      printf("A 廠完成%d 台，B 廠完成%d 台，合計%d 台", (int)a, (int)b, produce);
10      return 0;
11  }
```

**説明**

1. 因為完成的機器必須是整台，所以利用(int)強制轉型為整數，15.6 和 17.8 會分別轉換成 15 和 17。

2. 第 8 行敘述若不強制轉型，改為：「int produce = a + b;」，執行結果為 33 不符合常理。

# 1.8 變數的生命期

在所有函式主體外所宣告的變數是屬於「全域變數」，變數有效範圍由宣告位置開始一直到程式結束為止，程式內任何函式均可參用此變數。「區域變數」除在函式本體內所宣告的變數外，還包括由 {  …  } 程式區段內所宣告的變數，例如 for … 等結構所宣告的變數。

宣告變數時，應該視變數的功能宣告在適當的位置。下列程式中，gVar 是全域變數，有效範圍為整個程式。lVar1 和 lVar2 是屬於 main() 函式的區域變數，有效範圍僅在 main() 函式內。lVar1 是 fun() 函式的區域變數，有效範圍僅在 fun() 函式內，雖然和 main() 函式的 lVar1 變數名稱一樣，但彼此獨立不會互相影響。

```
#include <stdio.h>
#include <stdlib.h>
                                    變數的有效範圍
int fun();
int gVar = 5;

int main(int argc, char** argv) {
    int lVar1 = 3 + gVar;
    int lVar2 = fun();           lVar1   lVar2
    return 0;
}
                                              gVar

int fun(){
    int lVar1 = 1;
    return lVar1 + gVar;         lVar1
}
```

⬇ **範例**：lifetime.c

寫一個程式來驗證全域變數和區域變數的有效範圍。

執行結果

```
C:\apcs\ex01\lifetime\bin\Debug\lifetime.exe    —    □    ×
3 + 1 + 0 = 4
6 + 1 + 1 = 8
9 + 1 + 2 = 12
```

程式碼　FileName : lifetime.c

```c
01 #include <stdio.h>
02 #include <stdlib.h>
03 void fun(int);
04 int x = 0;
05
06 int main()
07 {
08     int b = 3;
09     fun(b);
10     b = 6;
11     fun(b);
12     b = 9;
13     fun(b);
14     return 0;
15 }
16
17 void fun(int a){
18     int b = 1;
19     printf("%d + %d + %d = %d\n", a, b, x, a + b + x);
20     x++;
21     b++;
22 }
```

説明

1. 第 4 行：宣告整數變數 x，並設定初值為 0。因為 x 是宣告在所有函式外面，所以 x 為全域變數在程式任何位置都有效。

2. 第 8,18 行：分別宣告整數變數 b，雖然變數名稱相同，但是在不同的函式內宣告，所以分別屬於 main() 和 fun() 函式的區域變數，彼此之間獨立互不影響。

3. 第 9,11,13 行：分別呼叫 fun() 函式，傳入值分別為 3、6 和 9。

4. 第 18,21 行：整數變數 b 為 fun() 的區域變數，不會被 main() 函式的 b 變數值影響。雖然變數 b 在第 21 行加 1，但是每次執行函式時 b 都會重設為 1。

5. 第 20 行：變數 x 在第 20 行加 1，因為 x 為全域變數所以變數值會保留，其有效範圍一直到程式結束為止。

# C 語言
# 輸出入函式

## 2.1 前言

輸出入介面的設計是撰寫程式時必要的工作項目，輸入介面是透過鍵盤、讀卡機、掃描器…等輸入裝置將資料移交給電腦處理；輸出介面是透過螢幕、印表機、喇叭…等輸出裝置將電腦程式處理的結果表現出來。親和力高的輸出入介面是使用者與電腦溝通的穩定橋樑，可避免輸入資料時錯誤的發生，可增加輸出資料時可讀性的提升。本章將學習如何使用 C 語言的輸入函式來取得使用者的輸入資料送交給電腦處理，再學習如何使用輸出函式來將電腦處理的結果資料顯示出來。

## 2.2 printf()輸出函式

printf() 函式是 C 語言最常用的輸出函式，所謂 printf = print format，就是格式化列印 (顯示) 輸出，printf() 輸出函式可將數值、字串、字元…等資料，以指定的格式顯示出來。由於 printf() 函式宣告在 stdio.h 標頭檔內，若程式碼有使用到該函式，必須在程式碼的開頭處使用 #include<stdio.h> 敘述來含入 stdio.h 標頭檔。使用 printf() 輸出函式時，在小括弧 ( ) 內，可以分成輸出格式字串區及輸出引數串列區，其語法如下：

> **語法**
>
> ```
> printf("格式字串…",  引數1,  引數2…);
> ```

**簡例**

輸出「書名：Visual C# 基礎必修課，售價：530 元 」的敘述。

```
printf("書名：%s，售價：%d 元 \n", "Visual C# 基礎必修課", 530);
```

格式字串　　　引數 1　　　引數 2

1. "格式字串"：是由一般字串 (如：「書名」、「售價」)、轉換字串 (如：%s、%d)、逸出序列 (如：\n) 組合而成。

2. 引數串列：可為常值、變數、運算式，每個引數須依序對應格式字串的轉換字串 (如：%s、%d) 輸出顯示。

## 2.2.1 格式字串

printf() 函式中的格式字串頭尾必須使用雙引號括住，格式字串是由一般字元、轉換字串和逸出字元三個部分構成：

### 一. 一般字元 (ordinary character)

一般字串即為任何可顯示的字元組合，如：A~Z、a~z、0~9、!*#$^& … 以及中文字元。printf() 函式會將一般字串做完整的輸出。

### 二. 轉換字串 (conversion character)

所謂的轉換字串，就是在一般字串的指定位置插入指定的資料，如此資料可套用格式輸出。其作法是在字串的指定位置使用轉換字串，而轉換字串是使用轉換字元 % 與型別字元組合而成的，該轉換字串位置用來插入來自引數串列的指定資料。如下圖所示：

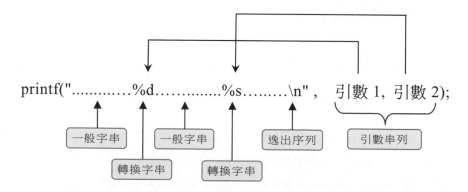

在格式字串內的每一個轉換字串與引數串列的每一個引數，除了數量要一致，其轉換字串的型別字元必須與相對應引數的資料型別一致。

下列是轉換字串的樣式：

① 字元：%[-][寬度]c

② 字串：%[-][+][寬度][.小數位數]s

③ 有號整數：%[+][-][寬度][l]d

④ 無號整數：%[-][#][寬度][l][u|o|x]

⑤ 浮點數：%[+][-][寬度][.小數位數][f|e|g]

下表是轉換字串與指定引數輸出資料型別及輸出格式的對照表：

| 資料型別 | %型別字元 | 對應引數資料型別 | 指定輸出格式 |
|---|---|---|---|
| 字元字串 | %c | char | 字元顯示。 |
| | %s | char * | 字串顯示。 |
| 整數 | %d | int | 以含正負號 10 進位整數顯示。 |
| | %o | int | 以無正負號八進位整數顯示。 |
| | %x | int | 以小寫無正負號 16 進位整數顯示。 |
| | %X | int | 以大寫無正負號 16 進位整數顯示。 |
| | %u | int | 以無正負號 10 進位整數顯示。 |
| | %ll | long long | 以長整數顯示。 |
| 浮點數 | %f | float double | 數值含小數來顯示。預設小數位數有 6 位。 |
| | %e | float double | 以[-]m.nnnnnne[+] 指數型式來表示 float 或 double 的資料。n 位數預設 6 位。 |
| | %E | float double | 以[-]m.nnnnnnE[+] 指數型式來表示 float 或 double 的資料。n 位數預設 6 位。 |
| | %g | float double | 以輸入值的位數決定使用%f 或%e 輸出數值。若整數位數 7 位以上，使用指數型式。 |
| | %G | float double | 以輸入值的位數決定使用%f 或%E 輸出數值。若整數位數 7 位以上，使用指數型式。 |

**簡例**

輸出「前往「二叭子植物園」可搭乘安坑輕軌。」的敘述。

```
printf("前往「%s」可搭乘%s。", "二叭子植物園", "安坑輕軌");
```

**簡例**

輸出「芭樂 2 斤，共 70 元」的敘述。

```
int wt = 2, price = 35;
printf("%s%d 斤，共%d 元\n", "芭樂", wt, wt * price);
```

下表為轉換字串中所使用的修飾字元(Modifier)：

| 修飾字元 | 說明 |
|---|---|
| 寬度 | 用來設定資料顯示的寬度。若寬度比數值本身寬度小，則以實際寬度顯示。<br>例：printf("%6d", -123);    //6 個字元寬度,含正負號<br>`|   |   | - | 1 | 2 | 3 |`<br>例：printf("%8.2f", -123.4);    //8 個字元寬度<br>//含正負號、整數位數、小數點、2 個小數位數<br>`| - | 1 | 2 | 3 | . | 4 | 0 |` |
| + (正號) | ①加正號，數值資料向右靠齊，數值左側均加正負號。<br>②若設定寬度比實際寬度大，含正負號資料向右靠齊。<br>③省略正號，數值資料向右靠齊，只有負數才加負號。 |
| - (負號) | ①加負號，數值資料向左靠齊，只有負數才加負號。<br>②若設定寬度比實際寬度大，數值資料向左靠齊。<br>③省略負號，數值資料向右靠齊，只有負數才加負號。 |
| .小數位數 | ①如果資料是浮點數用來設定小數位數。<br>例：printf("%8.2f", -123.456); //2 個小數位數,小數第 3 位數四捨五入<br>`|   | - | 1 | 2 | 3 | . | 4 | 6 |`<br>②如果是字串資料則用來設定顯示字元數目。<br>例：printf("%8.2s", "123.456"); //字串寬度 8 個,只顯示 2 個字元<br>`|   |   |   |   |   |   | 1 | 2 |` |
| 空格 | ①加空格時，正數前面留一個空格，負數時空格為負號所取代。<br>②若未加空格，一般正數顯示時不留空格，負數前加負號。 |
| 0(零) | ①加 0 時，數值前面欄位若有空格，則補 0。<br>②省略時，數值前面欄位若有空格，不補 0。 |
| % | 顯示 % 百分比字元。 例：printf("%d%%", 75);    //輸出結果：75% |
| # | ① %#o：以八進制輸出，前面加前導字元 0(零)。<br>例：printf("%#o", 77);    //十進制 77 ⇨ 八進制 115<br>`| 0 | 1 | 1 | 5 |`<br>② %#x：以十六進制輸出，前面加前導字元 0x。<br>例：printf("%#x", 77);    //十進制 77 ⇨ 十六進制 4d<br>`| 0 | x | 4 | d |` |

簡例

練習在格式字串內設定整數寬度，觀察輸出結果。(Δ：代表空格)

01 printf("%d", 12345);    //顯示數值「12345」,未設寬度

```
02 printf("%8d", 12345);          //顯示數值「ΔΔΔ12345」,靠右對齊,寬度有剩補空格
03 printf("%8d", -12345);         //顯示數值「ΔΔ-12345」,靠右對齊,寬度有剩補空格
04 printf("%3d", -12345);         //顯示數值「-12345」,寬度不足設定無效
```

**簡例**

練習在格式字串內設定浮點數寬度,觀察輸出結果。(Δ:代表空格)

```
01 printf("%f",12345.67);         //顯示數值「12345.670000」,小數位數預設 6 位
02 printf("%f",-12.345);          //顯示數值「-12.345000」,小數位數預設 6 位
03 printf("%.2f",12.345);         //顯示數值「12.35」,小數位數 2 位,第 3 位四捨五入
04 printf("%8.2f",-12.3456);      //顯示數值「ΔΔ-12.35」,總寬度 8 位,小數位數 2 位
05 printf("%3.1f",123.45);        //顯示數值「123.5」,寬度不足設定無效,小數位數 1 位
06 printf("%8.0f",-1234.56);      //顯示數值「ΔΔΔ-1235」,小數第 1 位四捨五入
07 printf("%8.0f",1234.56);       //顯示數值「ΔΔΔΔ1235」,小數第 1 位四捨五入
08 printf("%g",12345.678);        //顯示數值「12345.7」,總寬度預設 7 位
09 printf("%g",12.34567);         //顯示數值「12.3457」,總寬度預設 7 位
10 printf("%g",12.3);             //顯示數值「12.3」,寬度低於預設,直接顯示
11 printf("%g",123456.78);        //顯示數值「123457」,最後 1 位為小數點不顯示
12 printf("%g",1234567.8);        //顯示數值「1.23457e+006」,整數超過 7 位,
13               //改用科學記號顯示,e 指數位數佔 3 位(不含+-號),非指數位數小數部份佔 5 位
14 printf("%G",1234567.89);       //顯示數值「1.23457E+006」
15 printf("%E",1234567.89);       //顯示「1.234568E+006」,小數部份佔 6 位
16 printf("%e",123.4);            //顯示「1.234000e+002」,小數位數不足補 0
17 printf("%10.2e",12345.6);      //顯示「Δ1.23e+004」,總寬度 10,小數佔 2 位
18 printf("%10.2E",0.000123456);  //顯示「Δ1.23E-004」,總寬度 10,小數佔 2 位
```

**簡例**

練習在格式字串內設定字元及字串寬度,觀察輸出結果。(Δ:代表空格)

```
01 printf("%c\n",'M');            //顯示字元「M」
02 printf("%4c\n",'M');           //顯示字元「ΔΔΔM」,靠右對齊,寬度有剩補空格
03 printf("%c\n",65);             //顯示字元「A」,65 的 ASCII 碼為「A」
04 printf("%s\n","ABCDE");        //顯示字串「ABCDE」
05 printf("%8s\n","ABCDE");       //顯示字串「ΔΔΔABCDE」
06 printf("%3s\n","ABCDE");       //顯示字串「ABCDE」,總寬度不足設定無效
07 printf("%6.2s\n","ABCDE");     //顯示字串「ΔΔΔΔAB」,寬度設為 6,顯示 2 字元
```

**簡例**

練習在格式字串內使用「+」、「-」修飾字元,觀察輸出結果。(Δ:代表空格)

```
01 printf("%+8d",12345);          //顯示「ΔΔ+12345」,靠右對齊,正數值前加「+」號
```

```
02 printf("%+8d",-12345);          //顯示「ΔΔ-12345」,靠右對齊,負數值前加「-」號
03 printf("%-8d",12345);           //顯示「12345ΔΔΔ」,靠左對齊,正數值前不加號
04 printf("%-8d",-12345);          //顯示「-12345ΔΔ」,靠左對齊,負數值前加「-」號
05 printf("%+8.2f",12.345);        //顯示數值「ΔΔ+12.35」,靠右對齊,正數值加「+」號
06 printf("%-8.2f",12.345);        //顯示數值「12.35ΔΔΔ」,靠左對齊,正數值不加號
07 printf("%-8.2f",-12.345);       //顯示數值「-12.35ΔΔ」,靠左對齊,負數值加「-」號
08 printf("%-8s","ABCDE");         //顯示字串「ABCDEΔΔΔ」,靠左對齊,寬度有剩補空格
09 printf("%-6.2s","ABCDE");       //顯示字串「ABΔΔΔΔ」,寬度設為 6,顯示 2 個字元
```

## 三. 逸出字元 (escape character)

若格式字串內需要顯示一些特殊控制字元,如:雙引號「"」、單引號「'」、控制游標移動字元 (跳格或跳到下一行行首),可在特殊字元前加逸出字元「\」,當逸出字元加上控制字元就構成了逸出序列。

下表為逸出序列的使用說明:

| 逸出序列 | 使用說明 |
|---|---|
| \a | 發出警告聲。 |
| \b | 倒退鍵,會由目前游標所在位置向左刪除一個字元。 |
| \f | 換頁。 |
| \n | 換行,游標會由目前所在位置跳到下一行的行首。 |
| \r | 移到行首,會刪除掉該行游標所在位置前面的所有字元。 |
| \t | 水平跳格,每個間格為 8 格字元。 |
| \v | 垂直跳格。 |
| \\ | 顯示倒斜線「\」字元。 |
| \' | 顯示單引號「'」字元。 |
| \" | 顯示雙引號「"」字元。 |
| \nnn 或 \ooo | 以八進制輸出。<br>例:printf("\101");　　// 顯示 A 字元 |
| \xhh | 以十六進制輸出。<br>例:printf("\x41");　　// 顯示 A 字元 |
| \0(零) | Null 字元,代表字串的結尾 |

簡例

練習在格式字串內使用逸出序列,並觀察輸出結果。(Δ代表空格)

```
01 printf("1234567890!\a");        //出現音效聲,游標位置在'!'字元後面
02 printf("12345\b67890!");        //顯示字串「123467890!」,刪除字元'5'
03 printf("1234567890!\n");        //游標跳到下一行行首
```

```
04 printf("123\r4567890!");            //顯示字串「4567890!」,游標跳到行首,刪除"123"
05 printf("123\t45\\67");              //顯示字串「123△△△△△45\67」,△代表空白格
06 printf("123\"45\"67");              //顯示字串「123"45"67」
07 printf("123\'4\'567");              //顯示字串「123'4'567」
08 printf("ASCII 碼 41(Hex):\x41");    //顯示字串「ASCII 碼 41(Hex):A」
```

### 2.2.2 引數串列

1. 引數可為變數名稱、運算式、常值、陣列元素、字串、字元等。

2. 每個引數依序對應前面格式字串內的轉換字串,轉換成字串輸出。

3. 引數的個數必須和格式字串中的轉換字串個數相同,且兩者資料型別要一致。

`簡例`

練習使用引數串列對應格式字串內的轉換字串,並觀察輸出結果。

```
01 printf("2 罐沙士 36 元 \n");              //顯示一般字串「2 罐沙士 36 元」
02 printf("%d 罐沙士%d 元 \n", 2, 36);       //顯示字串「2 罐沙士 36 元」,引數串列使用常值
03 int x = 2;
04 printf("%d 罐%s%d 元 \n", x, "沙士", x * 18);   //引數使用字串、變數、運算式
```

## 2.3　scanf()輸入函式

　　scanf() 函式是 C 語言常用的輸入函式,透過 scanf() 函式可由鍵盤輸入資料,輸入的資料被置入到電腦記憶體指定的位址中,而 C 語言用「& 變數」來代表記憶體位址參數。scanf() 輸入函式語法與 printf() 輸出函式語法有很多相似的地方,scanf() 函式也是宣告在 stdio.h 標頭檔內,若程式碼有使用到該函式,必須在程式碼的開頭處使用 #include<stdio.h> 敘述來含入 stdio.h 標頭檔。scanf() 函式語法如下:

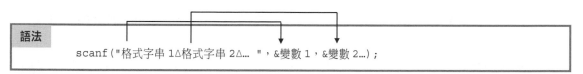

`語法`
　　　　scanf ("格式字串 1△格式字串 2△... ", &變數 1 , &變數 2...) ;

`簡例`

輸入兩個整數資料「80」、「20」的敘述。

```
int n1, n2;
printf("請輸入兩個整數：");
scanf("%d %d", &n1, &n2);
```

說明

從鍵盤輸入「80Δ20」(Δ 代表空格) 按 ⏎ 鍵,資料置入 &n1 與 &n2 參數代表的記憶體位址,流程如下:

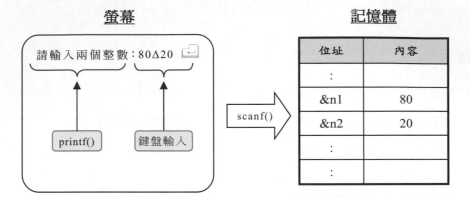

scanf() 函式的格式字串由五個欄位組成,其中必備欄位有二個、有需求才使用的非必備欄位有三個。格式如下:

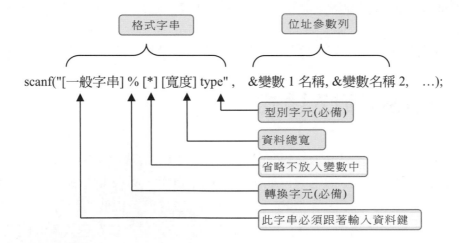

## 一. 位址參數列

將由鍵盤輸入的資料存入參數指定的記憶體位址中,參數的記憶體位址以「&變數名稱」表示。

## 二. 轉換字串

轉換字元加上型別字元就成為轉換字串,其個數必須要和位址參數列中參數的個數一樣,而且相對應的轉換字元與參數的資料型別要一致。

轉換字串與輸入資料型別的對照表如下:

| %type | 輸入資料型別 | %type | 輸入資料型別 |
|---|---|---|---|
| %c | 字元 | %f | 單精確浮點數 |

| %type | 輸入資料型別 | %type | 輸入資料型別 |
|---|---|---|---|
| %s | 字元陣列(字串) | %lf | 雙精確浮點數 |
| %d | 十進位整數 | %e | 學科記號 |
| %u | 無負號十進位整數 | %o | 八進位整數 |
| %ld | 長整數 | %x | 十六進位整數 |

## 三. 一般字串

格式字串允許使用一般字串或一般字元，只是該字串或字元在輸入資料給參數串列時，要一起輸入。所以大多會在連續輸入兩個以上資料時，使用一般字元來隔開所輸入的資料。譬如：要由鍵盤連續輸入兩個整數資料「24」、「31」給 &n1 和 &n2 參數時，輸入的資料之間要用空格或一個字元隔開。如下表所示：

| 常用的隔開字元 | scanf( )函式 | 鍵入資料方式 |
|---|---|---|
| 空格(用 Δ 表示) | scanf("%dΔ%d",&n1,&n2); | 80Δ20⏎ |
| 逗點「,」 | scanf("%d,%d",&n1,&n2); | 80,20⏎ |
| 減號「-」 | scanf("%d-%d",&n1,&n2); | 80-20⏎ |
| 底線「_」 | scanf("%d_%d",&n1,&n2); | 80_20⏎ |
| 斜線「/」 | scanf("%d/%d",&n1,&n2); | 80/20⏎ |
| 反斜線「\」 | scanf("%d\%d",&n1,&n2); | 80\20⏎ |

格式字串雖然可以使用一般字串，但要在輸入資料時一起輸入，否則這個一般字串不會顯現。如下：

```
int n1, n2;
scanf("請輸入兩個整數：%d %d", &n1, &n2);
printf("n1=%d, n2=%d ", n1, n2);
```

### 說明

上面程式不會自動顯現「請輸入兩個整數：」字串，這個字串必須先用鍵盤來輸入 (而且不能省略)，接著再鍵入兩個整數。

### 範例：scan1.c

修改上面程式，先用「printf("請輸入兩個整數(以,隔開)：");」 敘述來顯現「請輸入兩個整數(以 , 隔開)：」字串，再用 scanf() 函式來輸入兩個整數，最後用 printf() 函式來輸出兩個輸入整數的內容。

執行結果

```
請輸入兩個整數(以,隔開):80,20
n1=80, n2=20
Process returned 0 (0x0)   execution time : 6.207 s
Press any key to continue.
```

**程式碼**　FileName：scan1.c

```
01 #include <stdio.h>
02 #include <stdlib.h>
03
04 int main()
05 {
06     int n1, n2;
07     printf("請輸入兩個整數(以,隔開):");
08     scanf("%d,%d", &n1, &n2);
09     printf("n1=%d, n2=%d", n1, n2);
10     return 0;
11 }
```

## 四. 限定輸入十進位整數資料的寬度

「%4d」表示輸入的十進位整數資料，只取用前 4 個位數，含正負號。如：

```
int n1;
scanf("%4d",&n1);
printf("n1 = %d\n", n1);
```

① 若鍵入 123 ⏎ ，則 123 → n1，n1 = 123

② 若鍵入 1234 ⏎，則 1234 → n1，n1 = 1234

③ 若鍵入 12345 ⏎，則 1234 → n1，n1 = 1234

④ 若鍵入 -1234 ⏎，則 -123 → n1，n1 = -123

⑤ 若鍵入 +1234 ⏎，則 +123 → n1，n1 = 123

NOTE　若鍵入的字元超過限定輸入的資料寬度，會影響到連續輸入兩個資料的第二個輸入資料。故使用限定輸入資料寬度時要小心。

**範例**：scan2.c

以「yyyy/mm/dd」格式輸入今天的年月日。

執行結果

```
請輸入生日(yyyy/mm/dd):2023/3/19
今天是西元2023年3月19日
Process returned 0 (0x0)   execution time : 20.181 s
Press any key to continue.
```

程式碼　FileName：scan2.c

```
01 #include <stdio.h>
02 #include <stdlib.h>
03
04 int main()
05 {
06     int year,month,day;
07     printf("請輸入生日(yyyy/mm/dd)：");
08     scanf("%4d/%2d/%2d", &year, &month, &day);
09     printf("今天是西元%d 年%d 月%d 日", year, month, day);
10     return 0;
11 }
```

## 五. 限定輸入浮點數資料的寬度

「%5f」表示輸入的浮點數資料，只取前面的 5 個位數，含正負號、小數點符號。如：

```
float f1;
scanf("%5f", &f1);
printf("f1 = %f\n", f1);
```

①　若鍵入　12.3　⏎，則 12.3　→ f1，f1 = 12.300000

②　若鍵入　12.34　⏎，則 12.34　→ f1，f1 = 12.340000

③　若鍵入　12.345　⏎，則 12.34　→ f1，f1 = 12.340000

④　若鍵入　-12.354　⏎，則 -12.3　→ f1，f1 = -12.300000

⑤　若鍵入　+12.34　⏎，則 +12.3　→ f1，f1 = 12.300000

## 六. 輸入十六進制資料

範例：x16.c

輸入一個十六進制的整數，並顯示該數值的十進制整數與八進制整數。

執行結果

```
請輸入十六進制整數：fe
十六進制的 0xfe = 十進制的 254
十進制的 254 = 八進制的 0376


Process returned 0 (0x0)   execution time : 4.244 s
Press any key to continue.
```

程式碼　FileName：x16.c

```
01 #include <stdio.h>
02 #include <stdlib.h>
03
```

```
04 int main()
05 {
06     int i;
07     printf("請輸入十六進制整數：");
08     scanf("%x", &i);
09     printf("十六進制的 %#x = 十進制的 %d \n", i, i);
10     printf("十進制的 %d = 八進制的 %#o", i, i);
11     return 0;
12 }
```

## 七. 輸入字串

由於 C 未提供字串變數，故字串是採字元陣列方式來存放。宣告字元陣列來存放字串的語法如下：

---
**語法**

char 字元陣列名稱[長度]; // 陣列長度即字串的長度

---

**簡例**

宣告一個存放姓名字串長度為 20 字元的陣列。

char name[20];　　　　//name 字串是存放 20 個字元的字元陣列

**簡例**

宣告一個存放字串的字元陣列，並指定字串內容。

char name[20] = "Bill Gates";

**範例**：name.c

由鍵盤分別輸入中文及英語姓名，並將中文姓名存到 cname 陣列及將英語姓名存到 ename 陣列。

**執行結果**

```
請輸入中文姓名：比爾蓋茲
你的中文名字為 比爾蓋茲

請輸入英語姓名：Bill Gates
你的英語名字為 Bill

Process returned 0 (0x0)   execution time : 23.873 s
Press any key to continue.
```

**程式碼** FileName：name.c

```
01 #include <stdio.h>
02 #include <stdlib.h>
```

```
03
04  int main()
05  {
06      char cname[20], ename[20];
07      printf("請輸入中文姓名: " );
08      scanf("%s",&cname);
09      printf("你的中文名字為 %s \n", cname);
10      printf("\n");
11      printf("請輸入英語姓名: " );
12      scanf("%s",&ename);
13      printf("你的英語名字為 %s \n", ename);
14      return 0;
15  }
```

**説明**

1. 第 6 行：宣告可存放 20 個字元的字元陣列 cname 和 ename，在此當作字串變數使用。

2. 第 12 行：使用 scanf() 函式輸入的字串中間有空格，因 scanf() 函式若輸入空格 (空白字元) 時，空格和後面的字串無法取得。如本例只取得 "Bill" 來輸出顯示，而 "△Gates" 沒有取得而無法顯示。若要取得含有空白字元的字串必須用 gets() 函式。

# 2.4　字元輸入、輸出函式

　　字元輸入、輸出函式有 getchar()、getche()、getch()、putchar()、putch()，使用這些函式必須在程式碼開頭使用 #include<stdio.h> 敘述來含入 stdio.h 標頭檔。

## 2.4.1 getchar()字元輸入函式

　　getchar() 函式用來等待鍵盤輸入一個字元，所輸入的字元會顯示在螢幕目前游標處，再按 ⏎ 鍵確認，此時所輸入的字元會存入指定的字元變數中，而游標會跳至下一行開頭。若鍵盤是連續輸入多個字元後才按 ⏎ 鍵時，則只會取得第一個輸入字元存入變數，其他字元無作用。其語法如下：

**語法**

```
    ch = getchar();         //ch 為字元變數
```

### 2.4.2 getche()字元輸入函式

　　getche() 函式也是用來等待鍵盤輸入一個字元，但不用按 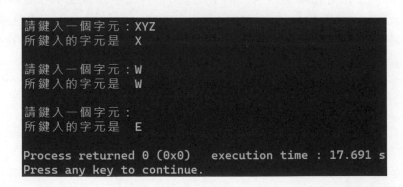 鍵確認，此輸入的字元在鍵入後立即存入指定的字元變數中，而輸入的字元顯示在螢幕目前游標處。其語法如下：

> **語法**
>
> ```
> ch = getche();          //ch 為字元變數
> ```

### 2.4.3 getch()字元輸入函式

　　getch() 函式也是用來等待鍵盤輸入一個字元，但不用按　鍵確認，所輸入的字元也不會在顯示螢幕，但在鍵盤鍵入的字元會立即存入指定的字元變數中。其語法如下：

> **語法**
>
> ```
> ch = getch();          //ch 為字元變數
> ```

### 2.4.4 putchar()字元輸出函式

　　putchar() 函式是將字元變數內所存放的字元，顯示到目前游標處。其語法如下：

> **語法**
>
> ```
> putchar(ch);          //ch 為字元變數
> ```

### 2.4.5 putch()字元輸出函式

　　putch() 函式用法與 putchar() 函式相同。

**範例**：getchar.c

　　分別使用三種字元輸入函式鍵入字元，再用 putchar() 函式來顯示所鍵入的字元。

執行結果

```
請鍵入一個字元：XYZ
所鍵入的字元是　X

請鍵入一個字元：W
所鍵入的字元是　W

請鍵入一個字元：
所鍵入的字元是　E

Process returned 0 (0x0)   execution time : 17.691 s
Press any key to continue.
```

程式碼　FileName：getchar.c

```
01 #include <stdio.h>
02 #include <stdlib.h>
03
04 int main()
05 {
06     char ch;                        //宣告字元變數
07     printf("\n請鍵入一個字元：");      //輸入提示
08     ch=getchar();
09     printf("所鍵入的字元是  ");        //輸出提示
10     putchar(ch);
11     printf("\n");
12     printf("\n請鍵入一個字元：");      //輸入提示
13     ch=getche();
14     printf("\n所鍵入的字元是  ");      //輸出提示
15     putchar(ch);
16     printf("\n");
17     printf("\n請鍵入一個字元：");      //輸入提示
18     ch=getch();
19     printf("\n所鍵入的字元是  ");      //輸出提示
20     putchar(ch);
21     printf("\n");
22     return 0;
23 }
```

說明

1. 第 8 行：雖然是鍵入「XYZ」，但 ch 變數只取得第一個輸入字元「X」。

2. 第 8、9 行：使用 scanf() 函式輸入的字串中間有空格，因 scanf() 函式若輸入空格 (空白字元) 時，空格和後面的字串無法取得。

## 2.5　字串輸入、輸出函式

字串輸入、輸出函式有 gets()、puts()，使用這些函式必須在程式碼開頭使用 #include<stdio.h> 敘述來含入 stdio.h 標頭檔。

### 2.5.1 gets()字串輸入函式

gets() 函式用來等待鍵盤輸入任何連續字元直到按 ⏎ 鍵為止，此時所輸入的連續字元會存入指定的字串變數(字元陣列名稱)中，而游標會跳至下一行開頭。其語法如下：

```
char 字元陣列名稱[字串長度];
gets(字元陣列名稱);
```

簡例

宣告字元陣列名稱 str，將鍵盤輸入的字串存放入 str 字元陣列中。

```
char str[30];          //宣告可存放 30 個字元的字元陣列 str，當作字串變數使用
gets(str);             //從鍵盤輸入字串存放入 str 字元陣列
```

說明

1. 這裡所輸入的字串(連續字元)比 sacnf() 函式所輸入的字串有更大的範圍，包含空格(空白字元)。

2. 這裡所提的字元陣列名稱，其實就是指字串變數。當字串變數取得所輸入的連續字元存放時，會在最後加上一個結束字元「\0」(Null 字元)，方能構成一個字串(String)。

3. gets() 函式內所用的引數只能是字元陣列名稱，用來輸入字串。所以 gets() 函式的引數不能使用數值變數。

 NOTE　字元是用單引號括住的，如 'A' 字元，長度為 1。而字串是用雙引號括住的，字串存入記憶體時會在尾端加上一個 '\0'(Null 字元)，如 "A" 字串，長度會是 2；如 "How are you !" 字串，其長度會是 13。

## 2.5.2 puts()字串輸出函式

puts() 函式是用來將指定的字串顯示在螢幕目前的插入點游標上，它會將 puts() 函式小括號內的字元陣列或字串常值顯示到螢幕上。其語法如下：

語法

```
puts(字元陣列變數或字串常值);
```

簡例

宣告字元陣列名稱 str，將鍵盤輸入的字串存放入 str 變數，再顯示 str 變數內容。

```
char str[30];              //宣告可存放 30 個字元的字元陣列 str，當作字串變數使用
gets(str);                 //從鍵盤輸入字串存放入 str 字元陣列
puts(str);                 //顯示 str 變數內容
puts("How are you !");     //顯示字串常值「How are you !」
```

# C 語言
# 程式流程控制

## 3.1 前言

　　C 語言是一種「結構化程式設計」的程式語言。所謂結構化程式設計，是透過程式的模組化和程式的結構化，來簡化程式設計的流程，降低邏輯錯誤發生的機率。這種程式設計的觀念，是由上而下的程式設計，將程式中可以有獨立功能的程式區塊分割出來使成為「模組」(Module)，這些模組最後再組合成一個大的完整程式。結構化程式設計採用「循序結構」、「選擇結構」、「重複結構」這三個基本流程架構來設計程式。在前面章節所撰寫的程式架構是採用由上而下一行接著一行執行的「循序結構」。本章的前半段會先介紹「選擇結構」，後半段再介紹「重複結構」。

　　如果程式的流程會因條件的不同而會執行不同的程式區塊，這種有選擇性的流程架構就稱為「選擇結構」。

　　在程式語言中的條件是透過運算式來設定，C 語言中能產生條件的運算式有「關係運算式」和「邏輯運算式」。運算式的結果，有條件成立與條件不成立兩種情況，由布林值來記錄運算結果。當條件成立時，運算結果的布林值為「1」，我們稱為「真」(true) ；當條件不成立時，運算結果的布林值為「0」，我們稱為「假」(false) 。

 由於 C 語言沒有布林(boolean)這種資料型別，所以「關係運算式」和「邏輯運算式」的運算結果為「1」為「0」雖然術語上是布林值 true 或 false，但在 C 語言中，這個運算結果「1」或「0」歸屬於整數資料型別。

## 3.2 關係運算式

　　當程式中遇到兩個相同型別資料要做比較時,這個比較運算的敘述就稱為「關係運算式」。一個最簡單的關係運算式中必須含有兩個用來被比較的相同型別資料稱為「運算元」,也含有用來比較兩個運算元的「關係運算子」。比較後會有兩種結果,就是「1」(true)和「0」(false),或者稱為「真」和「假」。關係運算式的條件若成立,則結果會為「真」;條件若不成立,則結果會為「假」。在程式中關係運算式 (或簡稱為條件式) 可透過 if 選擇結構敘述來決定程式的流程。

　　在 C 語言中的關係運算子是由大於「>」、小於「<」或等於「=」三個運算子組合成六種狀態,供您在設計程式時使用。如下表:

| 運算子 | 說明 | 簡例 | 結果 |
|---|---|---|---|
| ==<br>(相等) | 判斷此運算子左右兩邊資料值是否相等。 | 10 == 10 | 1(真) |
| | | 15 == 3 | 0(假) |
| | | 4+2 == 1+5 | 1(真) |
| !=<br>(不相等) | 判斷此運算子左右兩邊資料值是否不相等。 | 7 != 9 | 1(真) |
| | | 16 != 16 | 0(假) |
| | | 2*3 != 3*2 | 0(假) |
| <<br>(小於) | 判斷此運算子左邊的資料值是否小於右邊的資料值。 | 8 < 9 | 1(真) |
| | | 15 < 10 | 0(假) |
| | | 2 < 9-6 | 1(真) |
| ><br>(大於) | 判斷此運算子左邊的資料值是否大於右邊的資料值。 | 12 > 10 | 1(真) |
| | | 2 > 3 | 0(假) |
| | | 6*2 > 4*2 | 1(真) |
| <=<br>(小於等於) | 判斷此運算子左邊的資料值是否小於等於右邊的資料值。 | 12 <= 13 | 1(真) |
| | | 10 <= 10 | 1(真) |
| | | 10+4 <= 13 | 0(假) |
| >=<br>(大於等於) | 判斷此運算子左邊的資料值是否大於等於右邊的資料值。 | 12 >= 13 | 0(假) |
| | | 10 >= 10 | 1(真) |
| | | 10+4 >= 13 | 1(真) |

📥 **範例**：operator1.c

　　練習使用關係運算子。

執行結果

```
i=0      j=1      k=7
Process returned 0 (0x0)   execution time : 0.052 s
Press any key to continue.
```

**程式碼**　FileName：operator1.c

```
01 #include <stdio.h>
02 #include <stdlib.h>
03
04 int main()
05 {
06     int i, j, k=5;
07     i = 'A'>'B';
08     j = ((5+i) == k);
09     k = 5+(100<50)*3+(-20!=20)*2;
10     printf("i=%d \t j=%d \t k=%d ", i, j, k);
11     return 0;
12 }
```

**說明**

1. 第 7 行：A 字元的 ASCII 碼為 65，B 字元的 ASCII 碼為 66。所以 'A' 與 'B' 要比大小的話，'A' 比 'B' 小，故 ('A'>'B') 的比較結果為 0 (假)，所以 i = 0。

2. 第 8 行：因 5+i = 5+0 = 5，故 (5 == k) 的比較結果為 1 (真)，所以 j =1。

3. 第 9 行：因 (100<50) 結果 0 (假)，(-20!=20) 結果為 1 (真)；整個式子是 k = 5+0×3+1×2 = 7，所以 k = 7。

　　關係運算式中兩個用來被比較的「運算元」須含相同型別資料，但有一種資料稱為「字串」，它可以是字串常值，但卻沒有字串變數，因沒有字串資料型別。一般情況下我們會用字元陣列的陣列名稱來充當字串變數使用，但終究不是字串資料型別，不能拿來做關係運算式中的「運算元」，那程式中要比較兩個字串或字元陣列名稱與字串常值是否一樣，就不能使用「==」運算子了。

　　C 語言使用 strcmp() 函式來比較兩個字串是否相等？由於此函式原型宣告在 string.h，因此必須在程式的最開頭撰寫 #include <string.h> 敘述。在呼叫 strcmp() 函式時，會將比較的結果以零 (相等)、負值 (小於) 或正值 (大於) 傳回。

**簡例**

練習字串關係運算式。

```
char st1[] = "ABC", st2[] = "ABCD";
printf("%d\n", strcmp(st1,"ABC"));   //由於 st1 字串內容與 "ABC" 相等，傳回值為 0
printf("%d\n", strcmp(st1,st2));      //由於 st1 字串小於 st2 字串，傳回值為-1
printf("%d\n", strcmp(st2,st1));      //由於 st2 字串大於 st1 字串，傳回值為 1
```

## 3.3 邏輯運算式

　　一個關係運算式就是一個條件式，當要把多個條件式一起做判斷時，便需要「邏輯運算子」來連結運算。這個運算式稱為「邏輯運算式」，也可簡稱為條件式。其運算後也是有兩種結果，就是「1」(true)和「0」(false)，或者稱為「真」和「假」。C 語言提供的邏輯運算子如下：

### 1. &&：且(and) 邏輯運算子

　　當 && 運算子左右兩邊有 <條件式 A> 和 <條件式 B>，若 <條件 A> 和 <條件 B> 的運算結果皆不為 0(假)，則「A && B」這個邏輯運算式的結果為 1(真)；否則為 0(假)。如下表：

| A | B | A && B |
|---|---|---|
| 1 (true) | 1 (true) | 1 (true) |
| 1 (true) | 0 (false) | 0 (false) |
| 0 (false) | 1 (true) | 0 (false) |
| 0 (false) | 0 (false) | 0 (false) |

簡例

年齡 (X) 高於 18 而且不超過 45 的條件式寫法。

```
(X > 18) && (X <= 45);
```

### 2. ||：或(or) 邏輯運算子

　　當 || 運算子左右兩邊的 <條件 A> 和 <條件 B>，只要其中一個條件運算結果為 1(真) 時，則「A || B」這個邏輯運算式的結果為 1(真)，若兩個條件皆為 0(假) 時，「A || B」這個條件式的結果才會為 0(假)。如下表：

| A | B | A \|\| B |
|---|---|---|
| 1 (true) | 1 (true) | 1 (true) |
| 1 (true) | 0 (false) | 1 (true) |
| 0 (false) | 1 (true) | 1 (true) |
| 0 (false) | 0 (false) | 0 (false) |

簡例

分數(score)小於 0 或超過 100 的條件式寫法。

```
(score < 0) || (score > 100);
```

### 3. ！：(not) 邏輯運算子

此 ！運算子是單一的條件式運算，主要是把條件式的結果造成相反結果，即 1⇨0，0⇨1。如下表：

| A | ! A |
|---|---|
| 1 (true) | 0 (false) |
| 0 (false) | 1 (true) |

### 4. ^：互斥或(xor) 邏輯運算子

當 ^ 運算子左右兩邊的 <條件 A > 和 <條件 B>，必須一個為真且另一個為假，「A ^ B」運算結果才會為 1(真)。若兩個皆為真或兩個皆為假，則「A ^ B」運算結果會為 0(假)。如下表：

| A | B | A ^ B |
|---|---|---|
| 1 (true) | 1 (true) | 0 (false) |
| 1 (true) | 0 (false) | 1 (true) |
| 0 (false) | 1 (true) | 1 (true) |
| 0 (false) | 0 (false) | 0 (false) |

**範例**：operator2.c

練習使用邏輯運算子。

執行結果

```
((18 >= 16) && (18 <= 22)) = 1
((23 >= 65) || (23 < 12)) = 0
```

**程式碼**　FileName：operator2.c

```
01 #include <stdio.h>
02 #include <stdlib.h>
03 int main()
04 {
05     int x = 18, y = 23;
06     printf("((%d >= 16) && (%d <= 22)) = %d\n", x, x, ((x >= 16) && (x <= 22)));
07     printf("((%d >= 65) || (%d < 12)) = %d", y, y, ((y >= 65) && (y < 12)));
08     return 0;
09 }
```

**說明**

1. 第 6 行：判斷數值是否介於 16~22 之間。

2. 第 7 行：判斷數值是否大於等於 65 或小於 12。

## 3.4 選擇結構

　　由上而下一行接一行逐行執行，即使再執行一次其流程仍不改變，我們將此種程式架構稱為「循序結構」。但是較複雜的程式會應程式的需求，依照條件式的不同而進行不同的執行流程，而得到不同的結果。舉一個日常生活的例子：如果（if）今天天氣好就去郊遊，否則（else）就待在家裡看電視。這種架構就是「選擇結構」，C 語言提供的 if 選擇結構敘述如下：

1. 單向選擇： if …
2. 雙向選擇： if … else …
3. 巢狀選擇： if … else …
4. 多向選擇： if … else if … else

### 3.4.1 單向選擇結構

　　所謂「單向選擇」是指當條件式成立為 1(true) 時，執行 if 後面的敘述區段；若條件式不成立為 0(false) 時，則跳過 if 單向選擇結構，執行結構之後的敘述。語法及流程圖如下：

```
if(條件式)
     單一敘述; //單一敘述可省略{}

   或

if(條件式) {
     敘述區段;
}
```

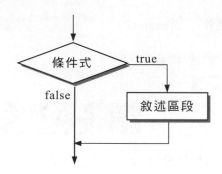

簡例

求 num 的絕對值。

```
if (num < 0)
    num = -num;
```

 NOTE　為簡化程式碼，經常會將單一敘述的 if 結構改用一行敘述呈現，即可把
　　　　上例的兩行敘述簡化成一行。如下：
　　　　if (num < 0) num = -num;

## 3.4.2 雙向選擇結構

所謂「雙向選擇」是指當條件式成立時，執行 if 後面的敘述或敘述區段；若條件式不成立時，則執行 else 後面的敘述或敘述區段。語法及流程圖如下：

```
if (條件式)
        敘述 1;
else
        敘述 2;
```

或

```
if (條件式) {
        敘述區段 1;
} else {
        敘述區段 2;
}
```

簡例

判斷變數 hour，若小於等於 12 顯示為上午時間；反之，顯示為下午時間。

```
if (hour <= 12)
    printf("上午%d 點", hour);
else
    printf("下午%d 點", hour - 12);
```

 NOTE　為簡化程式碼，可將上例的敘述簡化為：
　　　　if(hour <= 12) printf("上午%d 點", hour);
　　　　else printf("下午%d 點", hour - 12);

範例：ifelse.c

製作一個修改密碼的操作介面，使用者必須輸入新密碼兩次，若兩次的輸入相符，顯示「下次登入時請輸入新密碼！」；反之，若不相同，則顯示「密碼修改失敗！」。

執行結果

```
新密碼 : abcde
確認密碼 : abcde
下次登入時請輸入新密碼！
Process returned 0 (0x0)   execution time : 14.623 s
Press any key to continue.
```

**程式碼** FileName：ifelse.c

```c
01 #include <stdio.h>
02 #include <stdlib.h>
03 #include <string.h>
04
05 int main()
06 {
07     char pw1[12], pw2[12];
08     printf("新密碼：");
09     scanf("%s", pw1);
10     printf("確認密碼：");
11     scanf("%s", &pw2);
12     if (strcmp(pw1, pw2) == 0)
13         printf("下次登入時請輸入新密碼！");
14     else
15         printf("密碼修改失敗！");
16     return 0;
17 }
```

**説明**

1. 第 7 行：本例輸入的密碼需要連續的字元 (字串)，因此必須宣告字元陣列用來存放字串。

2. 第 9 行：輸入帳號時，使用「scanf("%s", pw1);」敘述，將由鍵盤鍵入的字串存到 pw1 字元陣列中。其中使用 %s 表示輸入的資料是字串，pw1 是陣列名稱本身就代表陣列在記憶體中的起始位址，所以在 scanf() 函式內 pw1 前不加上 & 位址符號，或加上 & 位址符號 (第 11 行) 都可以。

3. 第 12 行：使用 strcmp() 函式來比較兩個字串是否相同？若相同會傳回 0，若不相同則會傳回 1 或-1。

## 3.4.3 巢狀選擇結構

所謂「巢狀選擇」是指 if 或 else 的敘述區段裡面還有 if… 或 if…else… 選擇結構，巢狀選擇結構就是將雙向選擇延伸成多向選擇。語法及流程圖如下：

```
if (條件式 1) {
    if (條件式 2) {
        敘述區段 1;
    } else {
        敘述區段 2;
    }
} else {
    if (條件式 3) {
        敘述區段 3;
    } else {
        敘述區段 4;
    }
}
```

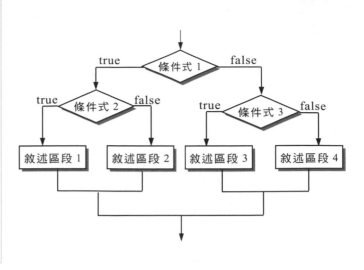

🔽 **範例**：triangle.c

有三角形三個邊的長度，請用巢狀選擇結構找出最大的邊。

執行結果

```
三角形的邊分別為 5, 4, 3
比較結果：最大的邊為 5
Process returned 0 (0x0)   execution time : 0.021 s
Press any key to continue.
```

**程式碼** FileName：triangle.c

```
01 #include <stdio.h>
02 #include <stdlib.h>
03
04 int main()
05 {
06     int n1 = 5, n2 = 4, n3 = 3;
07     int max;
08
09     printf("三角形的邊分別為 %d, %d, %d \n", n1, n2, n3);
10     if (n1 > n2) {        //判斷 n1 是否大於 n2
11         if(n1 > n3)       //判斷 n1 是否大於 n3
12             max = n1;
13         else
14             max = n3;
15     } else {
16         if(n2 > n3)       //判斷 n2 是否大於 n3
17             max = n2;
18         else
```

| 19 | max = n3; |
|----|-----------|
| 20 | } |
| 21 | printf("比較結果：最大的邊為 %d", max); |
| 22 | return 0; |
| 23 | } |

**說明**

1. 第 10~14 行：若 n1>n2 且 n1>n3，則執行第 12 行，將 n1 值存入 max 變數中；若 n1>n2 且 n1<n3，則執行第 14 行，將 n3 值存入 max 變數中。兩者執行完畢跳到第 21 行。

2. 第 15~19 行：若 n1<n2 且 n2>n3，執行第 17 行，將 n2 值存入 max 變數中；若 n1<n2 且 n2<n3，則執行第 19 行，將 n3 值存入 max 變數中。兩者執行完畢跳到第 21 行。

### 3.4.4 多向選擇結構

當選擇的項目超過兩個，除了可以使用巢狀選擇結構外，也可以使用「多向選擇」結構來處理。其使用方式就是除了在第一個條件使用 if 判斷外，其他條件都使用 else if 來判斷，最後再以 else 來處理剩下的可能性。語法及流程圖如下：

```
if (條件式 1) {
        敘述區段 1;
} else if (條件式 2) {
        敘述區段 2;
            :
} else if (條件式 N) {
        敘述區段 N;
} else {
        敘述區段 N+1;
}
```

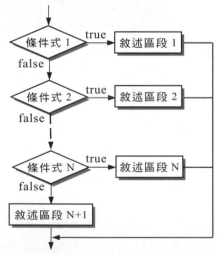

📥 **範例**：elseif.c

請用多向選擇結構判斷使用者輸入的整數是正值、負值或是零。

執行結果

```
請輸入一個整數：0
0是零
Process returned 0 (0x0)   execution time : 21.313 s
Press any key to continue.
```

程式碼　FileName : elseif.c

```c
01 #include <stdio.h>
02 #include <stdlib.h>
03
04 int main()
05 {
06     int X;
07
08     printf("請輸入一個整數：");
09     scanf("%d", &X);
10     if(X < 0)
11         printf("%d是負數", X);
12     else if(X > 0)
13         printf("%d是正數", X);
14     else
15         printf("%d是零", X);
16     return 0;
17 }
```

說明

1. 第 6 行：宣告整數變數 X，用來存放使用者所輸入的數值。

2. 第 10~11 行：若(X<0)條件成立，程式流程會先執行第 11 行，再執行第 16 行；反之，若條件不成立，程式流程會執行第 12 行敘述。

3. 第 12~13 行：若(X>0)條件成立，程式流程會先執行第 13 行，再執行第 16 行；反之，若條件不成立，程式流程會執行第 14 行敘述。

4. 第 14~15 行：前面兩個條件都不成立，程式流程會先執行第 15 行，再執行第 16 行敘述。

# 3.5　多向選擇 switch

　　switch 也是一個多向選擇結構，但與 if…else if…else 不同。if…的多向選擇結構使用多個不同的（條件式）來選擇執行的敘述區段。switch 的多向選擇是使用一個運算式，再根據運算式的結果（value）來判斷所要執行的 case 敘述區段。switch 的語法及流程圖如下：

```
switch (運算式) {
    case value1:
        敘述區段 1;
        break;
    case value2:
        敘述區段 2;
        break;
            :
            :
    case valueN:
        敘述區段 N;
        break;
    default:
        敘述區段 N+1;
}
```

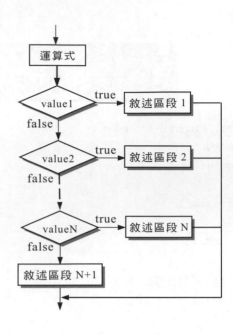

說明

1. switch 的 (運算式) 結果 (value) 只能是整數常值或字元常值。

2. 執行 switch 結構時，其 (運算式) 的 value 會從第一個 case 開始比較，當 value 符合其中某個 case 條件的常值後，會執行所符合 case 內的敘述區段。

3. 若被執行的 case 內敘述區段沒有「break;」敘述，會繼續執行下一個 case 的敘述，因此在 case 敘述區段後面須加上「break;」敘述，其程式流程才能夠離開 switch 結構。

4. 如果比較所有的 case 都不符合，就會執行 default 後的敘述，因此 default 要放在所有的 case 敘述的最後面。雖然 default 敘述可以省略，但是建議在程式中最好還是加上，以避免發生無法預知的結果。

5. 如果不同的 case，但其敘述區段內容相同，則可將這些 case 排在一起，將敘述區段寫在最後一個 case，再加上「break;」敘述，這樣可以資源共享。例如：

```
    case 'y':
    case 'Y':
        printf("您選擇的是 Yes");
        break;
    case 'n':
    case 'N':
        printf("您選擇的是 No");
        break;
        :
```

**範例**：seasons.c

請用 switch 選擇結構判斷使用者輸入的整數是哪一個季節。

執行結果

```
請輸入月份(1~12)：3
3月是春季
Process returned 0 (0x0)   execution time : 3.365 s
```

程式碼　FileName：seasons.c

```
01 #include <stdio.h>
02 #include <stdlib.h>
03
04 int main()
05 {
06     int month;
07     printf("請輸入月份(1~12)：");
08     scanf("%d", &month);
09     switch(month){
10         case 12:
11         case 1:
12         case 2:
13             printf("%d 月是冬季", month);
14             break;
15         case 3:
16         case 4:
17         case 5:
18             printf("%d 月是春季", month);
19             break;
20         case 6:
21         case 7:
22         case 8:
23             printf("%d 月是夏季", month);
24             break;
25         case 9:
26         case 10:
27         case 11:
28             printf("%d 月是秋季", month);
29             break;
30         default:
31             printf("輸入錯誤!!");
32     }
33     return 0;
34 }
```

**說明**

1. 第 6 行：宣告整數變數 month，用來存放使用者所輸入的數值。

2. 第 10~14 行：若 month 等於 12、1 或 2 時，程式流程會執行第 13、14 行，再執行第 33 行；反之，若不等於，程式流程會繼續向下執行 15 行敘述。

3. 第 15~29 行：判斷流程同上，以此類推。

4. 第 30~31 行：若 month 皆不成立，程式流程會先執行第 31 行，再執行第 33 行敘述。

# 3.6 條件運算式

條件運算子是一個三元運算子，讓開發人員能在程式中，經由 (條件式) 運算的結果為真或為假來決定傳回哪個指定的常值或執行哪個指定的運算式，該敘述只寫一行即可，不像 if…else 要寫成多行。語法如下：

**語法**

> 變數 = (條件式) ？ 運算式 1 : 運算式 2 ;

說明

1. 當 (條件式) 為真時，會將 <運算式 1> 的結果指定給等號左邊的變數；
   若 (條件式) 為假時，會將 <運算式 2> 的結果指定給變數。流程圖如下：

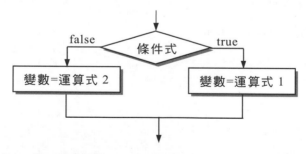

2. <運算式 1> 與 <運算式 2> 也可以為常值，其運算結果或常值的資料型別必須和變數的資料型別一致。

⬇ **範例**：operator3.c

請用條件運算式判斷使用者輸入的整數是正值、負值或是零。

執行結果

```
請輸入一個整數值：-6
-6 是負數
Process returned 0 (0x0)   execution time : 10.325 s
Press any key to continue.
```

程式碼　FileName : operator3.c

```
01 #include <stdio.h>
02 #include <stdlib.h>
03
04 int main()
05 {
06     int X;
07     printf("請輸入一個整數值：");
08
09     scanf("%d", &X);
10     printf("%d 是", X);
11     printf("%s", (X > 0)?"正數":((X == 0)?"零":"負數"));
12     return 0;
13 }
```

說明

1. 第 6 行：宣告整數變數 X，用來存放使用者所輸入的數值。

2. 第 11 行：條件運算式「(X>0)?"正數":((X==0)?"零":"負數")」應該將條件運算子的結果指定給一個字串變數，但 C 語言沒有提供字串資料型別，所以本例就沒有使用變數。

3. 由於本例輸入值 X 為 -25，第 11 行在 (X > 0) 條件式的結果為「假」，故流程會繼續執行「((X == 0)?"零":"負數")」運算式。而這運算式又是另一組條件運算式，因 (X == 0) 條件式的結果為「假」，故運算式會回傳 "負數" 常值。

# 3.7 重複結構

　　當程式碼中有某項功能或某段敘述經常被使用或被重複執行，例如：數字遞增或遞減運算、一連串連續輸入資料…等，若使用循序結構來撰寫程式，程式碼的篇幅會很長，而且遇到同一性質的錯誤時，需多處尋覓修改，很不經濟也很不科學。C 程式語言提供了迴圈 (Loop) 架構，讓我們把會被經常使用或重複性高的程式敘述放入迴圈架構內，如此一來，同樣性質的敘述只要寫一次，不但程式碼不必很冗長，錯誤維修只需在一處就能搞定，程式簡潔可讀性高又維護便利。這種迴圈架構又稱為「重複結構」。C 語言提供的重複結構敘述如下：

1. 計數迴圈：for
2. 前測式迴圈：while …
3. 後測式迴圈：do … while
4. 巢狀迴圈

## 3.7.1 計數迴圈

當迴圈內的程式敘述區段被重複執行的次數是可以計算時，則適合使用 for 計數迴圈。只要設定初值、執行迴圈條件運算式、增值運算式，便能決定迴圈被執行的次數。語法如下：

---

**語法**

```
for（初值運算式；執行迴圈條件運算式；增值運算式）{
    [敘述區段]
}
```

---

**說明**

1. for 計數迴圈有初值、執行條件、增值三種運算式引數，引數之間以分號「;」隔開。

2. 初值運算式：為 for 迴圈的起始值，只會執行一次。

3. 執行條件運算式：用來測試初值或增值的運算結果是否符合繼續執行 for 迴圈的條件需求，若符合則繼續執行 for 迴圈內敘述區段；若不符合則離開 for 迴圈。

4. 增值運算式：每執行一次 for 迴圈內的敘述區段，就會執行增值運算式。

5. 當初值符合執行條件式測試，就會執行 for 迴圈內的敘述區段一次；接著再執行增值運算式。若運算後的增值仍符合執行條件式，則再執行迴圈內的敘述區段一次；直到執行條件式測試不符合，才離開 for 迴圈。

6. 敘述區段若只有一行敘述，則 for 迴圈可簡化如下：

```
for（初值；執行迴圈條件式；增值運算式）敘述；
```

7. for 計數迴圈的 初值、執行條件、增值 三種運算式引數，可以有兩組以上，引數之間用逗點「,」隔開，格式如下：

---

**語法**

```
for（初值 1, 初值 2；條件式 1, 條件式 2；增值運算式 1, 增值運算式 2）{
    [敘述區段]
}
```

---

⏬ **範例**：for.c

假設函式 $f(x) = 3x^2 + 2x + 1$，請使用 for 迴圈分別求出 x = 2~5 的 f(2)、f(3)、f(4)、f(5) 各函式值。

執行結果

```
f(2) = 17
f(3) = 34
f(4) = 57
f(5) = 86
```

程式碼 FileName：for.c

```
01 #include <stdio.h>
02 #include <stdlib.h>
03
04 int main()
05 {
06     int x;
07     for (x = 2; x <= 5; x++) {
08         printf(" f(%d) = %d\n", x, 3*x*x + 2*x + 1);
09     }
10     return 0;
11 }
```

說明

1. 第 7 行：for 計數迴圈的初值為 2，計數值每次遞增 1，計數值在小於等於 5 的條件下會執行迴圈內敘述；當計數值大於 5 時，就脫離重複結構。

2. 第 7~9 行：由於迴圈內的敘述只有一行，故迴圈結構可簡化如下：

```
for(x = 2; x <= 5; x++)
    printf(" f(%d) = %d\n", x, 3*x*x + 2*x + 1);
```

或

```
for(x = 2; x <= 5; x++) printf(" f(%d) = %d\n", x, 3*x*x + 2*x + 1);
```

## 3.7.2 前測式迴圈：while…

　　如果事先不確定迴圈需要重複執行多少次，那麼使用 while…或 do…while 迴圈是較佳的選擇。此類迴圈稱為「條件迴圈」，不需要迴圈控制變數，而是用一個條件運算式來判斷是否繼續執行或停止迴圈，若條件運算式的結果為真 (true)，則再執行一次迴圈內的敘述區段。所以此種迴圈內的敘述區段必須置入能改變條件運算式結果的敘述，否則會變成無窮迴圈。當條件運算式的結果為假 (false)，方能離開迴圈。

　　由於 while 迴圈是將條件運算式置於迴圈的最開頭，稱為前測式迴圈。此前測式迴圈的特點是：若一開始條件運算式的結果不為真，則迴圈內的敘述區段連一次都不會被執行。其語法和流程圖如下：

```
while (條件運算式) {
      [敘述區段]
}
```

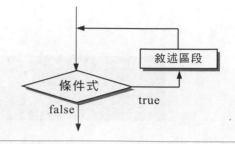

📥 **範例**：while.c

輸入一個整數 n 當公因數，請列出 1~100 之間可以被 n 整除的整數，每一列顯示五個因數並統計共有多少個整數能被 n 整除。

執行結果

```
輸入整數(1~100)：7
  7, 14, 21, 28, 35,
 42, 49, 56, 63, 70,
 77, 84, 91, 98,
由1到100之間有14個整數可以被7整除
Process returned 0 (0x0)   execution time : 3.392 s
Press any key to continue.
```

**程式碼** FileName：while.c

```c
01 #include <stdio.h>
02 #include <stdlib.h>
03
04 int main()
05 {
06     int n, m = 0, i = 0;
07     printf("輸入整數(1~100)：");
08     scanf("%d", &n);
09     while(m + n <= 100){
10         m += n;
11         printf("%3d,", m);
12         i++;
13         if(i % 5 == 0)
14             printf("\n");
15     }
16     printf("\n由1到100之間有%d個整數可以被%d整除", i, n);
17     return 0;
18 }
```

**説明**

1. 第 6 行：宣告 n、m、i 為整數變數。變數 i 用來統計迴圈執行的次數；變數 m 用來表示可以被 n 整除的整數，同時也是累加的迴圈控制變數；n 值為使用者所輸入的公因數。

2. 第 9~15 行：當迴圈控制變數 m 加上 n 值還小於等於 100 時，持續執行 while 迴圈敘述。

3. 第 10 行：m 值執行累加。

4. 第 11 行：輸出可以被 n 值整除的 m 值。

5. 第 12 行：i 值 (迴圈執行次數) 加 1。

6. 第 13、14 行；題目要求每行輸出 5 個數字，所以 i 值若被 5 整除，則輸出換行字元。

7. 第 16 行：輸出 1 到 100 之間有幾個整數可以被 n 值整除。

## 3.7.3 後測式迴圈：do…while

　　do…while 迴圈是將條件運算式置於迴圈的最後面，稱為後測式迴圈。此後測式迴圈的特點是：先進入迴圈執行一次，再來判斷條件運算式的結果。若符合條件結果，則可再進入迴圈執行一次；若條件不符合，則不能再進入迴圈。其語法和流程圖如下：

```
do {
      [敘述區段]
} while (條件運算式) ;
```

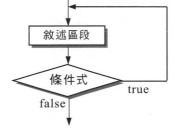

> **NOTE** 後測式迴圈一定會先執行一次迴圈，do…while (條件運算式) 後面必須加上一個「;」號。

**範例**：factorial.c

撰寫一個程式，程式會要求使用者輸入一個整數 n，然後計算 n 的階乘，並顯示運算式及計算結果。提示：n! = n×(n-1)×(n-2) ×…×2×1。

執行結果

```
輸入一個正整數：6

 6! = 6 * 5 * 4 * 3 * 2 * 1 = 720
Process returned 0 (0x0)   execution time : 3.569 s
Press any key to continue.
```

程式碼　FileName：factorial.c

```c
01 #include <stdio.h>
02 #include <stdlib.h>
03
04 int main()
05 {
06     int n, number = 1;
07     printf("輸入一個正整數：");
08     scanf("%d", &n);
09     printf("\n %d! =", n);
10     do{
11         if(n == 1)
12             printf(" %d =", n);
13         else
14             printf(" %d *", n);
15         number *= n;
16         n--;
17     }while(n >= 1);
18     printf(" %d", number);
19     return 0;
20 }
```

說明

1. 第 6 行：宣告整數變數 n 及 number。變數 number 為運算結果。

2. 第 10~17 行：計算階乘的後測式迴圈，迴圈會執行到 n 值小於 1 為止。

3. 第 11~14 行：依照 n 值顯示運算式。

## 3.7.4 巢狀迴圈

當迴圈結構中其敘述區段中另外含有內層迴圈時，如洋蔥般一層一層由內而外的迴圈結構稱為「巢狀迴圈」。內層迴圈及外層迴圈皆可以使用 for 迴圈、while…迴圈、do…while 迴圈。使用巢狀迴圈時要注意，每個迴圈都必須使用自己對應的迴圈控制變數，不同層的迴圈範圍不可交叉。

🔽 **範例**：dowhile.c

撰寫一個程式，程式會詢問要輸出幾個「*」號，接著會詢問是否繼續執行。若按 'Y' 和 'y' 鍵則繼續執行，反之若按其他鍵則結束程式。

執行結果

```
要輸出幾個*號(1~9)：5
輸出：*****
程式是否繼續執行(Y/任一鍵)？y
要輸出幾個*號(1~9)：9
輸出：*********
程式是否繼續執行(Y/任一鍵)？n
Process returned 0 (0x0)   execution time : 16.956 s
Press any key to continue.
```

程式碼　FileName：dowhile.c

```c
01 #include <stdio.h>
02 #include <stdlib.h>
03
04 int main()
05 {
06     int i;
07     char ch, keyin;
08     do{ // 外迴圈
09         printf("\n 要輸出幾個*號(1~9)：");
10         keyin = getche();
11         printf("\n 輸出：");
12         i = keyin - '0';
13         do{ // 內迴圈
14             printf("*");
15             i--;
16         }while(i > 0);
17         printf("\n 程式是否繼續執行(Y/任一鍵)？");
18         ch = getche();
19     }while(ch == 'Y' || ch == 'y');
20     return 0;
21 }
```

説明

1. 第 6 行：宣告整數變數 i。變數 i 用來控制迴圈執行的次數。

2. 第 7 行：宣告字元變數 ch 和 keyin。ch 用來表示是否繼續執行的字元；keyin 用來表示使用者要輸出的「*」號數量。

3. 第 12 行：以運算式「keyin - '0'」取得輸出的「*」號數量。

4. 第 13~16 行：此為內迴圈；迴圈會一直執行到 i 值遞減到 0 為止，迴圈每執行一次會輸出一個「*」。

5. 第 8~19 行：此為外迴圈；迴圈敘述尾端會詢問使用者是否繼續執行，若使用者輸入 'Y' 或 'y' 程式流程會跳到第 9 行，再向下執行；反之若是其他鍵，則結束迴圈。

## 3.8 中斷迴圈

在迴圈的使用途中若要中斷迴圈的執行，可使用 break 和 continue 敘述。break 敘述會中斷迴圈內的程式流程，跳至迴圈之後面的敘述續繼執行；continue 敘述也會中斷迴圈內程式流程，但跳至迴圈的頂端，若條件式的結果仍符合，則再從迴圈的起點進入迴圈執行。break 和 continue 敘述在 for 迴圈、while… 迴圈及 do… while 迴圈的流程分別如下：

```
for(初值; 條件式; 增值運算式){
    敘述區段 A;
    break; ········
    敘述區段 B;
}
敘述區段 C; ◄······
```

```
for(初值; 條件式; 增值運算式){◄·····
    敘述區段 A;
    continue; ·····
    敘述區段 B;
}
敘述區段 C;
```

```
while(條件式){
    敘述區段 A;
    break; ········
    敘述區段 B;
}
敘述區段 C; ◄······
```

```
while(條件式){ ◄·····
    敘述區段 A;
    continue; ·····
    敘述區段 B;
}
敘述區段 C;
```

```
do{
    敘述區段 A;
    break; ········
    敘述區段 B;
} while(條件式);
敘述區段 C; ◄······
```

```
do{
    敘述區段 A;
    continue; ·····
    敘述區段 B;
} while(條件式); ◄·····
敘述區段 C;
```

## 3.9　無窮迴圈

如果條件迴圈的運算式永遠不為零 (表示 true)，則會形成無窮迴圈，程式將無法停止，此時欲中斷執行可按視窗右上角的 ⊠ 關閉鈕或按 Ctrl ＋ C 鍵強迫程式終止執行。因此撰寫無窮迴圈內的敘述區段必須要有中斷迴圈的敘述才能離開無窮迴圈。下面三種為無窮迴圈常見的寫法：

| for ( ; ; ){　<br>　　[敘述區段]　<br>}　 | While (1) {　<br>　　[敘述區段]　<br>}　 | do {　<br>　　[敘述區段]　<br>} while(1);　 |

🔽 **範例**：loop.c

撰寫一個程式，程式會要求輸入一個正整數 X，請求出 1+2+⋯+n 的總合大於等於 X 的最小 n 值是多少。接著會詢問是否繼續執行，若按 'Y' 和 'y' 鍵則繼續執行，反之若按其他鍵則結束程式。

**執行結果**

```
請輸入一個正整數：5050
1+2+…+n的總合大於等於5050的最小n值是100
程式是否繼續執行(Y/任一鍵)？Y
請輸入一個正整數：5051
1+2+…+n的總合大於等於5051的最小n值是101
程式是否繼續執行(Y/任一鍵)？n
結束程式！
Process returned 0 (0x0)   execution time : 16.804 s
Press any key to continue.
```

**程式碼**　FileName：loop.c

```
01 #include <stdio.h>
02 #include <stdlib.h>
03
04 int main()
05 {
06    char ch;
07    int i, X, sum;
08
09    while(1){
10       printf("\n請輸入一個正整數：");
11       scanf("%d", &X);
12       for(i = 1, sum = 0; ; i++){
13          sum += i;
14          if(sum >= X){
15             printf("1+2+⋯+n的總合大於等於%d的最小 n 值是%d\n", X, i);
```

```
16              break;
17          }
18      }
19      printf("\n 程式是否繼續執行(Y/任一鍵)？");
20      ch = getche();
21      if(ch == 'Y' || ch == 'y')
22          continue;
23      printf("\n 結束程式!");
24      break;
25   }
26   return 0;
27 }
```

## 説明

1. 第 9 行：while 迴圈的條件式設為 1 表示該迴圈是無窮迴圈。

2. 第 12 行：for 迴圈的條件式空白表示該迴圈是無窮迴圈。

3. 第 12~18 行：使用 for 迴圈從 1 開始進行加總，當總合大於等於 X 時結束 for 迴圈。

4. 第 19~24 行：詢問使用者是否繼續執行，若使用者輸入 'Y' 或 'y' 程式流程會跳到第 10 行，繼續執行；反之若是其他鍵，則執行第 23 行、第 24 行結束迴圈。

# C 語言陣列

## 4.1 陣列

　　在處理簡易的資料時，一般都是使用變數來存放處理的資料。但是一個變數只能代表一個資料，一旦碰到需要同時處理很多個同性質的資料時 (如：30 個學生分數成績)，便要使用很多個不同的變數名稱，這在變數名稱的命名上會是極大困擾，而且在處理這些變數時也會增加程式的長度，並會造成程式維護及偵錯上的困難度。所以遇到這種情況時，我們可以使用 C 語言所提供的陣列資料型別，陣列 (Array) 用來記錄一群同性質的資料，透過陣列我們可以用一個陣列名稱後面緊接索引值，分別來代替同性質的不同變數。

　　所謂「陣列」就是一群資料型別相同的變數，在主記憶體中能擁有連續存放空間的集合。例如：我們想記錄 30 個學生的成績，便宣告一個 int score[30] 的整數陣列，score 是陣列名稱，若一個整數在記憶體中占有 4 Bytes 位址，則在主記憶體中會保留 30 × 4 = 120 個連續位址來存放 score[0]～score[29] 陣列元素。陣列中每個元素相當於一個變數，在陣列中存取變數只需要指定「索引值」就可以。譬如：為方便程式處理，以班號當作陣列的索引值，利用 score[0]～score[29] 來存放 30 個學生成績，若欲存取班號為 12 的學生分數，只要使用 score[11] 當變數名稱即可。由於陣列的索引值除了可使用常值外，亦可以使用變數當索引值 (如 score[k])，因此配合 for 計數迴圈，不但可以免除為大量變數命名的困擾，而且使得程式碼的撰寫將更簡潔而有效率。

## 4.2 陣列的宣告與使用

　　陣列在使用之前必須先宣告，宣告的目的在決定主記憶體應保留多少個連續空間給此陣列使用，並定出陣列中所有元素的資料型別。當陣列宣告完畢，才可以透過陣列名稱緊接索引值來存取陣列中的資料。其宣告方式如下：

---

**語法**

資料型別 陣列名稱[陣列長度] ；

---

**說明**

1. 宣告所指定的資料型別為一維陣列。

2. **陣列名稱**：其命名方式和識別字命名一樣。

3. **陣列長度**：即陣列元素個數，陣列元素由索引來編排順序。陣列長度可為常值、變數或運算式等。只有一組陣列大小時稱為一維陣列。

4. **索引值範圍**：由 0 開始一直到陣列長度值減 1。譬如：

int a[10] ；

其索引值範圍為 0～9，即陣列元素為 a[0]～a[9]，共 10 個。

[例] A 班有 5 位同學，宣告一個一維整數陣列來存放 5 位同學的學期成績，陣列名稱為 score、陣列長度為 5，其宣告方式如下：

int score[5] ；        // 陣列元素為 score[0]～score[4]

↑
陣列名稱

其中 score [3] 代表 A 班 4 號同學的學期成績。

陣列宣告後，可以對各陣列元素做初始化的動作，即設定陣列各元素的初值，如下：

```
int score[5];                // 宣告 score 陣列
score[0] = 90;               // score[0] 陣列元素初始化
score[1] = 85;               // score[1] 陣列元素初始化
score[2] = 75;               // score[2] 陣列元素初始化
score[3] = 80;               // score[3] 陣列元素初始化
score[4] = 65;               // score[4] 陣列元素初始化
```

陣列允許在宣告同時做初始化的動作，即設定陣列各元素的初值，其寫法如下：

int score[5] = {90, 85, 75, 80, 65} ；      // 陣列元素為 score[0]～score[4]
　　或
int score[ ] = {90, 85, 75, 80, 65} ；      // 陣列元素為 score[0]～score[4]

若陣列的宣告和初始化同時進行，則 [ ] 括號內的陣列長度可省略。

結果：score[0]=90、score[1]=85、score[2]=75、score[3]=80、score[4]=65

陣列的元素也可以和變數一樣做各種運算。譬如：下面敘述將 score[2] 陣列元素和變數 b 相加後的結果，指定給等號左邊的 score[3] 陣列元素，寫法如下：

score[3] = b + score[2] ；

📥 **範例**：array1.c

宣告一個 score 陣列來存放座號 1~5 號學生的學期成績,然後透過迴圈求出五位學生成績的加總,並顯示五位學生的學期成績,若學期成績小於 60 分則顯示 "不及格",學期成績大於等於 60 則顯示 "及格"。最後再顯示五位學生的總平均分數。

**執行結果**

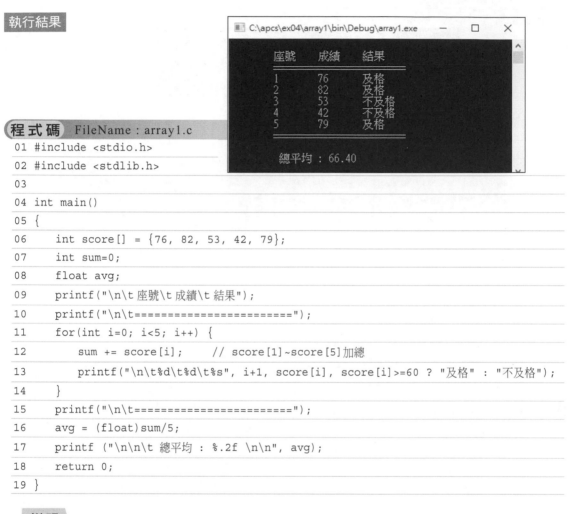

**程式碼** 　FileName：array1.c

```
01 #include <stdio.h>
02 #include <stdlib.h>
03
04 int main()
05 {
06     int score[] = {76, 82, 53, 42, 79};
07     int sum=0;
08     float avg;
09     printf("\n\t 座號\t 成績\t 結果");
10     printf("\n\t======================");
11     for(int i=0; i<5; i++) {
12         sum += score[i];     // score[1]~score[5]加總
13         printf("\n\t%d\t%d\t%s", i+1, score[i], score[i]>=60 ? "及格" : "不及格");
14     }
15     printf("\n\t======================");
16     avg = (float)sum/5;
17     printf ("\n\n\t 總平均 : %.2f \n\n", avg);
18     return 0;
19 }
```

**説明**

1. 第 6 行:宣告 score 一維整數陣列用來存放學生的學期成績,並給予初始值,陣列的範圍為 score[0] ~ score[4]。元素的內容如下:
   score[0]=76、score[1]=82、score[2]=53、score[3]=42、score[4]=79

2. 第 11~14 行:使用 for 迴圈求出五位學生的成績加總,並顯示表示學期成績 score[0] ~ score[4] 陣列元素的內容,若學生學期成績大於等於 60 則顯示「及格」,學生學期成績小於 60 則顯示「不及格」。

3. 第 16,17 行:計算總平均並顯示結果。

### 範例 ：array2.c

在整數陣列 num 中，元素初始值為 {23, 0, 12, -4, 7, -29, 65, 0, 4, -3, 53, 65, 0, 12, 8, -3, 100, -24, 28, -4}。將數值小於零或等於零的陣列元素刪除，被刪除元素後面的元素往前移動。請列出刪除前與刪除後的 num 陣列內容。

執行結果

```
C:\apcs\ex04\array2\bin\Debug\array2.exe         —  □  ×

刪除前的陣列：
23 0 12 -4 7 -29 65 0 4 -3 53 65 0 12 8 -3 100 -24 28 -4

刪除後的陣列：
23 12 7 65 4 53 65 12 8 100 28
```

程式碼　FileName : array2.c

```c
01 #include <stdio.h>
02 #include <stdlib.h>
03
04 int main()
05 {
06     int num[] = {23, 0, 12, -4, 7, -29, 65, 0, 4, -3, 53, 65, 0, 12, 8, -3, 100, -24,
                    28, -4};
07     int len = sizeof(num)/sizeof(num[0]);      //陣列長度
08
09     //列出刪除前的陣列
10     printf("\n 刪除前的陣列：\n");
11     for (int i=0; i<len; i++) {
12         printf(" %d", num[i]);
13     }
14
15     //移動並指定元素
16     int pointer=-1;
17     for(int j=0; j<len; j++) {
18         if (num[j] > 0) {
19             pointer++;
20             num[pointer] = num[j];
21         }
22     }
23
24     //列出刪除後的陣列
25     printf("\n\n 刪除後的陣列：\n");
26     for (int k=0; k<=pointer; k++) {
27         printf(" %d", num[k]);
28     }
29
30     printf("\n");
31     return 0;
32 }
```

**説明**

1. 第 7 行：使用 sizeof() 函式的運算來取得 num 陣列的長度 len，即元素的個數。其中 sizeof(num) 是 num 陣列所占用的記憶體 Bytes 數；sizeof(num[0]) 是第一個元素的 Bytes 數。若為整數陣列，則陣列中的每一個元素皆占有 4 Bytes 位址。

2. 第 11~13 行：列出刪除前的陣列。

3. 第 16~22 行：使用迴圈查詢陣列中的每個元素，每個數值大於 0 的元素，我們從 num 陣列的開頭開始指定，然後使用變數 pointer 累計被指定的元素索引值範圍。

刪除前的陣列：

| 索引 | 0 | 1 | 2 | 3 | 4 | 5 | 6 | 7 | 8 | 9 | 10 | … |
|------|---|---|---|---|---|---|---|---|---|---|----|---|
| 元素 | 23 | 0 | 12 | -4 | 7 | -29 | 65 | 0 | 4 | -3 | 53 | … |

刪除後的陣列：

| 索引 | 0 | 1 | 2 | 3 | 4 | 5 | 6 | 7 | 8 | 9 | 10 |
|------|---|---|---|---|---|---|---|---|---|---|----|
| 元素 | 23 | 12 | 7 | 65 | 4 | 53 | … | … | … | … | … |

4. 第 26~28 行：列出刪除後的陣列。

# 4.3　二維陣列

陣列若具有兩組陣列索引稱為「二維陣列」；若具有三個索引稱為三維陣列…以此類推下去。其中二維陣列的應用十分廣泛，如：數學的矩陣、學校學生的成績單、甚至貿易公司的銷售業績表、股票行情表…等，這些都需要使用二維陣列來處理。

我們可以將二維陣列視為由水平列 (Row) 和垂直行 (Column) 組合而成的資料表 (Data Table)。如下表所示，代表某公司北、中、南三個分公司每個營業處的銷售量表，其中第 1 列第 2 行的資料「230」，即為台中分公司第三營業處的業績。

| | 第一處 | 第二處 | 第三處 | 第四處 | |
|---|---|---|---|---|---|
| 台北分公司 | 310 | 278 | 293 | 302 | 第 0 列 |
| 台中分公司 | 256 | 200 | 230 | 324 | 第 1 列 |
| 高雄分公司 | 398 | 320 | 330 | 234 | 第 2 列 |
| | 第 0 行 | 第 1 行 | 第 2 行 | 第 3 行 | |

二維陣列分別以列和行來代表兩個索引，索引以 [ ] 號括住，其宣告方式如下：

**語法**

資料型別 陣列名稱[列數][行數]；

說明

1. 宣告陣列名稱為指定資料型別的二維陣列。

2. 只有一組陣列索引時稱為一維陣列，若有二組陣列索引時稱為二維陣列，以此類推…。

上圖用 int amt[3][4]; 敘述，宣告 amt 二維整數陣列存放分公司各營業處的銷售量，索引值由 0 開始，它具有 3*4=12 個陣列元素。陣列元素的對應索引值如下圖所示：

| | 第一處 | 第二處 | 第三處 | 第四處 |
|---|---|---|---|---|
| 台北分公司 | amt[0][0] | amt[0][1] | amt[0][2] | amt[0][3] |
| 台中分公司 | amt[1][0] | amt[1][1] | amt[1][2] | amt[1][3] |
| 高雄分公司 | amt[2][0] | amt[2][1] | amt[2][2] | amt[2][3] |

其中 amt[1][2] 的內容表示台中分公司第三營業處的銷售量，即 amt[1][2] = 230。

[例 1] 一個年級有 A、B 兩班 (索引值以 0~1 分別代表 A 班和 B 班) 各 30 位同學 (索引值以 0~29 分別代表座號)，使用一個二維整數陣列來存放兩個班級的學期成績，因此在宣告時第一個陣列長度必須設為 2，第二個陣列長度時必須設為 30。其宣告方式如下：

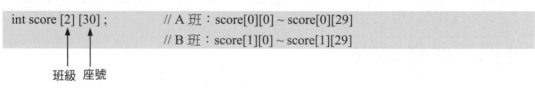

```
int score [2] [30] ;          // A 班：score[0][0] ~ score[0][29]
                              // B 班：score[1][0] ~ score[1][29]

     班級  座號
```

① score [0][14] 代表 A 班 15 號的學期成績。

② score [1][14] 代表 B 班 15 號的學期成績。

[例 2] 一個學校有四個年級 (索引值以 0~3 分別代表一年級至四年級)，每個年級有 A、B 兩班 (索引值以 0~1 分別代表 A 班和 B 班)，每班各 30 位同學 (索引值以 0~29 分別代表座號)，使用三維整數陣列來存放該校所有學生的學期成績，宣告方式如下：

```
int score [4] [2] [29] ;

     年級 班級 座號
```

① score[1][1][14] 代表 二年級 B 班 15 號的學期成績。

② score[3][0][25] 代表 四年級 A 班 26 號的學期成績。

二維陣列亦允許在宣告時，可以同時設定初值，其寫法如下：

```
int score[2][3] = { {90,80,70}, {75,85,95} } ;
```

結果：score[0][0]=90, score[0][1]=80, score[0][2]=70,

score[1][0]=75, score[1][1]=85, score[1][2]=95

**範例**：dimAry.c

練習宣告二維陣列並給予初值，然後再使用巢狀的 for 迴圈將二維陣列的每個元素內容顯示出來。結果如下圖：

執行結果

```
C:\apcs\ex04\dimAry\bin\Debug\dimAry.exe                          —    □    ×
amt[0][0] = 310   amt[0][1] = 278   amt[0][2] = 293   amt[0][3] = 302
amt[1][0] = 256   amt[1][1] = 200   amt[1][2] = 230   amt[1][3] = 324
amt[2][0] = 398   amt[2][1] = 320   amt[2][2] = 330   amt[2][3] = 234
```

**程式碼** FileName：dimAry.c

```
01 #include <stdio.h>
02 #include <stdlib.h>
03
04 int main()
05 {
06     int amt[3][4]={{310,278,293,302},{256,200,230,324},{398,320,330,234}};
07     for (int i=0; i<3; i++) {
08         for (int j=0; j<4; j++) {
09             printf(" amt[%d][%d] = %d ", i, j, amt[i][j]);
10         }
11         printf("\n\n");
12     }
13
14     return 0;
15 }
```

**説明**

1. 第 6 行：宣告 3×4 的二維陣列，陣列名稱為 amt，並同時給予陣列初始值。
2. 第 7~12 行：使用巢狀的 for 迴圈逐一顯示二維陣列 amt 的所有元素內容。

## 4.4　字串陣列

　　字串是由一維字元陣列所組成。若要在陣列元素裡面所存放的資料是字串的話，那可就要使用到二維的字元陣列了。我們把該二維字元陣列稱為「字串陣列」。

　　例如有五個人名字分別為 "Mary", "張二", "Tom Cruise", "保羅 托馬斯 安德森", "李大同"，這五個人的名字使用二維字元陣列 (字串陣列) 來集中處理。宣告的方式：

```
char name[5][20] = {"Peter", "小華", "Tom Smith", "保羅 安德森", "陳明仁"};
```

說明

1. 有五個字串，就代表要有五個字元陣列。所以第一維長度設為 5。

2. 五個字元陣列便為陣列的第二維度，因每個字串長度不一，故用超過最長字串所占用記憶體大小(含結束字元 '\0' )做為第二維度的長度，所以第二維度長度設為 20 bytes。

3. 字串中一個英文字母占用一個 byte，但一個中文字占用 2 個 bytes。

4. 陣列元素與字串 (名字) 的對照如下：

name[0] = "Peter"

name[1] = "小華"

name[2] = "Tom Smith"

name[3] = "保羅 安德森"

name[4] = "陳明仁"

● 範例 ：string.c

設計程式將上列二維字元陣列 (字串陣列) 的字串內容顯示出來。

執行結果

程式碼 FileName : string.c

```
01 #include <stdio.h>
02 #include <stdlib.h>
03
04 int main()
05 {
06     char name[5][20] = {"Peter","小華","Tom Smith","保羅 安德森","陳明仁"};
07     int sNum;
08     for(sNum=0; sNum<5; sNum++) {
09         printf("\n name[%d] = %s", sNum, name[sNum]);
10     }
11     printf("\n\n");
12     return 0;
13 }
```

説明

1. 第 8~10 行：逐行顯示陣列內的五個字串。

📥 **範例** ： table.c

輸入 5 個已知名字的學生 計概、微積分、英文 成績，計算學生的平均分數（取至小數點兩位），印出包含個人姓名、各科成績及平均分數。

執行結果

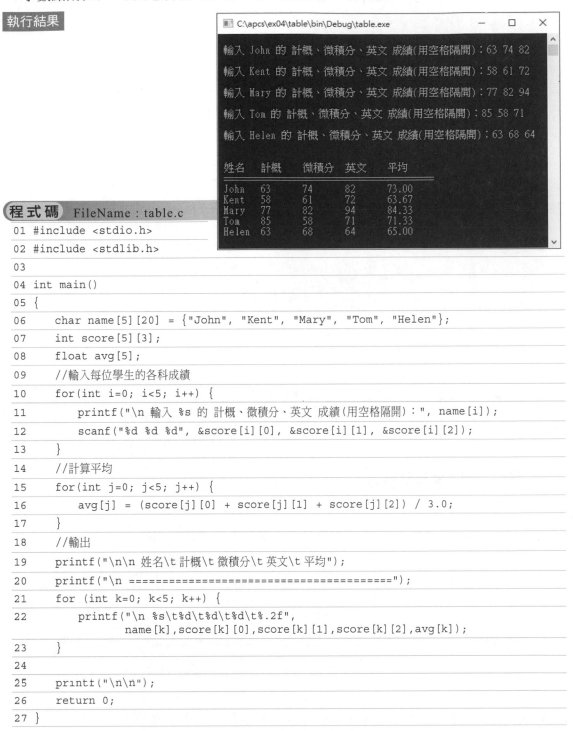

程式碼　FileName : table.c

```
01 #include <stdio.h>
02 #include <stdlib.h>
03
04 int main()
05 {
06     char name[5][20] = {"John", "Kent", "Mary", "Tom", "Helen"};
07     int score[5][3];
08     float avg[5];
09     //輸入每位學生的各科成績
10     for(int i=0; i<5; i++) {
11         printf("\n 輸入 %s 的 計概、微積分、英文 成績(用空格隔開)：", name[i]);
12         scanf("%d %d %d", &score[i][0], &score[i][1], &score[i][2]);
13     }
14     //計算平均
15     for(int j=0; j<5; j++) {
16         avg[j] = (score[j][0] + score[j][1] + score[j][2]) / 3.0;
17     }
18     //輸出
19     printf("\n\n 姓名\t 計概\t 微積分\t 英文\t 平均");
20     printf("\n ===================================");
21     for (int k=0; k<5; k++) {
22         printf("\n %s\t%d\t%d\t%d\t%.2f",
                name[k],score[k][0],score[k][1],score[k][2],avg[k]);
23     }
24
25     printf("\n\n");
26     return 0;
27 }
```

> **説明**
>
> 1. 第 6 行：建立字串陣列 name，含有 5 個元素 (第一組索引)。由於 C 語言未提供字串變數，故使用字元陣列來存放字串，每個字元陣列最多可存放 20 個字元 (第二組索引)。
> 2. 第 7 行：建立二維陣列 score，用來存放 5 位學生的三科成績。
> 3. 第 10~13 行：依序輸入學生三科的成績。
> 4. 第 15~17 行：計算每位學生的三學科平均分數。
> 5. 第 19~23 行：列印成績表單。

　　字串陣列的元素資料若要進行排序，就必須使用到 strcmp() 及 strcpy() 字串函式。strcmp() 函式用來比較兩個字串誰大、誰小或相等；strcpy() 函式用來做字串的複製處理。使用到字串函式必須在程式的最開頭含入 #include <string.h> 標頭檔。

[例] 若字元陣列 st1="Mary"、st2="Tom"，使用 strcmp() 函式比較兩字串是否相等。

```
strcmp(st1, "Mary");     // st1 字串內容與 "Mary" 相等, 傳回值為 0
strcmp(st1, st2);        // st1 字串小於 st2 字串, 傳回值為 -1
strcmp("Tom", st1);      // "Tom" 字串大於 st1 字串, 傳回值為 1
```

[例] 若字元陣列 st1="Mary"、st2="Tom"，使用 strcpy() 函式將陣列內容互換。

```
strcpy(stmp,st1);    // st1 字串內容複製給 stmp 字串，所以 stmp="Mary"
strcpy(st1,st2);     // st2 字串內容複製給 st1 字串，所以 st1="Tom"
strcpy(st2,stmp);    // stmp 字串內容複製給 st2 字串，所以 st2="Mary"
```

# 4.5　氣泡排序法

　　「排序」(Sorting) 就是把多筆資料依照某個「鍵值」(Key value)，由小而大 (遞增)，或由大而小 (遞減) 來排列，以方便日後查詢。排序的方法有很多種，「氣泡排序法」是最簡單且最容易的方法。氣泡排序法是將相鄰兩個資料互相比較，依條件互換，其方法簡述如下：

1. 若有五個資料要由小到大排序，首先將這五個資料依序放入 a[0] ~ a[4] 陣列元素中。

2. 接著陣列中相鄰的兩個資料互相比數，由 a[0] ~ a[4] 中找出最大值放入 a[4] 中，方法如下：

    ① a[0] 和 a[1] 相比較，若 a[0] > a[1] 則資料互換，否則不交換。

    ② a[1] 和 a[2] 相比較，若 a[1] > a[2] 則資料互換，否則不交換。

③ a[2] 和 a[3] 相比較，若 a[2] > a[3] 則資料互換，否則不交換。

④ a[3] 和 a[4] 相比較，若 a[3] > a[4] 則資料互換，否則不交換。

如此五個資料，經過上面四次比較後便可找出最大值放在 a[4] 陣列元素中，稱為「第一次循環」。

3. 仿照步驟 2，在第二次循環中，由 a[0]～a[3] 中找出最大值放入 a[3] 元素中。

4. 仿照步驟 2，在第三次循環中，由 a[0]～a[2] 中找出最大值放入 a[2] 元素中。

5. 仿照步驟 2，在第四次循環中，由 a[0]～a[1] 中找出最大值放入 a[1] 元素中。

6. 最後只剩下 a[0]，就不必再比較，由此可知：

　　第一次循環　比較 4 次　最大值放 a[4]。

　　第二次循環　比較 3 次　最大值放 a[3]。

　　第三次循環　比較 2 次　最大值放 a[2]。

　　第四次循環　比較 1 次　最大值放 a[1]。

　　由上可知五個資料排序要經四個循環，共比較 (4+3+2+1) = 10 次，便可完成排序。

7. 以此類推，N 個資料做氣泡排序需要 (N-1) 次循環，共比較

(N-1) + (N-2) + (N-3) +...+ 3 + 2 + 1 = N(N-1) / 2 次，才能完成排序。

📥 **範例** ：bubble.c

使用氣泡排序法，將 17、32、25、49、6 五筆資料由小到大排序。

執行結果

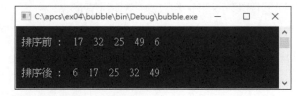

**程式碼** FileName：bubble.c

```c
01 #include <stdio.h>
02 #include <stdlib.h>
03
04 int main()
05 {
06     int a[5]={17, 32, 25, 49, 6};
07     int i, j, temp;
08     printf("\n 排序前 : ");
09     for (i=0; i<=4; i++) printf(" %d ", a[i]);
10     printf("\n\n");
11     for (i=3; i>=0; i--) {
12         for (j=0;j<=i;j++) {
```

```
13              if (a[j] > a[j+1]) {
14                  temp=a[j];
15                  a[j]=a[j+1];
16                  a[j+1]=temp;
17              }
18          }
19      }
20      printf("\n 排序後 : ");
21      for (i=0; i<=4; i++) printf(" %d ", a[i]);
22      printf("\n\n");
23      return 0;
24  }
```

**説明**

1. 第 6 行：宣告 5 個整數陣列元素並給予初始值。

2. 第 9 行：用迴圈顯示陣列排序前的數字排列情形。

3. 第 11~19 行：進行排序工作，其排序處理過程如下：

| 陣列元件 | a[0] | a[1] | a[2] | a[3] | a[4] | |
|---|---|---|---|---|---|---|
| 開　　始： | 17 | 32 | 25 | 49 | 6 | 比較次數 |
| 第一次循環： | 17 | 25 | 32 | 6 | 49 | 4 |
| 第二次循環： | 17 | 25 | 6 | 32 | 49 | 3 |
| 第三次循環： | 17 | 6 | 25 | 32 | 49 | 2 |
| 第四次循環： | 6 | 17 | 25 | 32 | 49 | 1 |

4. 第 21 行：用陣列迴圈顯示排序後的數字排列情形。

5. 若要改變排序方向為由大到小 (遞減) 排序，可將第 13 行改成：
   if (a[j] < a[j+1])

# 4.6　陣列的搜尋

　　「搜尋」(Searching) 就是在多筆資料中，依照某個鍵值尋找出所需求的資料。在資料量大的資料庫管理系統中，為了提高執行效率，常需要先使用排序方法將資料做整理，當要存取某筆資料時，再使用搜尋方法來找尋。

　　由上可知，排序最主要的目的是方便於日後搜尋資料，搜尋的方法也有很多種，最常使用的方法為：循序搜尋法、二分搜尋法。

## 一. 循序搜尋法

　　「循序搜尋法」是最簡單的搜尋方法，由最開頭的資料逐一往下找，一直到所要的資料被找到，或是全部資料被找完為止。若有 N 筆資料平均要作 N/2 次比較。此種方法常用於搜尋少量資料，或所搜尋的資料未經排序。

**範例**：seqsearch.c

通訊資料有姓名、電話號碼。使用循序搜尋法，當輸入姓名時，搜尋出電話號碼或顯示無此人資料。

```
char data[][2][20]={{"Helen", "0911443300"}, {"Mary", "0928000001"},
                    {"David", "0431748484"}, {"Cindy", "0912345678"},
                    {"Kent", "0255111111"}, {"Jenny", "0977229900"},
                    {"Peter", "0928888888"}};
```

執行結果

**程式碼**　FileName : seqsearch.c

```
01 #include <stdio.h>
02 #include <stdlib.h>
03 #include <string.h>
04
05 int main()
06 {
07     char data[][2][20]={{"Helen", "0911443300"},{"Mary", "0928000001"},
                          {"David", "0431748484"},{"Cindy", "0912345678"},
                          {"Kent", "0255111111"},{"Jenny", "0977229900"},
                          {"Peter", "0928888888"}};
08     int i, find=0;
09     char name[20];
10     printf(" 輸入查詢的姓名：");
11     scanf("%s", &name);
12     int len = sizeof(data)/sizeof(data[0]);
13     for (i=0; i<len; i++) {
14         if(strcmp(name, data[i][0]) == 0) {
15             printf(" %s 的電話號碼為 %s \n", name, data[i][1]);
16             find=1;
17             break;
18         }
19     }
```

```
20
21    if(find==0) printf(" 無 %s 的資料 \n", name);
22
23    printf("\n");
24    return 0;
25 }
```

**說明**

1. 第 3 行：因本程式有使用 strcmp() 函式(第 14 行)，故要先含入 string.h 標頭檔。

2. 第 12 行：使用 sizeof() 函式的運算來取得 data 陣列第一維度的長度 len。

3. 第 13~19 行：由最開頭的資料逐一往下找，一直到所要的資料被找到，或是全部資料被找完為止。

4. 第 14~18 行：比較 name 變數值 (使用者輸入的查詢姓名) 與 data[i][0] 元素 (名字字串) 的字串內容是否相同。若相同，則會在第 15 行輸出被查詢人的 data[i][1] 元素內容 (電話話碼)。

5. 第 8,16,21 行：find 變數用來記錄搜尋結果，0 代表沒找到；1 代表有搜尋著。

## 二. 二分搜尋法

「二分搜尋法」比循序搜尋法的效率好多了，但是資料必須要先排序好才有效。若有 N 筆資料，使用二分搜尋法平均要作 $\log_2 N+1$ 次比較。若有十筆已排序好的資料，使用二分搜尋法來查詢，其步驟方法如下：

1. 先將排序好的資料放入陣列 a[0] ~ a[9] 中。

2. 先找出位在中間資料的索引值 (10/2=5)，即 a[4]

3. 先將 a[4] 和要查詢的資料相比較：

   ① 若內容相同表示已找到。

   ② 當內容不同時：若查詢的資料大於 a[4]，表示資料落在 a[5] ~ a[9] 之間，則下一次循環由 a[5] ~ a[9] 中找起。若查詢的資料小於 a[4]，表示資料落在 a[0] ~ a[3] 之間，下一次循環由 a[0] ~ a[3] 中搜尋。

4. 以此類推，若有 N 筆資料，則需比較 $\log_2 N+1$ 次才能確定是否找到。

**範例**：binsearch.c

先將數列 41、32、57、33、26、19、89、64、77、54 依遞增排序 (由小到大)，利用二分搜尋法找尋輸入的資料是否在數列中，並允許連續查詢。

執行結果

```
C:\apcs\ex04\binsearch\bin\Debug\binsearch.exe       —     □     ×

═══ 尋序搜尋 ═══ :

請輸入欲查詢數值 : 19

19 有找到.

是否繼續(Y/N)? : y

請輸入欲查詢數值 : 67

  Sorry! 67 找不到..

是否繼續(Y/N)? : n
```

程式碼　FileName : binsearch.c

```c
01 #include <stdio.h>
02 #include <stdlib.h>
03
04 int main()
05 {
06     int a[10]={41,32,57,33,26,19,89,64,77,54};
07     int find_num, num=10, i, j, temp;
08     int low, high, mid;
09     int find;
10     char yn;
11     // 氣泡排序法
12     for (i=num-2; i>=0; i--) {
13         for (j=0; j<=i; j++) {
14             if (a[j]>=a[j+1]) {
15                 temp=a[j];
16                 a[j]=a[j+1];
17                 a[j+1]=temp;
18             }
19         }
20     }
21     // 二分搜尋法
22     printf("\n === 尋序搜尋 === : \n");
23     do {
24         find=0;
25         printf("\n 請輸入欲查詢數值 : ");
26         scanf("%d", &find_num);
27         low=0;
28         high=num-1;
29         mid=(low+high)/2;
30         while(low<=high && find==0) {
```

```
31          if (a[mid]!=find_num) {
32              if (a[mid]>find_num)
33                  high=mid-1;
34              else
35                  low=mid+1;
36          } else {
37              find=1;
38          }
39          mid=(low+high)/2;
40      }
41
42      if (find==1)
43          printf("\n %d 有找到. \n", find_num);
44      else
45          printf("\n   Sorry! %d 找不到..\n", find_num);
46
47      printf("\n 是否繼續(Y/N)？: ");
48      scanf("%s", &yn);
49  } while(toupper(yn)=='Y');
50  printf("\n\n");
51
52  return 0;
53 }
```

### 説明

1. 第 6 行：宣告陣列並預存資料。

2. 第 7 行：find_num 為所要找尋之資料，num 為資料總筆數。

3. 第 8 行：low 為資料搜尋範圍下標，high 為資料搜尋範圍上標。mid 為每次比較的資料位置。

4. 第 9 行：find 記錄欲找尋之資料有無在陣列中，若資料找到則 find 為 1，反之則 find 為 0。

5. 第 12~20 行：利用氣泡排序法將搜尋資料依遞增排序。

6. 第 27~29 行:設定搜尋範圍為 low=0 及 high=num-1，mid=(low+high)/2。

7. 第 30~40 行：為二分搜尋法主體：
   若 a[mid] 與 find_num 相等，則設定 find = 1，表示資料已找到。
   若 a[mid] > find_num，則設定 high = mid-1，將資料搜尋上標往下移至 mid-1 位置。
   若 a[mid] < find_num，則設定 low = mid+1，將資料搜尋下標往上移至 mid+1 位置。

8. 第 42~45 行：根據 find 內容印出所要找尋資料是否找到。

# C 語言函式

## 5.1 函式

結構化程式設計,著重在程式的「模組化」和「由上而下設計」(Top-Down Design)的觀念,一個結構化良好的程式,不但程式的可讀性高而且維護容易。因此,在設計程式時,常將一個較大的程式分成數個子功能,每個子功能再細分成數個小功能,如此分解到每個小功能都能夠很容易由簡短的程式編寫出來。我們可以將這些小功能獨立出來或將程式中重複的程式區段挑出來單獨寫成一個單元,並給予特定名稱,以方便其他程式呼叫使用,這類的程式單元稱為「函式」(Function)。C 語言的函式分為兩類:系統內建函式、使用者自定函式。

系統內建函式(簡稱「內建函式」)是 C 語言編輯系統設計好可立即呼叫使用的函式庫,它是將設計程式時常用到數值公式或字串處理...等功能寫成函式的形式,以方便設計程式時呼叫使用。在程式中只要寫出內建函式名稱並給予適當的參數值,便會傳回一個結果。

使用者自定函式(簡稱「自定函式」)是程式設計者在撰寫程式時應程式需求自己命名定義出來的函式,具有下面特點:

1. 自定函式可以重複使用。大程式只需要著重在系統架構的規劃,功能性或主題性的工作交給函式處理,程式碼可較精簡。

2. 自定函式擁有自已的名稱,在一個自定標頭檔案中不能有兩個相同名稱的函式。函式內的變數,除非有特別宣告,否則都是區域變數,也就是說 C 語言允許在不同函式內使用相同名稱的變數。

3. 自定函式具有模組化。大型程式軟體,可依功能切割成多個程式單元,再交由多人共同設計。如此不但可縮短程式開發的時間,而且可集眾人之智慧,使程式達到盡善盡美的技術境界。自定函式庫可單獨存檔,讓多個程式共同使用。

4. 自定函式容易維護。將相同功能的程式敘述片段寫成函式,只需做一次,有助於提高程式的可讀性,也讓程式的除錯及維護更加容易。

## 5.2 內建函式

　　C 語言所提供的「內建函式」主要用來處理數值、字串以及產生亂數,一般常用有數值、亂數、時間和轉換函式。由於 C 語言的內建函式都宣告在多個不同的標頭檔裡,因此在使用內建函式時,必須在程式的開頭加入對應的標頭檔。

### 一. 亂數函式

　　在統計和實驗時常需要使用隨機亂數以產生大量的資料來做模擬,便需要使用亂數函式。亂數函式的原型宣告定義在 stdlib.h 標頭檔,程式中有使用到這類函式,必須在程式開頭處含入 stdlib.h 標頭檔,如下:

```
# include <stdlib.h>
```

下表是 stdlib.h 標頭檔所提供的常用函式:

| 函式名稱 | 功能說明 |
|---|---|
| rand | 語法:int rand (void)<br>說明:產生介於 0 到 32,767 之間的隨機亂數。 |
| srand | 語法:void srand(unsigned seed)<br>說明:亂數產生器的種子,在使用 rand() 函式之前要先啟動。若 seed 參數值沒更換,則每次產生的亂數是一樣的。一般會配合時間值的變化當亂數種子,以求得每次產生的亂數是不同的,<br>範例:以時間當亂數種子<br>　　　srand((unsigned) time(NULL));　　// 須引用 time.h 標頭檔 |
| abs | 語法:int abs (int x)<br>說明:傳回整數 x 的絕對值。 |
| max | 語法:<type> max(<type> x, <type> y)<br>說明:傳回 x, y 中的最大值,x, y 兩數可以是任何資料型別。 |
| min | 語法:<type> min(<type> x, <type> y)<br>說明:傳回 x, y 中的最小值,x, y 兩數可以是任何資料型別。 |

🔽 **範例** :rand.c

　　使用 rand() 函式來產生五個 0 ~ 32767 之間亂數,沒啟動亂數產生器,觀察兩次的執行結果,是不是都產生相同順序的亂數值。

執行結果

▲第一次執行結果　　　　　　▲第二次執行結果

程式碼　FileName : rand.c

```
01 #include <stdio.h>
02 #include <stdlib.h>
03
04 int main()
05 {
06     int i;
07     for(i=1; i<=5; i++) {
08         printf("\n 第 %d 個亂數 : %d", i, rand());
09     }
10     printf("\n\n");
11     return 0;
12 }
```

説明

1. 第 2 行：若程式有使用亂數函式 rand() (第 8 行)，須在程式開頭含入 stdlib.h 標頭檔。

範例 ：random.c

使用 rand() 函式，並配合 srand() 函式以時間當亂數種子，產生可重複出現四個介於 20 ～ 59 之間亂數，結果發現兩次執行所得結果是不相同的。

執行結果

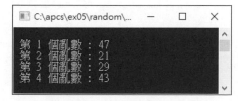 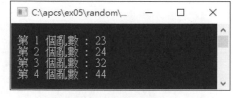

▲第一次執行結果　　　　　　▲第二次執行結果

程式碼　FileName : random.c

```
01 #include <stdio.h>
02 #include <stdlib.h>
03 #include <time.h>
04
```

```
05  int main()
06  {
07      int i;
08      srand((unsigned) time(NULL));
09      for(i=1; i<=4; i++) {
10          printf("\n 第 %d 個亂數 : %d", i, rand()%(59-20+1)+20);
11      }
12
13      printf("\n\n");
14      return 0;
15  }
```

**説明**

1. 第 3 行：在程式的開頭含入 time.h 標頭檔，因在第 8 行以時間的變化值當亂數產生器的種子。

2. 第 10 行：若要隨機產生 n1~n2 之間的整數，公式為 rand()%(n2-n1+1)+n1。如要產生 20~59 之間的亂數，則使用 rand()%(59-20+1)+20，即為 rand()%40+20。

## 二. 數值函式

由於內建函式中的數值函式大都定義在 math.h 標頭檔，使用這類函式時，必須將下面敘述的標頭檔含入到程式的開頭：

# include <math.h>

下表是 math.h 標頭檔所提供的常用數值函式：

| 函式名稱 | 功能說明 |
|---|---|
| fabs | 語法：float fabs (float x)<br>說明：傳回 x 絕對值。 |
| pow | 語法：float pow (float x, float y)<br>說明：傳回 $x^y$ 值。 |
| sqrt | 語法：float sqrt (float x)<br>說明：傳回 $\sqrt{x}$ 的值，x≥0。 |
| hypot | 語法：float hypot (float x, float y)<br>說明：傳回 $\sqrt{x^2 + y^2}$ 的值。 |
| ceil | 語法：float ceil (float x)<br>說明：傳回不小於 x 的最小整數。 |
| floor | 語法：float floor (float x)<br>說明：傳回不大於 x 的最大整數。 |

| 函式名稱 | 功能說明 |
|---|---|
| sin<br>cos<br>tan | 語法：float sin (float x)<br>　　　float cos (float x)<br>　　　float tan (float x)<br>說明：① 傳回三角函數值。<br>　　　② x 以弧度量(弧度)為單位<br>　　　(角度度量)$\times \dfrac{\pi}{180}$ = 弧度量 ，$\pi \cong 3.14159$<br>　　　③ $30^{\circ} = \dfrac{\pi}{6} \cong 0.5235987$ 弧 |
| asin<br>acos<br>atan | 語法：float asin (float x)<br>　　　float acos (float x)<br>　　　float atan (float x)<br>說明：① 傳回反三角函數值。<br>　　　② asin 與 acos 的 x 範圍為 -1≤x≤1。 |
| exp | 語法：float exp (float x)<br>說明：傳回 $e^x$ 值。 |
| log | 語法：float log (float x)<br>說明：傳回以自然對數 e 為底數的 $\log_e x$ 數值。 |
| log10 | 語法：float log10 (float x)<br>說明：傳回以 10 為底數的 $\log_{10} x$ 數值。 |
| labs | 語法：long labs (long x)<br>說明：傳回長整數 x 的絕對值。 |

**範例**　：trigo.c

求 sin x 與 csc x 值。x 值分別為 30º、60º、90º、120º、150º 角度量。

執行結果

**程式碼**　FileName：trigo.c

```
01 #include <stdio.h>
02 #include <stdlib.h>
03 #include <math.h>
04
05 int main()
06 {
07    float PI = 3.1415926;
```

```
08      double r;
09      int x;
10      printf("\n x:角度量 \t r:弳度量 \t sin \t\t csc");
11      printf("\n ============================================================ ");
12      for(x=30; x<=150; x+=30) {
13          r = x*(PI/180);
14          printf("\n %3d \t\t %.5f \t %.5f \t %.5f",x ,r ,sin(r) ,1/sin(r));
15      }
16
17      printf("\n\n");
18      return 0;
19 }
```

### 説明

1. 第 7 行：宣告圓周率 PI 值為 3.1415926。

2. 第 12~15 行：x 是角度量 30°~150°，每次增加 30°。r 是弳度量，會依序為 $\pi/6$、$\pi/3$、$\pi/2$、$2\pi/3$、$5\pi/6$。

3. 第 14 行：$crc(r) = \dfrac{1}{sin(r)}$。

## 三. 時間函式

時間函式是利用時間變化，來協助程式進行與亂數、統計、隨機…等有關的設計。時間函式的原型宣告定義在 time.h 標頭檔，程式中有使用到這類函式，必須在程式開頭處含入 time.h 標頭檔，如下：

```
# include <time.h>
```

下表為常用的時間函式：

| 函式名稱 | 功能說明 |
|---|---|
| time | 語法：time_t time(time_t *timeptr)<br>說明：取得系統目前的時間，time(NULL) 函式傳回自 1970/1/1 00:00:00 到目前系統所經過的秒數。由於數目會很大，所以使用長整數型別。 |
| clock | 語法：clock_t clock(void)<br>說明：取得 CPU 自從程式啟動所到的 Ticks(振盪時間)。<br>1 秒 = 1000 Ticks，1 Ticks = 0.001 秒 = $10^{-3}$ 秒 |
| difftime | 語法：double difftime(time_t t2, time_t t1)<br>說明：取得 t2~t1 的時間差，單位為秒數。 |
| ctime | 語法：char *ctime(const time_t *timeptr);<br>說明：將時間秒數轉換成時間字串。 |

**範例**：time.c

設計計時的程式，分別使用系統以及 CPU 的時間來計算顯示。計時的方式是程式執行時開始計時，直到使用者由鍵盤按下 ⌷ 鍵結束計時。

執行結果

**程式碼**　FileName：time.c

```
01 #include <stdio.h>
02 #include <stdlib.h>
03 #include <time.h>
04
05 int main()
06 {
07     char tQuit;
08     time_t t1, t2;
09     clock_t ck1, ck2;
10
11     t1=time(NULL);
12     ck1=clock();
13     printf("\n 開始計時，按 '/' 停止計時....");
14     while (tQuit != '/') {
15         tQuit = getch();
16     }
17     t2=time(NULL);
18     ck2=clock();
19     printf("\n\n 計時結束!!\n");
20     printf("\n\n 系統共經過 %d 秒 ", (int)difftime(t2,t1));
21     printf("\n CPU 共經過 %d Ticks ", ck2-ck1);
22
23     printf("\n\n");
24     return 0;
25 }
```

## 四. 轉換函式

在撰寫程式時，我們可能會處理一些資料型別轉換，下表介紹的轉換函式可將字串轉成整數、長整數、浮點數。

| 函式名稱 | 功能說明 | 標頭檔 |
|---|---|---|
| atof | 語法：double atof (const char *)<br>說明：將字串轉成浮點數。 | math.h |
| atoi | 語法：int atoi (const char *)<br>說明：將字串轉成整數。 | stdlib.h |
| atol | 語法：long atol (const char *)<br>說明：將字串轉成長整數。 | stdlib.h |
| toasscii | 語法：int toasscii (int c)<br>說明：將字元轉成 ASCII 字元。 | ctype.h |
| toupper | 語法：int toupper (int c)<br>說明：將字元轉成大寫英文字母。 | ctype.h |
| tolower | 語法：int tolower (int c)<br>說明：將字元轉成小寫英文字母。 | ctype.h |

# 5.3　自定函式

　　C 語言所撰寫的程式都是由一個或一個以上的「函式」所組成的，程式中必須有一個 main() 這個函式，這個函式是程式啟動時第一個執行的函式，我們稱此 main() 函式為「主函式」。「自定函式」都是程式設計者應程式上的需求而自行設計出來的程式，並非是系統所提供的。一般都由 main() 主函式的敘述去呼叫自定函式，也可以在自定函式內去呼叫其他的函式或呼叫自己本身。若設計出來的自定函式日後經常用到，也可存成函式庫以供其他程式套用，減少程式碼開發的時間。自定函式和標準程式庫函式最大不同的地方，就是自定函式的程式碼是可以修改的。

## 一. 自定函式的原型宣告

　　程式中若出現一個識別字其後緊跟著小括號，系統就視為一個函式來處理，當程式執行時碰到函式時，都會先到標準程式庫函式庫中去尋找，若有找到該函式名稱，便直接呼叫使用；若找不到該函式，就視為自定函式，系統會到目前執行中的程式去尋找是否有該函式存在。

方式一

將自定函式的原型宣告放在 main() 主函式之前，而定義自定函式的主體則置於 main() 主函式主體的後面。已定義的自定函式可在 main() 主函式或其它函式內被呼叫使用。

方式二

將定義自定函式的主體放在 main() 主函式主體之前，此種方式自定函式的原型宣告可以省略。已定義的自定函式可在 main() 主函式或其它函式內被呼叫使用。

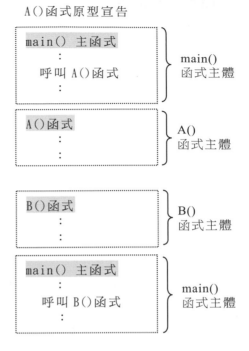

自定函式不管放到 main() 主體的前後，建議都要先做原型宣告。自定函式原型宣告的目的是用來告知編譯器，程式中會使用到該函式。函式宣告時，須包括函式的名稱、呼叫函式時傳入的各引數資料型別、函式使用後傳回值的資料型別。其宣告的語法如下：

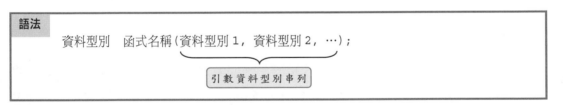

語法

　　資料型別　函式名稱(資料型別 1，資料型別 2，…)；

引數資料型別串列

說明

1. 資料型別：是指函式傳回值的資料型別。若函式沒有傳回值，則函式名稱前的資料型別使用 void。

2. 引數資料型別串列：為各傳入引數的資料型別串列。若不需傳入引數，則在函式名稱後面括號內填入 void。

簡例　宣告一個函式原型，函式名稱為 average，呼叫時須傳入兩個 int 型別的引數，函式傳回值的資料型別為 float。

```
float average(int, int);
```

## 二. 自定函式主體的建立

定義自定函式主體的語法如下：

---
**語法**

資料型別　函式名稱(資料型別 1，資料型別 2，…) {
　　[區域變數宣告]
　　[敘述區段]　　　　　　引數串列
　　　　：
　　[return 運算式 ; ]
　}

---

**說明**

1. 函式的主體內容是以左大括號 "{" 開頭，最後以右括號 "}" 結束，兩者必須成對出現。當執行到最後一個 "}" 後或碰到 return 敘述，即返回緊接在原呼叫敘述處的下一個敘述繼續往下執行。

2. 資料型別
   是用來設定函式傳回值的資料型別，可以是數值、字元、字串、指標…等。若不傳回任何值時，則使用 void。使用 void 時，在函式主體內不必再加 return 敘述。

3. 函式名稱
   函式命名方式與識別字相同。切記同一程式中不允許有相同的函式名稱。

4. 引數串列
   引數串列 (引數又可稱為參數) 用來接收由呼叫敘述傳過來的值，這些引數必須要宣告資料型別，而且每個引數的資料型別必須和呼叫敘述內所對應引數的資料型別一致，否則在傳遞資料時會發生錯誤。若引數不只一個，引數之間必須使用逗號「 , 」隔開。這些引數可為常值、變數、陣列、使用者自定資料型別。若不傳入任何值，小括號 () 必須保留不能省略。

5. 所有函式在程式中的地位都平等無前後關係，彼此間可以相互呼叫。可將自己定義的自定函式寫在 main() 主函式主體的前面或後面，對整個程式都無影響。

6. return
   return 是呼叫函式後要離開函式返回原呼叫處的指令。若呼叫函式有傳回值，則使用 return 運算式 敘述傳回。但要注意利用 return 送回的值的資料型別，必須和定義函式主體的傳回值資料型別一致。當呼叫函式沒有傳回值，其 return 敘述可不必使用。

**簡例** 建立一個函式主體，函式名稱為 average，此函式的功能是用來計算兩個整數的平均值。

```
float average(int a, int b) {
    float avg;
    avg = (a+b) / 2.0;
    return avg;
}
```

說明

1. 函式內計算兩個整數的平均值，而平均值 (a+b) / 2.0 會是浮點數，再指定給變數 avg。所以，avg 必須宣告為 float 變數。

2. 用 return 敘述將 avg 值傳回給呼叫敘述。傳回值 avg 的資料型別必須和函式名稱 average 前面的資料型別一致。

## 三. 呼叫函式敘述

在 C 語言程式中，可利用下面兩種方式來呼叫所定義的自定函式：

語法

```
函式名稱(引數串列);           // 沒有傳回值的函式呼叫
變數 = 函式名稱(引數串列);      // 有傳回值的函式呼叫
```

說明

1. 呼叫敘述與被呼叫函式之間若無資料傳遞，引數 (參數) 串列可以省略 (即不傳任何引數) 但必須保留一對小括號；若有資料需傳遞，引數串列的數目可以為一個或一個以上的引數。如下數字順序為呼叫函式與傳回的執行順序。

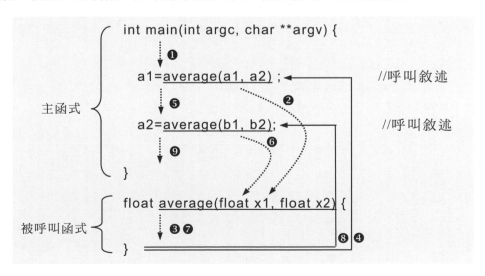

2. 一般將接在呼叫敘述後面的引數 (參數) 串列稱為「實引數」(Actual Argument)。接在被呼叫函式後面的引數串列稱為「虛引數」(Dummy Argument)。譬如上圖中的 a1、a2、b1、b2 為實引數；x1、x2 為虛引數。

3. 「實引數」可以為常值、變數、運算式、陣列或結構，但是「虛引數」不可以為常值與運算式。

4. 「呼叫敘述」與「被呼叫函式」兩者的函式名稱必須相同，但是兩者的引數名稱可以不相同。兩者間若有資料要傳遞時，必須藉由實引數將資料傳給虛引數，要記得實引數與虛引數的個數不但要一樣，而且資料型別也要一致，否則會發生語法錯誤。

**範例**：userFunction1.c

定義一個可以計算兩整數平均值並可傳回計算結果的自定函式，並完成整個呼叫自定函式的過程。

執行結果

程式碼　FileName：userFunction1.c

```
01 #include <stdio.h>
02 #include <stdlib.h>
03
04 double avg (int, int);              //函式原型宣告
05
06 int main()
07 {
08     int n1, n2;
09     double average;
10     printf("\n請連續輸入兩個整數(用空格隔開)：");
11     scanf("%d %d", &n1, &n2) ;
12     average = avg(n1, n2);          //有傳回值的函式呼叫
13     printf("\n兩整數的平均值為 %.1f", average);
14
15     printf("\n\n");
16     return 0;
17 }
18
19 double avg(int n1, int n2) {        //被呼叫的函式定義主體
20     double a;
21     a = (n1 + n2)/2.0 ;
22     return a;
23 }
```

**說明**

1. 本程式將函式定義主體 (第 19~23 行) 寫在 main() 主函式 (第 6~17 行) 後面，所以在 main() 主函式之前要宣告函式原型 (第 4 行)。

2. 第 12, 13 行：可以寫成一行，如下：

   printf("兩整數的平均值為 %.1f", avg(n1, n2));

   上面的敘述，也算是呼叫有傳回值函式的一種方式。

**範例**：userFunction2.c

定義一個能傳入字元和數目的自定函式，該函式的任務是將所傳入的字元以所傳入的數目量在函式定義主體內顯示出來，沒有傳回值。呼叫時，實引數分別使用變數、常值、運算式來傳入。

執行結果

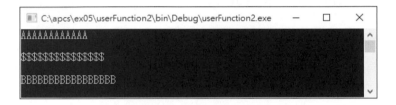

**程式碼**　FileName：userFunction2.c

```
01 #include <stdio.h>
02 #include <stdlib.h>
03
04 void printChar(char ch, int cNum) {
05     int i;
06     for (i=1; i<=cNum; i++) {
07         printf("%c", ch);
08     }
09     printf("\n\n");
10     return;
11 }
12
13 int main()
14 {
15     char c1='A';
16     int n1=12;
17     printChar(c1, n1);          //實引數使用變數
18     printChar('$', 15);         //實引數使用常值
19     printChar(c1+1, n1+5);      //實引數使用運算式
20
21     printf("\n");
```

```
22    return 0;
23 }
```

**説明**

1. 本程式將函式定義主體 (第 4~11 行) 寫在 main() 主函式 (第 13~23 行) 前面，所以可以不用宣告函式原型。

2. printChar() 函式可正常執行結束，又沒有傳回值，所以第 10 行的「return;」可以省略。

3. 第 17~19 行：皆為呼叫沒有傳回值函式的情形。

4. 第 19 行：c1+1 會是 'B' 字元。因 'A' 字元的 ASCII 碼為 65，所以 65+1=66 是 'B' 字元的 ASCII 碼。

# 5.4 傳值呼叫與傳址呼叫

函式間的資料除了可以使用 return 敘述傳回結果資料外，還可以透過引數來傳遞。引數的傳遞方式有「傳值呼叫」(call by value) 和「傳址呼叫」(call by address) 兩種。

## 一. 傳值呼叫

函式呼叫時，若採用「傳值呼叫」。在呼叫自定函式時，呼叫敘述中的實引數傳入資料給自定函式的虛引數，無論在自定函式內虛引數內容是否有變數，都不影響原呼叫敘述實引數的值內容。因引數傳遞用傳值呼叫時，編譯器會複製一份實引數的值給虛引數使用，兩者占用不同的記憶體位址。當虛引數的位址資料異動時，不會影響到實引數的位址資料，也就是引數間的資料傳遞是單行道，即

　　　　呼叫敘述實引數的資料內容　→　自定函式虛引數

到目前為止，我們在本書所接觸到有關函式呼叫的例子，都是傳值呼叫。

## 二. 傳址呼叫

函式呼叫時，若採用「傳址呼叫」。編譯器會將實引數和虛引數所占用的記憶體位址設為一樣，如此引數間的資料傳遞是雙向道，即

　　　　呼叫敘述實引數的資料內容　↔　自定函式虛引數

當呼叫敘述中的實引數傳入資料給自定函式的虛引數，若自定函式內虛引數內容有改變，則原呼叫敘述實引數的內容也跟著變動。使用整個陣列或指標變數的傳遞方式才會是傳址呼叫。

# 5.5　如何在函式間傳遞陣列資料

　　陣列也可以做為引數在函式之間被傳遞。若函式之間傳遞的引數為陣列元素，則其引數傳遞的方式是屬於傳值呼叫。若函式之間傳遞的引數是整個陣列，則其引數傳遞的方式為傳址呼叫。

## 一. 傳遞陣列元素

　　函式之間引數使用陣列元素傳遞就與使用變數傳遞的情況一樣，皆為傳值呼叫。

簡例　若 max() 為自定函式，num 為陣列，ubound 為一般變數。在 main() 主函式呼叫 max() 函式且傳入 ubound 變數及 num[1] 陣列元素的傳值呼叫方式，如下所示：

```
01 int max(int, int);                    // 函式原型宣告
02 int main(int argc, char **argv) {     // 主函式
03      int m, ubound=6, num[ubound]={-103,190,0,32,-46,100};
04      m = max(ubound, num[1]);         // 呼叫敘述
05         ⋮
06 }
           傳值              傳值
07
08 int max(int a, int b) {               // 被呼叫函式主體
09         ⋮
10 }
```

說明

1. 第 4 行：ubound=6 及 num[1]=190 分別傳入給第 8 行 a 與 b，此時 a ← 6、b ← 190。

2. 第 8~10 行的被呼叫函式的敘述區段中，若 a 或 b 的內容有所改變，則在第 2~6 行的呼叫函式中 ubound 的內容仍為 6；num[1] 的內容仍為 190。

## 二. 傳遞整個陣列

　　若函式之間引數使用整個陣列傳遞，則為傳址呼叫。此種情況在呼叫敘述中的實引數必須使用要傳入的陣列名稱，因陣列名稱是編譯器分配給陣列占用記憶體的起始位址。而在被呼叫函式對應的虛引數，必須是資料型別和呼叫敘述實引數一致的新陣列。

簡例 若 max2() 為自定函式，num 為陣列，ubound 為一般變數。在 main() 主函式呼叫 max2() 函式且傳入 ubound 變數 (傳值呼叫) 及傳入 num 陣列 (傳址呼叫) 的方式，如下所示：

```
01 int max2(int, int[]);                    // 函式原型宣告
02 int main(int argc, char **argv) {        // 主函式
03      int m, ubound=6, num[ubound]={-103,190,0,32,-46,100};
04      m = max2(ubound, num);              // 呼叫敘述
05          :
06 }
                傳值          傳址
07
08 int max2(int n, int no[]) {              // 被呼叫函式主體
09          :
10 }
```

說明

1. 第 4 行：整個陣列 num 傳入給第 8 行的 no 陣列，此時 no 陣列會是 {-103,190,0,32,-56,100}。

2. 在第 8~10 行的被呼叫函式的敘述區段中，若 no 陣列內容有所改變，譬如所有元素皆變為 2 倍，即 {-206,380,0,64,-92,200}，則在第 2~6 行的呼叫函式中，num 陣列會跟著改變，也會是 {-206,380,0,64,-92,200}。

範例：maxfun.c

製作一個能傳遞整個陣列元素的 max2() 函式，先在主函式顯示陣列所有元素值，呼叫 max2() 函式將傳入陣列所有元素皆變為 2 倍，找出改變後的最大元素值，返回主函式後再顯示陣列所有元素值及最大元素值。

執行結果

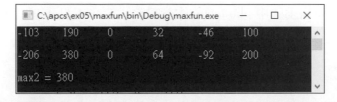

程式碼　FileName：maxfun.c

```
01 #include <stdio.h>
02 #include <stdlib.h>
03
04 int max2(int, int[]);              //函式原型宣告
05
06 int main()
```

```
07 {
08      int ubound = 6;
09      int num[] = {-103,190,0,32,-46,100};
10      int max2Num;
11      for(int i=0; i<ubound; i++) {
12          printf("%d\t", num[i]);
13      }
14      printf("\n\n");
15      max2Num = max2(ubound, num);        //呼叫函式,傳送整個陣列
16      for(int k=0; k<ubound; k++) {
17          printf("%d\t", num[k]);
18      }
19      printf("\n\n");
20      printf("max2 = %d \n\n", max2Num);
21
22      return 0;
23 }
24
25 int max2(int n, int no[]) {
26      int big;
27      big=no[0];
28      for(int j=0; j<n; j++) {
29          no[j] = no[j]*2;
30          if(big < no[j]) big = no[j];
31      }
32      return(big);
33 }
```

### 說明

1. 第 4,25 行：虛引數若傳遞整個陣列，則在陣列名稱後面加上一對中括號 [ ]。

2. 第 4,9,15,25 行：要傳送整個陣列資料時，實引數的陣列宣告的資料型別與虛引數的陣列宣告的資料型別要一致。在此資料型別為 int。

3. 第 15 行：呼叫 max2() 函式，找出由陣列中元素值變成兩倍後的最大數，將所得結果傳回給 max2Num 變數。

4. 第 11~13 行：是呼叫 max2() 函式前，顯示陣列所有的元素值。

5. 第 16~18 行：是呼叫 max2() 函式後，因傳址呼叫的緣故，所顯示的陣列元素值，皆已變成兩倍。

6. 第 25~33 行：是被呼叫才執行的自定函式主體。其功能是將引數傳遞進來的陣列的所有元素值皆乘於 2 (第 29 行)，再從其中找出兩倍後的最大數 (第 30 行)。當呼叫敘述 (第 15 行) 的實引數將整個陣列 num 傳遞過來給虛引數 no 陣列時，兩陣列在記憶體所占位址相同，所以當 no 陣列的元素內容改變時，則實引數的 num 陣列元素內容同步做相同的改變。

# 5.6 變數的儲存類別

C語言每個變數都具有資料型別 (Data type) 和儲存類別 (Storage class) 的特性。資料型別用來告知編譯器應保留多少空間給該變數使用；儲存類別用來告知編譯器該變數的生命期 (Life time) 和有效範圍 (Scope)。所謂「生命期」是指保留該變數值的時間有多長。「有效範圍」用來告知該變數能使用的範圍。所以，當您在撰寫大程式時，宣告一個變數的資料型別的同時，也宣告該變數的儲存類別，除了可提高記憶體的使用率外，而且能加快程式執行速度和減少變數誤用的錯誤發生。

在 C 語言程式中，可利用下面兩種方式來呼叫所定義的自定函式：

---
**語法**

　　儲存類別　　資料型別　　變數名稱；

---

說明

1. C語言提供了下列四種關鍵字來宣告變數的儲存類別：

   ① auto：automatic variable (自動變數)

   ② extern：external variable (外部變數)

   ③ static：static variable (靜態變數)

   ④ register：register variable (暫存器變數)

2. 儲存類別的使用方式如下：

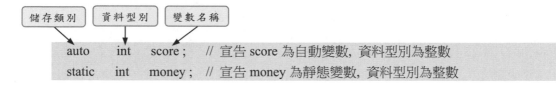

```
儲存類別    資料型別    變數名稱

auto    int    score；   // 宣告 score 為自動變數, 資料型別為整數
static  int    money；   // 宣告 money 為靜態變數, 資料型別為整數
```

## 一. 全域變數和區域變數

所謂「區域」是指頭尾用左、右大括號括起來，所組成的多行敘述，如：函式主體、迴圈結構。我們將在左、右大括號區段內所宣告的變數稱為「區域變數」(Local Variable)，其變數的有效範圍限於所屬區段，僅能在該敘述區段有效。區域變數的生命期由宣告處開始至離開該右大括號止，也就是說一離開該敘述區段，該變數便由記憶體中釋放掉(消失)。區域變數亦稱「動態變數」，離開函式後，變數將被釋放，也就是不再占主記憶體，下次再進入此函式會重新配置記憶體空間給此變數。

至於「全域變數」(Global Variable) 是指該變數宣告在所有程式區段之外，此變數有效範圍可供整個程式內所有敘述區段使用，其生命期是自該變數宣告開始，一直到程式結束為止。若一個變數在程式中同時被多個程式區段使用，就必須將此變數宣告為全域變數。

**程式碼**　FileName : global.c

```
01 #include <stdio.h>
02 #include <stdlib.h>
03
04 void fun1();          // 函式原型宣告
05 int n=1;             // 全域變數
06 int var1=10;         // 全域變數
07
08 int main()
09 {
10     int var1=1;         // 區域變數
11     fun1();
12     var1++;             // 區域變數
13     printf("\n After 1st var1++  var1 = %d \n", var1);
14     fun1();
15     var1++;             // 區域變數
16     printf("\n After 2nd var1++  var1 = %d \n", var1);
17
18     printf("\n");
19     return 0;
20 }
21
22 void fun1() {
23     printf("\n Now, %d -time entering fun1 .... var1 = %d \n", n, var1);
24     var1++;             // 全域變數
25     printf(" Now, %d -time leaving fun1  .... var1 = %d \n", n, var1);
26 }
```

```
C:\apcs\ex05\global\bin\Debug\global.exe    —    □    ×

Now, 1 -time entering fun1 .... var1 = 10
Now, 1 -time leaving fun1  .... var1 = 11

After 1st var1++  var1 = 2

Now, 2 -time entering fun1 .... var1 = 11
Now, 2 -time leaving fun1  .... var1 = 12

After 2nd var1++  var1 = 3
```

## 二. 自動變數

　　「自動變數」是程式中最常用的變數，它是在函式的內部宣告，其生命期自該變數宣告開始一直到離開該函式結束為止，所占用的記憶體在離開時該函式會釋放掉，不會保留其值，待下次進入該函式時，再配置新的記憶空間給該變數使用。所以，每次進入該函式，自動變數都會重新再給初值一次。譬如：在 fun1() 函式內宣告 k 是一個自動變數，其寫法如下：

```
int fun1() {
    auto int k;
    int i ;
}
```

　　若函式內宣告變數時，如上面 int i ; 前面未加上儲存類別關鍵字，都以自動變數視之。所以，i 和 k 變數都是屬於自動變數。

**程式碼** FileName : auto1.c

```
01 #include <stdio.h>
02 #include <stdlib.h>
03
04 void fun1();        // 函式原型宣告
05 int n=1;           // 全域變數
06
07 int main()
08 {
09     int var1=1;     // 自動變數(區域變數)
10     fun1();
11     var1++;         // 自動變數加 1，var1=2
12     printf("\n After 1st var1++  var1 = %d \n", var1);
13     fun1();
14     var1++;          // 自動變數加 1，var1=3
15     printf("\n After 2nd var1++  var1 = %d \n", var1);
16
17     printf("\n");
18     return 0;
19 }
20
21 void fun1() {
22     auto int var1=50;     // 自動變數(區域變數)
23     printf("\n Now, %d -time entering fun1 .... var1 = %d \n", n, var1);
24     var1++;
25     printf(" Now, %d -time leaving fun1  .... var1 = %d \n", n, var1);
26 }
```

```
C:\apcs\ex05\auto1\bin\Debug\auto1.exe        —    □    ×

Now, 1 -time entering fun1 .... var1 = 50
Now, 1 -time leaving fun1  .... var1 = 51

After 1st var1++  var1 = 2

Now, 1 -time entering fun1 .... var1 = 50
Now, 1 -time leaving fun1  .... var1 = 51

After 2nd var1++  var1 = 3
```

## 三. 靜態變數

　　若在變數前面加上 static，就成為「靜態變數」，靜態變數又可細分成「內部靜態」和「外部靜態」兩種。若在函式內使用 static 所宣告的變數即為「內部靜態」變數；在函式外面使用 static 變數者則為「外部靜態」變數。

　　靜態變數和自動變數不一樣的地方，是靜態變數的值不會隨著離開所屬函式而消失，它會繼續保留一直到又進入所屬函式時，繼續延用保留值。其生命期不管是內部靜態或外部靜態變數，都是一直到整個程式停止執行為止。至於內部靜態變數視野 (有效範圍) 限於所屬函式內有效；外部靜態變數視野是整個程式有效。自動變數其視野和生命期都僅限於該程式區段，一離開其值自動消失，將占用的記憶體歸還系統，下次進入該程式區段再重新配置記憶體。下面範例即為內部靜態變數範例，連續呼叫 fun1() 兩次，觀察 fun1() 的內部靜態變數 var1 變化情形：

程式碼　　FileName：static1.c

```
01 #include <stdio.h>
02 #include <stdlib.h>
03
04 void fun1();        // 函式原型宣告
05 int n=1;           // 全域變數
06
07 int main()
08 {
09     int var1=1;     // 自動變數(區域變數)var1
10     fun1();
11     var1++;         // 自動變數加1，var1=2
12     printf("\n After 1st var1++  var1 = %d \n", var1);
13     fun1();
14     var1++;         // 自動變數加1，var1=3
15     printf("\n After 2nd var1++  var1 = %d \n", var1);
16     printf("\n");
17     return 0;
18 }
19
20 void fun1() {
```

```
21    static int var1=50;    // 內部靜態變數
22    printf("\n Now, %d -time entering fun1 .... var1 = %d \n", n, var1);
23    var1++;            // 內部靜態變數，第 1 次呼叫 var1=51；第 2 次呼叫 var1=52
24    printf(" Now, %d -time leaving fun1  .... var1 = %d \n", n, var1);
25  }
```

## 四. 外部變數

「外部變數」又稱為全域變數，只要使用 extern 關鍵字將變數宣告在所有函式 (包含主函式) 的外面都是屬於外部變數，譬如上面例子的全域變數均屬之。另外也可以使用在不同的程式檔，譬如在「程式檔 A」中的 var1 變數需要被另外一個獨立「程式檔 B」中使用，只需要在程式檔 A 將 var1 整數變數宣告成全域變數，在程式檔 B 開頭加入 extern int var1，告知程式檔 B 的 var1 變數在別的程式檔中有宣告，編譯時可略過以免發生錯誤。兩者程式檔的寫法如下：

| 程式檔 A | 程式檔 B |
|---|---|
| int var1; | extern int var1; |
| main() { | void fun2(void)  { |
|        : |       : |
|        : |       : |
| } |   var1*=10; |
| void fun1(void) { |       : |
|   var1+=5; |       : |
|     : | } |
| } | |

## 五. 暫存器變數

由於暫存器變數的視野和生命期和自動變數相同，兩者間的差異在於暫存器變數是存放在 CPU 裡面的暫存器中，至於自動變數是存放在記憶體內。所以，暫存器變數的存取速度比自動變數快，可提升程式的執行效率。

# C 語言遞迴

## 6.1 遞迴

　　函式間可以相互呼叫,除了呼叫別的函式外,也可呼叫自己本身,這種呼叫自己方式的函式稱為「遞迴」。遞迴是一種應用極廣的程式設計技術,在函式執行的過程不斷的呼叫函式自身,但每一次呼叫,皆會產生不一樣的結果,直到遇到終止再呼叫函式自身的條件或結果時,才會停止遞迴逐次離開函式。如果遞迴的函式內沒有設定終止呼叫的條件,這樣的函式會形成無窮遞迴。

　　一個問題如果能拆成同形式且較小範圍時,就可以使用遞迴函式來設計。例如要計算 1 + 2 + … + 10 的總和時,可以拆成 1 和 2 + 3 + … + 10,而 2 + 3 + … + 10 又可以拆成 2 和 3 + 4 + … + 10,其餘類推,此時就可以設計成遞迴函式。遞迴函式常使用在具有規則性的程式設計中,其優點是具結構化可以增加程式的可讀性,以及能以簡潔的程式處理反覆的複雜問題。

　　遞迴在數學或電玩遊戲上常被使用,例如:數列、階乘、費氏數列、輾轉相除法、排列、組合、堆疊、河內塔、八個皇后、老鼠走迷宮…等。有些程式雖然使用 for、while…等重複結構也能處理,但使用遞迴函式,程式碼會較為簡潔,本章將針對遞迴的基本範例在設計上做詳細的說明。

## 6.2 數列

　　本節提供兩個數列函式求總和的範例,說明如何使用遞迴解題的方式來撰寫程式。如下:

1. sum = n + (n-1) + ⋯ + 3 + 2 + 1
2. sum = 1 – 4 + 7 – 10 – ⋯ + (n-3) – n 或 1 – 4 + 7 – 10 – ⋯ – (n-3) + n

⬇ **範例** ： series_01.c

使用遞迴函式計算 $n + (n\text{-}1) + (n\text{-}2) + \cdots + 3 + 2 + 1$ 的結果，其中 $n = 100$。

**程式碼** FileName：series_01.c

```c
01 #include <stdio.h>
02 #include <stdlib.h>
03
04 int f(int n) {
05     if (n <= 0)
06         return 0;
07     else                    // n > 0
08         return n + f(n-1);
09 }
10
11 int main()
12 {
13     int n = 100, sum;
14     sum = f(n);
15     printf("\n %d + %d + ... + 3 + 2 + 1 = %d", n, n-1, sum);
16     printf("\n") ;
17     return 0;
18 }
```

C:\apcs\ex06\series_01\bin\Debug\series_01.exe

```
100 + 99 + ... + 3 + 2 + 1 = 5050
```

**說明**

1. 第 4~9 行：建立 f(n) 遞迴函式。該函式被呼叫 f(100) 的流程如下所示：

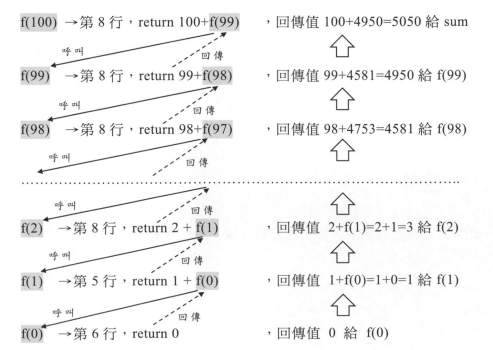

f(100) →第 8 行，return 100+f(99)　，回傳值 100+4950=5050 給 sum

f(99) →第 8 行，return 99+f(98)　，回傳值 99+4581=4950 給 f(99)

f(98) →第 8 行，return 98+f(97)　，回傳值 98+4753=4581 給 f(98)

f(2) →第 8 行，return 2 + f(1)　，回傳值 2+f(1)=2+1=3 給 f(2)

f(1) →第 5 行，return 1 + f(0)　，回傳值 1+f(0)=1+0=1 給 f(1)

f(0) →第 6 行，return 0　，回傳值 0 給 f(0)

2. 第 14 行：將 f(100) 的回傳值 5050 指定給 sum 變數。

3. 遞迴函式一定要有結束遞迴的敘述。當第 5 行的條件式 (n<=0) 成立時，執行第 6 行 return 0，就不再遞迴呼叫，而將回傳值逐層回溯給原呼叫敘述。

4. 遞迴函式的流程圖如右：

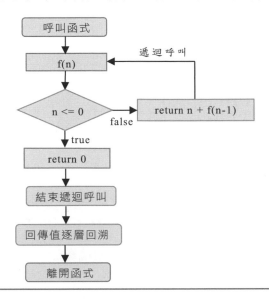

**範例**：series_02.c

使用遞迴函式計算 1 – 4 + 7 – 10 + 13 – … n 的結果，其中 n 由使用者輸入。n 的輸入值必須符合 (n % 3 == 1) 條件，即 n 為 3 的倍數加 1，如 1、4、7、10、14…等。

執行結果

**程式碼** FileName：series_02.c

```
01 #include <stdio.h>
02 #include <stdlib.h>
03
04 int g(int n) {
05    if (n <= 0) {
06       return 0;
07    } else if (n % 2 == 0) {      // n > 0,為偶數
08       return -n + g(n-3);
09    } else {                      // n > 0,為奇數
```

```
10        return n + g(n-3);
11    }
12 }
13
14 int main()
15 {
16    int n, sum;
17    while (1) {
18        printf("\n n = ");
19        scanf("%d", &n);
20        if (n % 3 == 1)
21            break;            //輸入值符合條件跳離迴圈
22        else
23            printf("\n 輸入資料不符, 請重新輸入...\n");
24    }
25
26    sum = g(n);
27    if (n % 2 == 1)        // n 輸入值為奇數
28        printf("\n 1 - 4 + 7 - 10 + ... - %d + %d = %d", n-3, n, sum);
29    else                    // n 輸入值為偶數
30        printf("\n 1 - 4 + 7 - 10 + ... + %d - %d = %d", n-3, n, sum);
31
32    printf("\n\n");
33    return 0;
34 }
```

## 説明

1. 遞迴函式的流程圖如下所示：

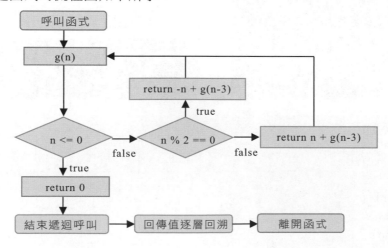

2. 第 4~12 行：建立 g(n) 遞迴函式。該函式被呼叫 g(100) 的流程如下：

g(100)

→　return -100 + g(97)

→　-100 +　return 97 + g(94)

→　-100 + 97 +　return -94 + g(91)

………………

→　-100 + 97 – 94 + ··· -10 +　return 7 + g(4)

→　-100 + 97 – 94 + ··· -10 + 7 +　return -4 + g(1)

→　-100 + 97 – 94 + ··· -10 + 7 - 4 +　return 1 + g(0)

→　-100 + 97 – 94 + ··· -10 + 7 - 4 +　1 + 0

→　-51 (回傳值)

3. 第 20~23 行：篩選使用者的輸入值是否符合 (n % 3 == 1) 的條件。

4. 第 26 行：呼叫 g(n) 的遞迴計算結果回傳指定給 sum 變數。

5. 第 27,28 行：若輸入值為奇數時，印出遞迴函式執行的加減過程，其中最後兩數是先減後加。

6. 第 29,30 行：若輸入值為偶數時，印出遞迴函式執行的加減過程，其中最後兩數是先加後減。

# 6.3　階乘

在數學中，正整數的「階乘」是所有小於及等於該數 n 的正整數的乘積，以 n! 表示。階乘的公式為 n! = n * (n-1) * (n-2) * ··· * 3 * 2 * 1，例如：
5! = 5 * 4 * 3 *2 * 1 = 120。

範例：factorial.c

使用階乘函式計算 n! = 1 * 2 * 3 * (n-1) * n 的結果，其中 n 由使用者輸入。
n 的輸入值必須大於等於 1。

執行結果

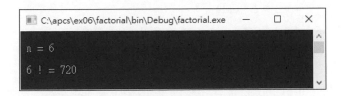

**程式碼** FileName : factorial.c

```c
01 #include <stdio.h>
02 #include <stdlib.h>
03
04 int d(int n){
05     if (n <= 1) {
06         return 1;
07     } else {                          // n > 1
08         return n * d(n-1);
09     }
10 }
11
12 int main()
13 {
14     int n, fac;
15     while (1) {
16         printf("\n n = ");
17         scanf("%d",&n);
18         if (n >= 1)
19             break;
20         else
21             printf("\n 輸入資料不符, 請重新輸入... \n");
22     }
23     fac = d(n);
24     printf("\n %d ! = %d", n, fac);
25
26     printf("\n\n");
27     return 0;
28 }
```

**説明**

1. 第 4~10 行：建立 d(n) 遞迴函式。該函式被呼叫 d(6) 的流程如下所示：

   d(6)

   → return 6 * d(5)

   → return 6 * 5 * d(4)

   → return 6 * 5 * 4 * d(3)

   → return 6 * 5 * 4 * 3 * d(2)

   → return 6 * 5 * 4 * 3 * 2 * d(1)

   → return 6 * 5 * 4 * 3 * 2 * 1   → return 720   (回傳值)

2. 第 18~21 行：篩選使用者的輸入值是否符合 (n >= 1) 的條件。

3. 第 23 行：呼叫 d(6) 的遞迴計算結果，回傳指定給 fac 變數。

# 6.4　最大公因數

　　使用遞迴求兩整數 p、q 之最大公因數　GCD(p, q)　函式的設計，就是將兩數進行輾轉相除法的數學運算。所謂「輾轉相除法」就是將兩數相除，若能整除則除數為最大公因數；若不能整除，則除數變為被除數，餘數變為除數，再將兩數相除，… 以此類推。

**範例**：gcd.c

　　使用輾轉相除法的遞迴運算設計 GCD(p, q)　函式，求出兩整數 72、120 的最大公因數。

執行結果

程式碼　FileName：gcd.c

```
01 #include <stdio.h>
02 #include <stdlib.h>
03
04 int GCD(int p, int q) {
05     int rem;
06     if (p == 0 || q == 0) {
07         return 0;
08     } else {
09         rem = p % q;
10         if (rem == 0)
11             return q;
12         else
13             return GCD(q, rem);
14     }
15 }
16
17 int main()
18 {
19     int n1, n2, res;
20     n1 = 72;
21     n2 = 120;
22     res = GCD(n1, n2);
23     printf("\n GCD(%d, %d) = %d", n1, n2, res);
24
25     printf("\n\n");
26     return 0;
27 }
```

**説明**

1. 第 4~15 行：建立 GCD(p, q) 遞迴函式。該函式被呼叫 GCD(72, 120) 的流程如下：

   GCD(72, 120) → p = 72, q = 120 → 第 9 行：rem(餘數) = 72 % 120 = 72

   → 第 13 行：return GCD(120, 72) →p=120, q=72 → 第 9 行：rem=120%72=48

   → 第 13 行：return GCD(72,48) →p=72, q=48 → 第 9 行：rem=72%48=24

   → 第 13 行：return GCD(48,24) →p=48, q=24 → 第 9 行：rem=48%24=0

   → 第 10,11 行：此時 q = 24，所以 return 24 (回傳值)

2. 第 22 行：呼叫 GCD(72, 120) 的遞迴計算結果 24，回傳指定給 res 變數。

# 6.5　費氏數列

西元 1200 年代的歐洲數學家 Fibonacci，在他的著作中曾經提到：「若有一對兔子每個月生一對小兔子，兩個月後小兔子也開始生產。前兩個月都只有一對兔子，第三個月就有兩對兔子，第四個月有三對兔子，第五個月有五對兔子…」。費氏觀察兔子發現，假設兔子都沒有死亡，則每個月兔子的總對數就形成了一種數列，即為「1, 1, 2, 3, 5, 8, 13, 21, 34, 55, 89, 144, …」，這種數列被稱為「費氏數列」。

**範例**：Fibonacci.c

利用遞迴來算出費氏數列。費氏數列值為前面兩個項數的和。如下：
第 1 項和第 2 項的值皆為 1，第 3 項是第 1 項和第 2 項的和，第 4 項是第 2 項和第 3 項的和，… 以此類推。

執行結果

**程式碼**　FileName：Fibonacci.c

```
01 #include <stdio.h>
02 #include <stdlib.h>
03
04 int fib(int n) {
05    if (n == 1 || n == 2)
06       return 1;
07    else
08       return fib(n-1) + fib(n-2);
09 }
```

```
10
11  int main()
12  {
13      int n = 8;
14      printf ("\n 費氏數列第 %d 項為 %d \n", n, fib(n));
15      n = 20;
16      printf ("\n 費氏數列第 %d 項為 %d \n", n, fib(n));
17
18      printf ("\n\n");
19      return 0;
20  }
```

### 説明

1. 第 4~9 行：建立 fib(n) 遞迴函式。該函式被呼叫 fib(8) 的流程，如下所示：

   fib(8)

   = fib(7)+fib(6)

   = fib(6)+fib(5) + fib(5)+fib(4)

   = fib(5)+fib(4) + fib(4)+fib(3) + fib(4)+fib(3) + fib(3)+1

   = fib(4)+fib(3) + fib(3)+1 + fib(3)+1 + 1+1 + fib(3)+1 + 1+1 + 1+1 + 1

   = fib(3)+1 + 1+1 + 1+1 + 1 + 1+1 + 1 + 1 + 1 + 1+1 + 1 + 1 + 1 + 1 + 1 + 1

   = 1+1 + 1 + 1 + 1 + 1 + 1 + 1 + 1 + 1 + 1 + 1 + 1 + 1 + 1 + 1 + 1 + 1 + 1 + 1 + 1

   = 21 (回傳值)

2. 第 13,14 行：n = 8 時，呼叫 fib(8) 遞迴函式。fib(8) 傳回值為 21。

3. 第 15,16 行：n = 20 時，呼叫 fib(20) 遞迴函式。fib(20) 傳回值為 6765。

## 6.6  組合

　　從 n 個不同的物品中要挑出 m 個物品的方法數有幾個？這是數學上「組合」的題目，我們用 C(n, m) 來表示。若有針對某個特定物品，會分成兩種互斥情況：

1. 選到這個特定物品，就再從剩下的 n-1 個物品中挑出 m-1 個物品，
   則會有 C(n-1, m-1) 個方法數。

2. 沒有選到這個特定物品，就再從剩下的 n-1 個物品中挑出 m 個物品，
   則會有 C(n-1, m) 個方法數。

所以，當 n = m 或 m = 0 時，則 C(n, m) = 1；當 n > m 時，則

　　　C(n, m) = C(n-1, m-1) + C(n-1, m)。

📥 **範例** ：pascal.c

由使用者輸入兩個正整數 n、m，而且 n > m，使用遞迴函式求數學「組合」的 C(n, m) 之值。

**執行結果**

**程式碼** FileName：pascal.c

```
01 #include <stdio.h>
02 #include <stdlib.h>
03
04 int C(int n, int m) {
05     if (n == m || m == 0)
06         return 1;
07     else
08         return C(n-1, m-1) + C(n-1, m);
09 }
10
11 int main()
12 {
13     int n, m, ans;
14     while (1) {
15         printf ("\n n = ");
16         scanf("%d", &n);
17         printf ("\n m = ");
18         scanf("%d", &m);
19         if (n >= 0 && m >= 0 && n > m)
20             break;
21         else
22             printf("\n 輸入資料不符, 請重新輸入...\n");
23     }
24     ans = C(n, m);
25     printf ("\n 組合 C(%d, %d) = %d \n\n" , n, m, ans);
26     return 0;
27 }
```

**説明**

1. 第 4~9 行：建立 C(n, m) 遞迴函式。該函式被呼叫 C(5, 2) 的流程如下所示：
   C(5, 2) = C(4, 1) + C(4, 2)

$$= [ \ C(3,0) + C(3,1) \ ] + [ \ C(3,1) + C(3,2) \ ]$$
$$= [ \ 1 + C(2,0) + C(2,1) \ ] + [ \ C(2,0) + C(2,1) + C(2,1) + C(2,2) \ ]$$
$$= [ \ 1 + 1 + C(1,0) + C(1,1) \ ] + [ \ 1 + C(1,0) + C(1,1) + C(1,0) + C(1,1) + 1 \ ]$$
$$= [ \ 1 + 1 + 1 + 1 \ ] + [ \ 1 + 1 + 1 + 1 + 1 + 1 \ ]$$
$$= 10 \ (回傳值)$$

2. 第 19~22 行：篩選使用者的 n 和 m 的輸入值是否符合條件要求。

3. 第 24 行：呼叫 C(n, m) 的遞迴計算結果，回傳指定給 ans 變數。

# 6.7　堆疊

「堆疊」(Stack) 是後進先出 (LIFO) 的概念。就像將一些物品依序放入有底的袋子，因為袋子的出入口只有一個，將物品一一拿出的順序就是後進先出。也像是一疊盤子，最先放的盤子會置於最下層，最後放的盤子會置於最上層，要使用時，最上層的盤子會最先被取用，而最下層的盤子最慢被取用。

參與堆疊的物品是屬於一個線性串列資料結構，它加入 (Push) 資料時會疊在串列的最上 (前) 端，而刪除 (Pop) 的資料也是從串列的最上 (前) 端開始移除。即最早存放的資料被擺在串列的最下或最末端，會是最晚被移除；最慢放入的資料，會是最先被移除。

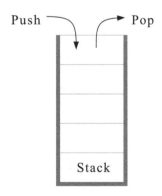

**範例**：stack.c

陣列　arr(4) = {"AAAAA", "#####", "@@@@@", "DDDDD"}，將其元素依序放入只有一個出入口的袋子，再一一取出。在放入和取出的過程中，觀察這些元素值出現在最上層(最右側)的順序為何？

執行結果

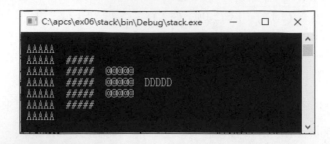

程式碼　FileName：stack.c

```
01 #include <stdio.h>
02 #include <stdlib.h>
03
04 void stack(int m, char arr[][20]) {
05     static int n = 0;
06     printf("\n");
07     for(int i=0; i<=n; i++)
08         printf(" %s ", arr[i]);
09
10     if (n >= (m-1)) {
11         return ;
12     } else {
13         n = n + 1;
14         stack(m, arr);
15     }
16
17     n = n - 1;
18     printf("\n");
19     for(int j=0; j<=n; j++)
20         printf(" %s ", arr[j]);
21 }
22
23 int main()
24 {
25     char arr[4][20] = {"AAAAA", "#####", "@@@@@", "DDDDD"};
26     stack(4, arr);
27
28     printf("\n\n");
29     return 0;
30 }
```

説明

1. 第 4 行：m = 4

2. 當 n = 0 時 →第 7,8 行顯示 arr[0]　　　→第 13 行 n=n+1=1 →第 14 行遞迴呼叫

　 當 n = 1 時 →第 7,8 行顯示 arr[0],arr[1] →第 13 行 n=n+1=2 →第 14 行遞迴呼叫

當 n = 2 時　→第 7,8 行顯示 arr[0]~arr[2]→第 13 行 n=n+1=3　→第 14 行遞迴呼叫

當 n = 3 時　→第 7,8 行顯示 arr[0]~arr[3]→第 10 行　→第 11 行 return　→回原呼叫行

→第 17 行，n=n-1=3-1=2　→第 19,20 行顯示 arr[0]~arr[2]　→回原呼叫行

→第 17 行，n=n-1=2-1=1　→第 19,20 行顯示 arr[0],arr[1]　→回原呼叫行

→第 17 行，n=n-1=1-1=0　→第 19,20 行顯示 arr[0]　→回主程式原呼叫行

# 6.8　多遞迴

所謂「多遞迴」是指兩個以上的遞迴函式彼此呼叫。本節就以兩個函式 F1()、F2() 相互呼叫的例子來做說明。

🔽 **範例**：multRec.c

給定兩個函式 F1(m) 及 F2(n)，F1(m) 函式若 m<3 就結束；否則就以參數值 m+2 呼叫 F2() 函式。F2(n) 函式若 n<3 就結束；否則就以參數值 n-1 呼叫 F1() 函式。由主程式先呼叫 F1(1) 函式，接著再讓兩函式彼此呼叫，並列出呼叫時所顯示的資料。

執行結果

程式碼　FileName：multRec.c

```
01 #include <stdio.h>
02 #include <stdlib.h>
03
04 void F1(int m) {
05     if (m>3) {
06         printf("%d  ", m);
07         return;
08     } else {
09         printf("%d  ", m);
10         F2(m+2);
11         printf("%d  ", m);
12     }
13 }
14
15 void F2(int n) {
16     if (n>3) {
17         printf("%d  ", n);
18         return;
19     } else {
```

```
20        printf("%d  ", n);
21        F1(n-1);
22        printf("%d  ", n);
23     }
24 }
25
26 int main()
27 {
28    F1(1);
29    printf("\n\n");
30    return 0;
31 }
```

**説明**

1. 第 28 行 F1(1)

   → m=1      → 第 9 行 顯示 1   → 第 10 行 呼叫 F2(m+2) → F2(3)
   → n=3      → 第 20 行 顯示 3  → 第 21 行 呼叫 F1(n-1) → F1(2)
   → m=2      → 第 9 行 顯示 2   → 第 10 行 呼叫 F2(m+2) → F2(4)
   → n=4      → 第 17 行 顯示 4  → 第 18 行 return → 回原呼叫行
   → m=2      → 第 11 行 顯示 2  → 回原呼叫行
   → n=3      → 第 20 行 顯示 3  → 回原呼叫行
   → m=1      → 第 11 行 顯示 1  → 回主程式原呼叫行

2. 多遞迴函式的流程圖如下所示：

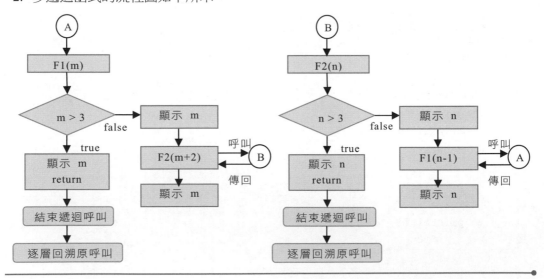

# APCS 觀念題解析 —使用 C 解題

以下題目中的程式碼實際並無行號，是為方便說明才特別加入。

## 題目 (1)

給定右側程式片段，哪個 n 值不會造成超過陣列 A 的存取範圍？

(A) 69　　(B) 89　　(C) 98　　(D) 202

```
01 int i, n, A[100];
02 scanf("%d", &n);
03 for(i=0; i!=n; i=i+1) {
04   A[i] = i;
05   i = i + 1;
06 }
```

### 說明

1. 答案是(C)，程式檔請參考 test_01.c。

2. 因為第 3、5 行會將 i+1，所以進入 for 迴圈的 i 值會是偶數，依序是 0,2,4,6,8,…。所以要使 i != n 條件為 false 才能離開迴圈，又不會造成超過陣列 A 的存取範圍 (A[0] ~ A[99])，n 必須是偶數且小於 100 的整數，故只有選項(C) 98 符合。

## 題目 (2)

給定右側函式 f( )，當執行 f(10) 時，最終回傳為何？

(A) 1　　(B) 3840　　(C) -3840

(D) 執行時導致無窮迴圈，不會停止執行

```
01 int f(int i) {
02   if (i>0)
03     if(((i/2)%2 == 0))
04       return f(i-2)*i;
05     else
06       return f(i-2)*(-i);
07   else
08     return 1;
09 }
```

### 說明

1. 答案是(C)，程式檔請參考 test_02.c。

2. 當 i 為奇數時，會符合第 3 行 if(((i/2)%2 == 0)) 條件而執行第 4 行。
   當 i 為偶數時，不符合第 3 行 if(((i/2)%2 == 0)) 條件而執行第 6 行。

3. f(10) 　= f(i-2)*(-i) = f(8)*(-10) 　　　　// i = 10
   　　　 = (f(6)*(-8)) *(-10) 　　　　　// i = 8
   　　　 = (f(4)*(-6)) *(-8)*(-10) 　　　// i = 6
   　　　 = (f(2)*(-4)) *(-6)*(-8)*(-10) 　// i = 4
   　　　 = (f(0)*(-2)) *(-4)*(-6)*(-8)*(-10) 　// i = 2

$$= (1* (-2)) *(-4)*(-6)*(-8)*(-10) \qquad // i = 0, 執行第 8 行結束遞迴$$
$$= -3840$$

### 題目 (3)

給定右側程式片段，for 迴圈總共會執行幾次？

(A) 8　　　(B) 32　　　(C) 64　　　(D) 128

```
int i, j=0;
for (i=0; i<128; i=i+j) {
    j=i+1;
}
```

### 說明

1. 答案是 (A)，程式檔請參考 test_03.c。

2. for 迴圈執行第 1 次時，i = 0,　j = 1
   for 迴圈執行第 2 次時，i = 1,　j = 2
   for 迴圈執行第 3 次時，i = 3,　j = 4
   for 迴圈執行第 4 次時，i = 7,　j = 8
   for 迴圈執行第 5 次時，i = 15,　 j = 16
   for 迴圈執行第 6 次時，i = 31,　 j = 32
   for 迴圈執行第 7 次時，i = 63,　 j = 64
   for 迴圈執行第 8 次時，i = 127,　 j = 128　 (i+j 後不符合 i<128 條件，結束迴圈)

### 題目 (4)

給定右側程式，若已知輸出的結果為
[1] [2] [3] [5] [4] [6]，程式中的
_____(?)_____ 應為下列何者？

(A) j < i

(B) j > i

(C) j <= i

(D) j >= i

```
01 int main() {
02    int i, j;
03    for (i=0; i<5; i=i+1) {
04        for (j=0; __(?)__ ; j=j+2) {
05            printf("[%d]", i+j);
06        }
07    }
08 }
```

### 說明

1. 第 3~7 行為巢狀迴圈，第 3 行 for 迴圈的 i 值會分別是 0,1,2,3,4，第 4 行 for 迴圈的 j 值會是 0,2,4,6...。逐一將 i, j 值代入巢狀迴圈程式，檢查第 4 行條件式為何，才能符合輸出的結果為 [1] [2] [3] [5] [4] [6]。

2. 當 i = 0, j = 0 時不輸出 [0]，所以(C)、(D)選項有等號不成立，而(A)、(B)都成立。

3. 當 i = 1, j = 0 時要輸出 [1]，所以條件只能為 j < i，所以答案是 (A)，程式檔請參考 test_04.c。

```c
int A[8] = {8,7,6,5,4,3,2,1};
int main() {
    int i, j;
    for (i=0; i<8; i=i+1) {
        for(j=i; j<7; j=j+1) {
            if(A[j] > A[j+1]) {
                A[j] = A[j] + A[j+1];
                A[j+1] = A[j] - A[j+1];
                A[j] = A[j] - A[j+1];
            }
        }
    }
    for (i=0; i<8; i=i+1) {
        printf("%d ", A[i]);
    }
}
```

**題目 (5)**

給定右側程式，當程式執行完後，

輸出結果為何？

(A) 1 2 3 4 5 6 7 8

(B) 7 5 3 1 2 4 6 8

(C) 7 5 3 2 1 4 8 6

(D) 8 7 6 5 4 3 2 1

**說明**

1. A[8] = {8,7,6,5,4,3,2,1}

   當 i=0、j=0 時，因 (A[0]=8) > (A[1]=7) 成立，所以

   A[0] = A[0] + A[1] = 8+7 = 15

   A[1] = A[0] – A[1] = 15-7 = 8

   A[0] = A[0] – A[1] = 15-8 = 7

   結果 A[8] = {7,8,6,5,4,3,2,1}。

   當 i=0、j=1 時，因 (A[1]=8) > (A[2]=6) 成立，結果 A[8] = {7,6,8,5,4,3,2,1}。

   當 i=0、j=2 時，結果 A[8] = {7,6,5,8,4,3,2,1}。

   當 i=0、j=3 時，結果 A[8] = {7,6,5,4,8,3,2,1}。

   ……

   當 i=0、j=6 時，結果 A[8] = {7,6,5,4,3,2,1,8}。

   當 i=1、j=1 時，結果 A[8] = {7,5,6,4,3,2,1,8}。

   當 i=1、j=2 時，結果 A[8] = {7,5,4,6,3,2,1,8}。

   ……

   當 i=1、j=5 時，結果 A[8] = {7,5,4,3,2,1,6,8}。

   當 i=2、j=2 時，結果 A[8] = {7,5,3,4,2,1,6,8}。

   當 i=2、j=3 時，結果 A[8] = {7,5,3,2,4,1,6,8}。

   當 i=2、j=4 時，結果 A[8] = {7,5,3,2,1,4,6,8}。

   當 i=3、j=3 時，結果 A[8] = {7,5,3,1,2,4,6,8}。

2. 之後因元素值都是遞增排列 A[j] > A[j+1] 條件不會成立，所以 A 陣列元素值不變，因此答案是(B)，程式檔請參考 test_05.c。

**題目 (6)**

給定右側函式 f( )，已知 f(14)、f(10)、f(6) 分別回傳 25、18、10，函式中的 __?__ 應為下列何者？

(A) (n+1) / 2    (B) n / 2

(C) (n-1) / 2    (D) (n/2) + 1

```c
int f(int n) {
    if(n < 2) {
        return n;
    }
    else {
        return (n + f(__?__ ));
    }
}
```

說明

1. 答案是(B)，程式檔請參考 test_06.c。

2. 分別用各選項代入，選項(B) n / 2 符合 f(14)、f(10)、f(6) 分別回傳 25、18、10：

   f(14) = 14 + f(7) = 14 + 7 + f(3) = 14 + 7 + 3 + f(1) = 14+7+3+1 = 25

   f(10) = 10 + f(5) = 10 + 5 + f(2) = 10 + 5 + 2 + f(1) = 10+5+2+1 = 18

   f(6) = 6 + f(3) = 6 + 3 + f(1) = 6 + 3 + 1 = 10

### 題目 (7)

給定右側程式，當程式執行完後，輸出結果為何？

(A) 1          (B) 2

(C) 3          (D) 4

```
int main()
{
    int a[5] = {9, 4, 3, 5, 3};
    int b[10] = {0,1,0,1,0,1,0,1,0,1};
    int c = 0;
    for (int i=0; i<5; i=i+1)
        c = c + b[a[i]];
    printf("%d,", c);
    return 0;
}
```

說明

1. 答案是(D)，程式檔請參考 test_07.c。

2. 當 i=0 時，因 a[0] = 9，所以 c = c + b[a[0]] = 0 + b[9] = 0 + 1 = 1。

   當 i=1 時，因 a[1] = 4，所以 c = c + b[a[1]] = 1 + b[4] = 1 + 0 = 1。

   當 i=2 時，因 a[2] = 3，所以 c = c + b[a[2]] = 1 + b[3] = 1 + 1 = 2。

   當 i=3 時，因 a[3] = 5，所以 c = c + b[a[3]] = 2 + b[5] = 2 + 1 = 3。

   當 i=4 時，因 a[4] = 3，所以 c = c + b[a[4]] = 3 + b[3] = 3 + 1 = 4。

### 題目 (8)

給定右側程式，當程式執行完後，輸出結果為何？

(A) 9

(B) 18

(C) 27

(D) 30

```
01 int Q[200];
02 int i, val=0;
03 int count=0;
04 int head=0, tail=0;
05 for(i=1; i<=30; i=i+1) {
06     Q[tail] = i;
07     tail = tail+1;
08 }
09 while (tail > head+1){
10     val = Q[head];
11     head = head+1;
12     count = count+1;
13     if(count == 3) {
14         count=0;
15         Q[tail] = val;
16         tail = tail+1;
17     }
18 }
19 printf("%d", Q[head]);
```

說明

1. 答案是(B)，程式檔請參考 test_08.c。

2. 執行第 02~08 行後，head=0, Q[0]=1, Q[1]=2, Q[2]=3, ... , Q[29]=30, tail=30。

3. 每進入 while 迴圈一次，head 值會加 1，當 head 值為 3 的倍數時，tail 值會加 1。
   即 head = 3, 6, 9, 12, 15, 18, 21, 24, 27, 30, 33, 36, 39, 42 時，
   其　tail = 31, 32, 33, 34, 35, 36, 37, 38, 39, 40, 41, 42, 43, 44。
   為符合第 9 行 (tail > haed+1) 條件成立，head 值可增加到的最大值為 43。

4. 當 head=2 時，在第 10 行 val=Q[head]=Q[2]=3，第 11 行 head=head+1=3 進入 if
   結構，第 15 行 Q[tail]=Q[30]=val=3，第 16 行 tail=tail+1=30+1=31。
   當 head=5 時，第 10 行 val=Q[5]=6，第 11 行 head=head+1=6 進入 if 結構，
   第 15 行 Q[tail]=Q[31]=val=6，第 17 行 tail=tail+1=31+1=32。
   當 head=8 時，val=Q[8]=9，head=head+1=9，Q[32]=val=9，tail=tail+1=32+1=33。
   ……
   當 head=29 時，val=Q[29]=30，head=head+1=30，Q[39]=30，tail=tail+1=39+1=40。
   當 head=32 時，val=Q[32]=9，head=head+1=33，Q[40]=9，tail=tail+1=40+1=41。
   當 head=35 時，val=Q[35]=18，head=head+1=36，Q[41]=18，tail=tail+1=42。
   當 head=38 時，val=Q[38]=27，head=head+1=39，Q[42]=27，tail=tail+1=43。
   當 head=41 時，val=Q[41]=18，head=head+1=42，Q[43]=18，tail=tail+1=44。
   當 head=42 時，val=Q[42]=27，head=head+1=43，不能進入 if 結構。
   當 head=43 時，不能進入 while 迴圈。執行第 19 行印出 Q[head]=Q[43]=18。

## 題目 (9)

給定下列程式，當程式執行完後，輸出結果為何？(函式 f(a) 回傳小於浮點數 a 的最大整數，但是回傳型態仍為浮點數。)

(A) 0.000000　　(B) 1.000000

(C) 1.666667　　(D) 2.000000

```
01 int main() {
02    float x=10, y=3;
03    if ((0.5*x/y - f(0.5*x/y)) == 0.5){
04       printf ("%f\n",f(0.5*x/y)-1) ;
05    }
06    else if((0.5*x/y-f(0.5*x/y)) < 0.5){
07       printf ("%f\n", f(0.5*x/y) ) ;
08    }
09    else
10       printf ("%f\n", f(0.5*x/y) +1) ;
11    return 0;
12 }
```

説明

1. 本例函式 f(a) 回傳小於浮點數 a 的最大整數。例如：f(1.2) 傳回 1.0；
   f(2.8) 傳回 2.0。

2. 執行第 3 行 (0.5*x/y - f(0.5*x/y)) 運算式結果為 0.66666667 不等於 0.5，因此再判斷第 6 行敘述。

3. 執行第 6 行 (0.5*x/y - f(0.5*x/y)) 運算式結果為 0.66666667 大於 0.5，因此執行第 10 行印出 f(0.5*x/y)+1 的結果。計算方式：f(0.5*x/y) + 1 ⇨ f(1.66666667)+1 ⇨ 1.000000 + 1　結果為 2.000000。故答案為(D)，程式檔請參考 test_09.c。

題目 (**10**)

給定右側程式，當程式執行完後，輸出結果為何？

(A) 2

(B) 3

(C) -2

(D) -3

```
01 void f(int x, int y){
02    int tem = x;
03    x = y;
04    y = tem;
05 }
06
07 int main()
08 {
09    int x = 2, y = 3;
10    f(x, y);
11    printf("%d", (x-y)*(x+y)/2);
12    return 0;
13 }
```

說明

1. 答案是(C)，程式檔請參考 test_10.c。

2. 第 1~5 行的 f(int x, int y) 函式功能是將 x 和 y 變數值互換，但沒有傳回值。

3. 執行第 10 行時，因引數屬傳值呼叫，互換的 x 和 y 變數值並沒傳回，故此時 x 和 y 變數值仍為 x=2, y=3。

4. 第 11 行輸出 (x-y)*(x+y) / 2 為 (2-3)*(2+3) / 2，其結果取整數為 -2。

題目 (**11**)

右側程式正確的輸出應該如下：

```
        *
      ***
    *****
  *******
*********
```

在不修改右側程式之第 4 行及第 7 行程式碼的前提下，最少需修改幾行程式碼以得到正確輸出？

(A) 1    (B) 2    (C) 3    (D) 4

```
1  int k = 4;
2  int m = 1;
3  for (int i=1; i<=5; i=i+1) {
4     for (int j=1; j<=k; j=j+1) {
5        printf (" ");
6     }
7     for (int j=1; j<=m; j=j+1) {
8        printf ("*");
9     }
10    printf ("\n");
11    k = k - 1;
12    m = m + 1;
13 }
```

說明

1. 原程式碼若不修改，輸出結果會如右圖所示。
   當 k = 4, m = 1 時，會印出　　 * ；
   當 k = 3, m = 2 時，會印出　　 ** ；
   當 k = 2, m = 3 時，會印出　 *** ；
   當 k = 1, m = 4 時，會印出　 **** ；
   當 k = 0, m = 5 時，會印出 ***** 。

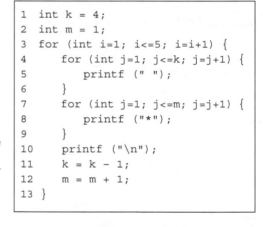

2. 必須將第 12 行敘述修改為「m = 2*i + 1;」，才能得到正確的輸出結果。答案是(A)，程式檔請參考 test_11.c。

### 題目（12）

給定一陣列 a[10]={1, 3, 9, 2, 5, 8, 4, 9, 6, 7}，i.e.，
a[0]=1, a[1] = 3 , ... , a[8]=6, a[9]=7，以 f(a,10) 呼叫
右側函式後，回傳值為何？

(A) 1　　　(B) 2　　　(C) 7　　　(D) 9

```c
int f(int a[], int n) {
    int i, index=0;
    for(i=1; i<=n-1; i=i+1) {
        if (a[i] >= a[index]) {
            index = i;
        }
    }
    return index;
}
```

**說明**

1. 回傳值 index 依序為 1,2,2,2,2,2,7,7,7，答案是(C)，程式檔請參考 test_12.c。

### 題目（13）

給定一整數陣列 a[0]、a[1]、...、a[99]且 a[k]=3k+1，以 value=100 呼叫以下兩函式，假
設函式 f1 及 f2 之 while 迴圈主體分別執行 n1 與 n2 次 (i.e, 計算 if 敘述執行次數，
不包含 else if 敘述)，請問 n1 與 n2 之值為何？

註：　(low + high)/2 只取整數部分。

```c
int f2(int a[], int value) {
    int r_value = -1;
    int low = 0, high = 99;
    int mid;
    while (low <= high) {
        mid = (low + high)/2;
        if (a[mid] == value) {
            r_value = mid;
            break;
        }
        else if (a[mid] < value) {
            low = mid + 1;
        }
        else {
            high = mid - 1;
        }
    }
    return r_value;
}
```

```c
int f1(int a[], int value) {
    int r_value = -1;
    int i = 0;
    while (i < 100) {
        if (a[i] == value) {
            r_value = i;
            break;
        }
        i = i + 1;
    }
    return r_value;
}
```

(A) n1=33, n2=4　　　(B) n1=33, n2=5　　　(C) n1=34, n2=4　　　(D) n1=34, n2=5

**說明**

1. 答案是(D)，程式檔請參考 test_13.c。

2. 陣列元素的內容：a[0]=1,a[1]=4,a[2]=7,a[3]=10,a[4]=13, ... ,a[99]=298。

3. f1 函式是循序搜尋法，找到 100 時，其 i=33。即 a[33]=100，但 i 是由 0 開始，
   故執行 while 迴圈的次數為 34 次，n1 = 34。

4. f2 函式是二分搜尋法，找到 a[33]=100 的過程如下：
第 1 次搜尋：a[0]=1,a[99]=298，其中間的 (a[49]=148) > (a[33]=100)
第 2 次搜尋：a[1]=4,a[48]=145，其中間的 (a[24]=73) < (a[33]=100)
第 3 次搜尋：a[25]=76,a[47]=142，其中間的 (a[36]=109) > (a[33]=100)
第 4 次搜尋：a[26]=79,a[35]=106，其中間的 (a[31]=94) < (a[33]=100)
第 5 次搜尋：a[32]=94,a[34]=100，其中間的 (a[33]=100) < (a[33]=100)
所以執行 while 迴圈的次數為 5 次，n2 = 5。

### 題目（14）

經過運算後，下列程式的輸出為何？

(A) 1275　　(B) 20　　(C) 1000　　(D) 810

```
for(i=1; i<=100; i=i+1) {
    b[i] = i;
}
a[0] = 0;
for(i=1; i<=100; i=i+1) {
    a[i] = b[i] + a[i-1];
}
printf("%d\n",a[50]-a[30]);
```

說明

1. 答案是(D)，程式檔請參考 test_14.c。

2. a[1] = b[1]+a[0] = 1+0 = 1
   a[2] = b[2]+a[1] = 2+1 = 3
   a[3] = b[3]+a[2] = 3+3 = 6
   ……

   a[30] = b[30]+a[29] = 30+435 = 465
   ……

   a[50] = b[50]+a[49] = 50+1225 = 1275
   故 a[50] – a[30] = 1275-465 = 810

### 題目（15）

函數 f 定義如下，如果呼叫 f(1000)，指令 sum=sum+i 被執行的次數最接近下列何者？

(A) 1000　　　(B) 3000
(C) 5000　　　(D) 10000

```
01 int f (int n) {
02    int sum=0;
03    if (n<2) {
04       return 0;
05    }
06    for (int i=1; i<=n; i=i+1) {
07       sum = sum + i;
08    }
09    sum = sum + f(2*n/3);
10    return sum;
11 }
```

說明

1. 當 n=1000 時，第 7 行的 sum=sum+i; 會執行 1000 次，接著是第 9 行呼叫遞迴函式 f(2*n/3)，即呼叫 f(1000*2/3)。
   當 n=1000*2/3 時，第 7 行的 sum=sum+i; 會執行 1000*2/3 次，接著是第 9 行呼叫 f((1000*2/3)*2/3) 遞迴函式，即呼叫 f(1000*(2/3)$^2$)。
   當 n=1000*(2/3)$^2$ 時，第 7 行的 sum=sum+i; 會執行 1000*(2/3)$^2$ 次，接著是第 9 行呼叫 f((1000*(2/3)$^2$)*2/3) 遞迴函式，即呼叫 f(1000*(2/3)$^3$)。
   … 以此類推。

2. 第 7 行會執行的總次數為　$1000 + 1000*2/3 + 1000*(2/3)^2 + 1000*(2/3)^3 + ...$，
這是個等比級數，其首項 A1 = 1000，公比 R = 2/3，則
總次數的公式為　Sn = A1 * (1–Rⁿ) / (1-R)。當 n 很大時，$R^n$ 趨近於 0。
所以　總次數　≒　$1000 * (1-0)/(1-2/3)$　≒　3000

3. 呼叫 f(1000)，sum=sum+i 被執行的次數是 2980，答案是(B)，程式檔為 test_15.c。

### 題目（16）

List 是一個陣列，裡面的元素是 element，它的定義如右。List 中的每一個 element 利用 next 這個整數變數來記錄下一個 element 在陣列中的位置，如果沒有下一個 element，next 就會記錄-1。所有的 element 串成了一個串列(linked list)。例如在 list 中有三筆資料。

```
struct element{
    char data;
    int next;
};
void RemoveNextElement(element list[], int current) {
    if(list[current].next != -1){
        /*移除 current 的下一個 element*/
        _____
    }
}
```

|  1 | 2 | 3 |
|------------|------------|------------|
| data = 'a' | data = 'b' | data = 'c' |
| next = 2   | next = -1  | next = 1   |

它所代表的串列如下圖

RemoveNextElement 是一個程序，用來移除串列中 current 所指向的下一個元素，但是必須保持原始串列的順序。例如，若 current 為 3 (對應到 list[3])，呼叫完 RemoveNextElement 後，串列應為

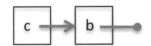

請問在空格中應該填入的程式碼為何？

(A) list[current].next = current;

(B) list[current].next = list[list[current].next].next;

(C) current = list[list[current].next].next;

(D) list[list[current].next].next = list[current].next;

說明

1. 要移除鏈結串列中 current 所指向的下一個元素，其作法是：取出次一個節點的 next 欄位內容，覆蓋目前節點的 next 欄位，所以答案是 (B)。

### 題目 (**17**)

請問以 a(13,15) 呼叫右側 a()函式，函式執
行完後其回傳值為何？

(A) 90

(B) 103

(C) 93

(D) 60

```
01 int a(int n, int m) {
02    if (n < 10) {
03      if (m < 10) {
04        return n + m ;
05      }
06      else {
07        return a(n, m-2) + m ;
08      }
09    }
10    else {
11      return a(n-1, m) + n ;
12    }
13 }
```

說明

1. 答案是(B)，程式檔請參考 test_17.c。

2. a(13,15) = a(12,15)+13                              // 第 11 行
       = a(11,15)+12+13 = a(11,15)+25    // 第 11 行
       = a(10,15)+11+25 = a(10,15)+36    // 第 11 行
       = a(9,15)+10+36 = a(9,15)+46      // 第 11 行
       = a(9,13)+15+46 = a(9,13)+61      // 第 7 行
       = a(9,11)+13+61 = a(9,11)+74      // 第 7 行
       = a(9,9)+11+74 = a(9,9)+85        // 第 7 行
       = (9 + 9) +85 = 103               // 第 4 行

### 題目 (**18**)

一個費式數列定義第一個數為 0 第二個數為 1，之後
的每個數都等於前兩個數相加，如下所示：
0、1、1、2、3、5、8、13、21、34、55、89... 。
右列的程式用以計算第 N 個 (N≥2) 費式數列的數
值，請問 __(a)__ 與 __(b)__ 兩個空格的敘述 (statement)
應該為何？

```
int a=0;
int b=1;
int i, temp, N;
    …
for (i=2; i<=N; i=i+1) {
    temp = b;
        (a)        ;
    a = temp;
    printf ("%d\n",   (b)   );
}
```

(A)   (a) f[i]=f[i-1]+f[i-2]    (b) f[N]

(B)   (a) a = a + b         (b) a

(C)   (a) b = a + b         (b) b

(D)   (a) f[i]=f[i-1]+f[i-2]    (b) f[i]

說明

1. 答案是 (C)，程式檔請參考 test_18.c。

2. 若 N=11，則本題的輸出結果如右圖：

3. 費氏數列 F(N)的定義如下：

$$\begin{cases} F(0)=0,\ F(1)=1 \\ F(N)=F(N-1)+F(N-2),\ N{\ge}2 \end{cases}$$

### 題目 (19)

請問下列程式輸出為何？

(A) 1

(B) 4

(C) 3

(D) 33

```
int A[5], B[5], i, C;
   ...
for(i=1; i<=4; i=i+1){
    A[i]=2+i*4;
    B[i]=i*5;
}
C = 0;
for(i=1; i<=4; i=i+1){
    if(B[i] > A[i]) {
        C = C + (B[i] % A[i]);
    }
    else {
        C = 1;
    }
}
printf("%d\n", C);
```

**說明**

1. 答案是(B)，程式檔請參考 test_19.c。

2. i=1 , A[1]=6　　B[1]=5　　C=1
   i=2 , A[2]=10　 B[2]=10　 C=1
   i=3 , A[3]=14　 B[3]=15　 C=1+1=2
   i=4 , A[4]=18　 B[4]=20　 C=2+2=4

### 題目 (20)

給定 g() 函式如下，則 g(13) 的傳回值為何？

(A) 16 　　 (B) 18 　　 (C) 19 　　 (D) 22

```
01 int g(int a) {
02    if (a>1) {
03        return g(a-2)+3;
04    }
05    return a;
06 }
```

**說明**

1. 答案是(C)，程式檔請參考 test_20.c。

2. g(13) = g(11)+3 = g(9)+3+3 = g(7)+3+6
   = g(5)+3+9 = g(3)+3+12 = g(1)+3+15
   = 1+18 = 19

### 題目 (21)

定義 a[n] 為一個陣列(array)，陣列元素的指標為 0 至 n-1。若要將陣列中 a[0] 的元素移到 a[n-1]，下列程式片段的空白處該填入何種運算式？

(A) n+1 　　 (B) n 　　 (C) n-1 　　 (D) n-2

```
int i, hold, n;
  ...
for(i=0; i<= _____ ; i=i+1) {
    hold = a[i];
    a[i] = a[i+1];
    a[i+1] = hold;
}
```

1. 答案是(D)，程式檔請參考 test_21.c。

2. 此題目是利用 for 迴圈，將 a[0] 和 a[1] 元素值交換，a[1] 和 a[2] 元素值交換...，最後是 a[n-2] 和 a[n-1] 元素值交換，迴圈終值為 n-2。

### 題目（22）

給定右側函式 f1() 及 f2()。f1(1) 運算過程中，以下敘述何者為錯？

(A) 印出的數字最大的是 4

(B) f1 一共被呼叫二次

(C) f2 一共被呼叫三次

(D) 數字 2 被印出兩次

```c
void f1 (int m) {
  if (m > 3) {
    printf ("%d\n", m);
    return;
  }
  else {
    printf ("%d\n", m);
    f2(m+2);
    printf ("%d\n", m);
  }
}

void f2 (int n) {
  if (n > 3) {
    printf ("%d\n", n);
    return;
  }
  else {
    printf ("%d\n", n);
    f1(n-1);
    printf ("%d\n", n);
  }
}
```

說明

1. f2() 只被呼叫了二次，答案是(C)，程式檔請參考 test_22.c。

### 題目（23）

右側程式片段擬以輾轉除法求 i 與 j 的最大公因數。請問 while 迴圈內容何者正確？

(A)　　k = i % j;
　　　　i = j;
　　　　j = k;

(B)　　i = j;
　　　　j = k;
　　　　k = i % j;

(C)　　i = j;
　　　　j = i % k;
　　　　k = i;

(D)　　k = i;
　　　　i = j;
　　　　j = i % k;

```c
i = 76;
j = 48;
while ((i % j) != 0) {
  _____
  _____
  _____
}
printf ("%d\n", j);
```

說明

1. 輾轉相除法運算的過程，是大數除於小數，若整除則該小數就是最大公因數；若未整除有餘數，則小數變成大數、餘數變成小數。大、小數再相除看能不能整除，以此類推。答案是 (A)，程式檔請參考 test_23.c。

💻 題目 **(24)**

右側程式輸出為何？

(A) bar: 6　　　(B) bar: 6

　　bar: 1　　　　　foo: 1

　　bar: 8　　　　　bar: 3

(C) bar: 1　　　(D) bar: 6

　　foo: 1　　　　　foo: 1

　　bar: 8　　　　　foo: 3

```
01 void foo (int i) {
02    if (i <= 5) {
03       printf ("foo: %d\n", i);
04    }
05    else {
06       bar(i - 10);
07    }
08 }
09
10 void bar (int i) {
11    if (i <= 10) {
12       printf ("bar: %d\n", i);
13    }
14    else {
15       foo(i - 5);
16    }
17 }
18
19 void main() {
20    foo(15106);
21    bar(3091);
22    foo(6693);
23 }
```

說明

1. 答案是(A)，程式檔請參考 test_24.c。

2. 在 foo() 函式中，當 i > 5 時，會呼叫 bar(i-10)，i 變數值減 10。　　// 第 6 行
   在 bar() 函式中，當 i > 10 時，會呼叫 foo(i-5)，i 變數值減 5。　　// 第 15 行
   因此兩函式彼此呼叫一次，i 變數值共減 15。

3. foo(15106) → foo(15*1006+16) → foo(16) → bar(6) → 印出　bar: 6
   bar(3091) → bar(15*205+16) → bar(16) → foo(11) → bar(1) →　印出　bar: 1
   foo(6693) → foo(15*445+18) → foo(18) → bar(8) → 印出　bar: 8

💻 題目 **(25)**

若以 f(22) 呼叫右側 f() 函式，總共會印出多少數字？

(A) 16

(B) 22

(C) 11

(D) 15

```
01 void f(int n) {
02    printf ("%d\n", n);
03    while (n != 1) {
04       if ((n%2)==1) {
05          n = 3*n + 1;
06       }
07       else {
08          n = n / 2;
09       }
10       printf ("%d\n", n);
11    }
12 }
```

說明

1. n 傳入值為 22，第 2 行印出 22，然後進入第 3~11 行的 while 迴圈，迴圈會一直
   執行直到 n=1 才結束。第 4~9 行為 if 結構，若為奇數就 3*n + 1，偶數就 n / 2。
   執行結果會依序列印出 22, 11, 34, 17, 52, 26, 13, 40, 20, 10, 5, 16, 8, 4, 2, 1，總共
   有 16 個數字。答案是(A)，程式檔請參考 test_25.c。

### 題目 (26)

下列程式執行過後所輸出數值為何？

(A) 11  (B) 13  (C) 15  (D) 16

```
01 void main() {
02    int count = 10;
03    if (count > 0) {
04        count = 11;
05    }
06    if (count > 10) {
07        count = 12;
08        if (count % 3 == 4) {
09            count = 1;
10        }
11        else{
12            count = 0;
13        }
14    }
15    else if (count > 11){
16        count = 13;
17    }
18    else{
19        count = 14;
20    }
21    if (count){
22        count = 15;
23    }
24    else{
25        count = 16;
26    }
27
28    printf ("%d\n", count) ;
29 }
```

### 說明

1. 執行第 02 行令 count 為 10，執行第 03 行時因為 count 大於 0，因此執行第 04 行令 count 為 11。

2. 第 06~20 行為 if…else if…else 敘述。當執行第 06 行因 count 為 11 大於 10，接著執行第 07 行令 count 為 12，接著執行第 08 行因 count 為 12 除 3 餘數為 0 不等於 4，因此會執行第 12 行令 count 為 0。最後跳到 21 行。

3. 執行第 21 行 count 為 0 表示為 false，此時執行第 25 行令 count 為 16。

4. 執行第 28 行印出 count 的值為 16，故答案為 (D) 16。程式碼請參考 test_26.c。

### 題目 (27)

右側程式片段主要功能為：輸入六個整數，檢測並印出最後一個數字是否為六個數字中最小的值。然而，這個程式是錯誤的。請問以下哪一組測試資料可以測試出程式有誤？

(A) 11 12 13 14 15 3

(B) 11 12 13 14 25 20

(C) 23 15 18 20 11 12

(D) 18 17 19 24 15 16

```
01 #define TRUE 1
02 #define FALSE 0
03 int d[6], val, allBig;
04    …
05 for(i=1; i<=5; i=i+1) {
06    scanf("%d", &d[i]);
07 }
08 scanf("%d", &val);
09 allBig = TRUE;
10 for (i=1; i<=5; i=i+1) {
11    if(d[i] > val) {
12        allBig = TRUE;
13    } else {
14        allBig = FALSE;
15    }
16 }
17 if(allBig == TRUE) {
18    printf("%d is the smallest.\n", val);
19 } else {
20    printf("%d is not the smallest.\n", val);
21 }
```

說明

1. 答案是(B)，程式檔請參考 test_27.c。

2. 四個選項中，只有選項(B)的資料測試出程式有誤。因選項(B)的資料 11 12 13 14 25 20 會輸出「20 is the smallest.」，這是錯誤的結果。

3. 第 11 行：當 if(d[i] > val) 時，比較 d[i] 是否大於 val，若不成立時執行第 14 行 allBig=FALSE;，這時候就要離開迴圈。所以在第 14 行與第 15 行之間插入 break; 敘述，程式就正確了。

## 題目 (28)

右側為一個計算 n 階層的函式，請問該如何修改才能得到正確的結果？

(A) 第 2 行，改為 int fac = n;

(B) 第 3 行，改為 if (n > 0) {

(C) 第 4 行，改為 fac = n * fun(n+1);

(D) 第 4 行，改為 fac = fac * fun(n-1);

```
01 int fun(int n) {
02    int fac = 1;
03    if (n >= 0) {
04       fac = n * fun(n-1);
05    }
06    return fac;
07 }
```

說明

1. 答案是(B)，程式檔請參考 test_28.c。

2. 第 3 行，若當 n = 0 時 fac 最後會乘以 0，傳回值為 0 會造成錯誤。

## 題目 (29)

右側 f() 函式執行後所回傳的值為何？

(A) 1023　　(B) 1024

(C) 2047　　(D) 2048

```
int f() {
    int p = 2;
    while (p < 2000) {
        p = 2 * p;
    }
    return p;
}
```

說明

1. p = 2 符合 < 2000 所以會進入迴圈
   第 1 次進入迴圈時，p = 2*p = 2*2 = 4 = $2^2$。
   第 2 次進入迴圈時，p = 2*p = 2*4 = 8 = $2^3$。
   第 3 次進入迴圈時，p = 2*p = 2*8 = 16 = $2^4$。
   …
   第 10 次進入迴圈時，p = 2*p = 2*1024 = 2048 = $2^{11}$。答案是(D)，程式檔 test_29.c。

### 題目 (**30**)

右側 f() 函式 (a), (b), (c) 處需分別填入哪些數字，方能使得 f(4)輸出 2468 的結果？

(A) 1, 2, 1　　(B) 0, 1, 2

(C) 0, 2, 1　　(D) 1, 1, 1

```
int f(int n) {
    int p = 0;
    int i = n;
    while (i >=   (a)   ) {
        p = 10 -   (b)   * i;
        printf ("%d", p);
        i = i -   (c)   ;
    }
}
```

說明

1. 本題會進入 while 迴圈執行四次，要依序輸出 2、4、6、8。因為第一次輸出 2，所以(b)空格的數字要為 2 (即 10-2*4)。因為要進入迴圈四次，所以(a)、(c)空格的數字皆為 1。答案是(A)，程式檔請參考 test_30.c。

### 題目 (**31**)

右側 g(4) 函式呼叫執行後，回傳值為何？

(A) 6

(B) 11

(C) 13

(D) 14

```
01 int f(int n) {
02     if (n > 3) {
03         return 1;
04     } else if (n==2) {
05         return 3 + f(n+1);
06     } else {
07         return 1 + f(n+1);
08     }
09 }
10
11 int g(int n) {
12     int j=0 ;
13     for (int i=1; i<=n-1; i=i+1) {
14         j = j + f(i);
15     }
16     return j;
17 }
```

說明

1. 答案是(C)，程式檔請參考 test_31.c。

2. g(4)

   j = 0 + f(1) + f(2) + f(3)

      f(1) = 1 + f(2) = 1 + 3 + f(3) = 1 + 3 + 1 + f(4) = 1 + 3 + 1 + 1 = 6

      f(2) = 3 + f(3) = 3 + 1 + f(4) = 3 + 1 + 1 = 5

      f(3) = 1 + f(4) = 1 + 1 = 2

   j = 0 + 6 + 5 + 2 = 13

### 題目 (**32**)

右側 Mystery() 函式 else 部分運算式應為何，才能使得 Mystery(9) 的回傳值為 34。

(A) x + Mystery(x-1)

(B) x * Mystery(x-1)

(C) Mystery(x-2) + Mystery(x+2)

(D) Mystery(x-2) + Mystery(x-1)

```
int Mystery (int x) {
    if (x <= 1) {
        return x;
    }
    else {
        return _____ ;
    }
}
```

**說明**

1. 答案是(D)，程式檔請參考 test_32.c。

2. 選項(A)，結果為　Mystery(9) = 9+8+7+...+1 = 45。
   選項(B)，結果為　Mystery(9) = 9*8*7*...*1 = 362880。
   選項(C)，結果遞迴無法結束。
   選項(D)，是個費氏數列，即為「1, 1, 2, 3, 5, 8, 13, 21, 34, 55, 89, 144, ...」。
   　　　　而　Mystery(9) = Mystery(7) + Mystery(8) = 13 + 21 = 34

## 題目 (**33**)

右側 F() 函式執行後，輸出為何？

(A) 1, 2

(B) 1, 3

(C) 3, 2

(D) 3, 3

```c
void F() {
    char t, item[] = {'2','8','3','1','9'};
    int a, b, c, count = 5;
    for (a=0; a<count-1; a=a+1) {
        c = a;
        t = item[a];
        for (b=a+1; b<count; b=b+1) {
            if (item[b] < t) {
                c = b;
                t = item[b];
            }
            if ((a==2) && (b==3)) {
                printf ("%c %d \n", t, c);
            }
        }
    }
}
```

**說明**

1. 當 a=2 且 b=3 時，才會輸出變數 t 和變數 c 的值。

2. 第一個 for 迴圈，當 a=2 時，使 c=a=2，t=item[2]='3'。
   第二個 for 迴圈，當 b=3 時，因 item[b] < t ⇨ item[3] < '3' ⇨ '1' < '3' 條件成立，
   使 c=b ⇨ c=3，t = item[b] = item[3] = '1'。因所輸出的 t 變數值和 c 變數值分別為
   1, 3。答案是(B)，程式檔請參考 test_33.c。

## 題目 (**34**)

右側 switch 敘述程式碼可以如何以 if-else 改寫？

(A)　if (x == 10) y = 'a';
　　 if (x == 20 || x == 30) y = 'b';
　　 y = 'c' ;

(B)　if (x == 10) y = 'a';
　　 else if (x == 20 || x == 30) y ='b' ;
　　 else y = 'c' ;

(C)　if (x == 10) y = 'a';
　　 if (x>=20 && x <= 30) y = 'b';
　　 Y = 'c';

```c
switch (x) {
    case 10: y = 'a'; break;
    case 20:
    case 30: y = 'b'; break;
    default: y = 'c';
}
```

(D)   if (x == 10) y = 'a';
      else if(x>=20 && x <= 30) y = 'b';
      else y = 'c';

**說明**

1. 當 swtich 敘述的 x 值為 10 則 y 為 'a'；x 值為 20 或 30 則 y 為 'b'；若 x 為其他值時則 y 為 'c'；因此本題適合的答案為 (B)。

### 題目 (35)

給定右側 G()，K() 兩函式，執行 G(3) 後所回傳的值為何？

(A) 5

(B) 12

(C) 14

(D) 15

```
01 int K(int a[], int n) {
02    if (n >= 0)
03       return (K(a, n-1) + a[n]);
04    else
05       return 0;
06 }
07
08 int G(int n) {
09    int a[] = {5,4,3,2,1};
10    return K(a,n);
11 }
```

**說明**

1. G(3) = K(a,3) = K(a,2) + a[3] = K(a,1) + a[2] + 2 = K(a,0) + a[1] + 3 + 2 = K(a,-1) + a[0] + 4 + 5 = 0 + 5 + 9 = 14。答案是(C)，程式檔請參考 test_35.c。

### 題目 (36)

右側程式碼執行後輸出結果為何？

(A) 3      (B) 4      (C) 5      (D) 6

```
int a=2, b=3;
int c=4, d=5;
int val;
val = b / a + c / b + d / b;
printf("%d\n", val);
```

**說明**

1. 因為 / (除)運算子的優先順序高於 + (加)，所以會先做除法才作加法運算。

2. 因為變數的資料型別都是整數，所以除法會採用整數除法，也就是小數部份會被無條件捨去。(3 / 2) + (4 / 3) + (5 / 3)運算式計算結果為 3( 1 + 1 + 1)，val = 3 所以答案為(A)，程式請參考 test_36.c。

### 題目 (37)

右側程式碼執行後輸出結果為何？

(A) 2 4 6 8 9 7 5 3 1 9

(B) 1 3 5 7 9 2 4 6 8 9

(C) 1 2 3 4 5 6 7 8 9 9

(D) 2 4 6 8 5 1 3 7 9 9

```
01 int a[9] = {1, 3, 5, 7, 9, 8, 6, 4, 2};
02 int n=9, tmp;
03
04 for(int i=0; i<n; i=i+1) {
05    tmp = a[i];
06    a[i] = a[n-i-1];
07    a[n-i-1] = tmp;
08 }
09 for(int i=0; i<=n/2; i=i+1)
10    printf("%d %d ", a[i], a[n-i-1]);
```

說明

1. 答案是(C)，程式檔請參考 test_37.c。

2. 第 04~08 行：使用 for 迴圈作陣列元素互換，互換後 a[9] = {1, 3, 5, 7, 9, 8, 6, 4, 2}。

3. 第 09~10 行：

當 i = 0 時，a[i]=a[0]=1，a[n-i-1]=a[9-0-1]=a[8]=2，印出 1 2。

當 i = 1 時，a[i]=a[1]=3，a[n-i-1]=a[9-1-1]=a[7]=4，印出 3 4。

當 i = 2 時，a[i]=a[2]=5，a[n-i-1]=a[9-2-1]=a[6]=6，印出 5 6。

當 i = 3 時，a[i]=a[3]=7，a[n-i-1]=a[9-3-1]=a[5]=8，印出 7 8。

當 i = 4 時，a[i]=a[4]=9，a[n-i-1]=a[9-4-1]=a[4]=9，印出 9 9。

### 題 目（38）

右側函式以 F(7) 呼叫後回傳值為 12，則 <condition> 應為何？

(A) a < 3

(B) a < 2

(C) a < 1

(D) a < 0

```
01 int F(int a) {
02    if (  <condition>  )
03       return 1;
04    else
05       return F(a-2) + F(a-3);
06 }
```

說明

1. 逐一將選項代入核對執行結果，答案是(D)，程式檔請參考 test_38.c。

2. F(7) = F(5) + F(4) = F(3)+F(2) + F(2)+F(1)

= F(1)+F(0) + F(0)+F(-1) + F(0)+F(-1) + F(-1)+F(-2)

= F(-1)+F(-2) + F(-2)+F(-3) + F(-2)+F(-3) +1+F(-2) +F(-3)+1 +1+1

= 12

### 題 目（39）

若 n 為正整數，右側程式三個迴圈執行完畢後 a 值將為何？

(A) $n(n+1)/2$　　　(B) $n^3/2$

(C) $n(n-1)/2$　　　(D) $n^2(n+1)/2$

```
int a=0, n;
   …
for (int i=1; i<=n; i=i+1)
   for (int j=i; j<=n; j=j+1)
      for (int k=1; k<=n; k=k+1)
         a = a + 1;
```

說明

1. 答案是 (D)。

2. 若只有第三個 for 迴圈執行完畢，則會是 a = 1+2+3+...+(n-2)+(n-1)+n，此時 a = (n+1)/2。而第二個 for 迴圈執行了 n 次，第三個 for 迴圈執行了 n 次，所以 a = n*n*(n+1)/2 = $n^2(n+1)/2$。

### 題目 (40)

下面哪組資料若依序存入陣列中，將無法直接使用二分搜尋法搜尋資料？

(A) a, e, i, o, u　　　　　　(B) 3, 1, 4, 5, 9

(C) 10000, 0, -10000　　　(D) 1, 10, 10, 10, 100

說明

1. 若要使用二分搜尋法搜尋陣列資料，該陣列資料必須先排序。而選項(B)的資料沒有依大小排序，所以答案是(B)。

### 題目 (41)

右側是根據分數 s 評定等第的程式碼片段，正確的等第公式應為：

90~100 判斷為 A 等、80~89 判斷為 B 等、

70~79 判斷為 C 等、60~69 判斷為 D 等、

0~59 判斷為 F 等

這段程式碼在處理 0~100 的分數時，有幾個分數等第是錯的？

(A) 20　　(B) 11　　(C) 2　　(D) 10

```c
if (s>=90) {
    printf("A \n");
}
else if (s>=80) {
    printf("B \n");
}
else if (s>60) {
    printf("D \n");
}
else if (s>70) {
    printf("C \n");
}
else {
    printf("F \n");
}
```

說明

1. if 選擇結構會由上向下執行，因為 else if (s>70) 敘述放在 else if (s>60) 下面，所以 70~79 十個分數會判斷錯誤。另外，else if (s>60) 敘述應改為 else if (s>=60)，不然分數 60 也會判斷錯誤。總共有 11 個分數會被判斷錯誤，所以答案是(B)，程式檔請參考 test_41.c。

### 題目 (42)

右側主程式執行完三次 G()的呼叫後，p 陣列中有幾個元素的值為 0？

(A) 1

(B) 2

(C) 3

(D) 4

```c
int K (int p[], int v){
    if (p[v]!=v) {
        p[v] = K(p, p[v]);
    }
    return p[v];
}
void G(int p[], int l, int r){
    int a=K(p, l), b=K(p, r);
    if (a!=b) {
        p[b]=a;
    }
}
int main(void){
    int p[5]={0, 1, 2, 3, 4};
    G(p, 0, 1);
    G(p, 2, 4);
    G(p, 0, 4);
    return 0;
}
```

說明

1. p[5] = {0, 1, 2, 3, 4}

   呼叫　G(p, 0, 1)　時

   a = K(p, 0) → return p[0]，故　a = p[0] = 0

   b = K(p, 1) → return p[1]，故　b = p[1] = 1

   由於符合　if (a!=b)　條件，所以　p[b]=a → p[1]=0

   故　p[5] = {0, 0, 2, 3, 4}

2. 呼叫　G(p, 2, 4)　時

   a = K(p, 2) → return p[2]，故　a = p[2] = 2

   b = K(p, 4) → return p[4]，故　b = p[4] = 4

   由於符合　if (a!=b)　條件，所以　p[b]=a → p[4]=2

   故　p[5] = {0, 0, 2, 3, 2}

3. 呼叫　G(p, 0, 4)　時

   a = K(p, 0) → return p[0]，故　a = p[0] = 0

   b = K(p, 4) → return p[4]，故　b = p[4] = 2

   由於符合　if (a!=b)　條件，所以　p[b]=a → p[2]=0

   故　p[5] = {0, 0, 0, 3, 2}。答案是(C)，程式檔請參考 test_42.c。

## 題目 (43)

右側程式片段執行後，count
的值為何？

(A) 36

(B) 20

(C) 12

(D) 3

```
01 int maze[5][5] = {{ 1, 1, 1, 1, 1 },
                     { 1, 0, 1, 0, 1 },
                     { 1, 1, 0, 0, 1 },
                     { 1, 0, 0, 1, 1 },
                     { 1, 1, 1, 1, 1 }};
02 int count=0;
03 for(int i=1; i<=3; i=i+1) {
04     for(int j=1; j<=3; j=j+1) {
05         int dir[4][2] = {{-1,0},{0,1},{1,0},{0,-1}};
06         for(int d=0; d<4; d=d+1) {
07             if (maze[i+dir[d][0]][j+dir[d][1]]==1) {
08                 count = count + 1;
09             }
10         }
11     }
12 }
```

說明

1. 此題為模擬一個迷宮的陣列，用來檢查陣列內各元素
   可以移動的位置數。

2. 例如 [1,1] 使用第 6~10 行的 for 迴圈，利用 dir[4][2]
   陣列向上、下、左、右四個方向檢查，若元素值為 1
   時 count 就加 1，所以可移動位置數為 4。

3. 第 3、4 行的巢狀 for 迴圈，用來逐一檢查[1,1]~[3,3]
   陣列元素。

| j\i | 0 | 1 | 2 | 3 | 4 |
|-----|---|---|---|---|---|
| 0 | 1 | 1 | 1 | 1 | 1 |
| 1 | 1 | 0 | 1 | 0 | 1 |
| 2 | 1 | 1 | 0 | 0 | 1 |
| 3 | 1 | 0 | 0 | 1 | 1 |
| 4 | 1 | 1 | 1 | 1 | 1 |

4. count=4+1+3+1+2+2+3+2+2=20，答案是(B)，程式檔請參考 test_43.c。

### 題目 (44)

假設 x、y、z 為布林(boolean)變數，且 x = TRUE、y = TRUE、z = FALSE。
請問下面各布林運算式的真假值依序為何？( TRUE 表真、FALSE 表假)

```
!(y || z) || x
!y || (z || !x)
z || (x && (y || z))
(x || x) && z
```

(A) TRUE    FALSE    TRUE    FALSE     (B) FALSE    FALSE    TRUE    TRUE
(C) FALSE    TRUE    TRUE    FALSE     (D) TRUE    TRUE    FALSE    TRUE

說明

1. !(y || z) || x ⇨ !(TRUE || FALSE) || TRUE ⇨ !(TRUE) || TRUE ⇨
   FALSE || TRUE ⇨ TRUE。

2. !y || (z || !x) ⇨ !TRUE || (FALSE || !TRUE) ⇨ FALSE || (FALSE || FALSE) ⇨
   FALSE || FALSE ⇨ FALSE。

3. z || (x && (y || z)) ⇨ FALSE || (TRUE && (TRUE || FALSE)) ⇨
   FALSE || (TRUE && TRUE ) ⇨ FALSE || TRUE ⇨ TRUE。

4. (x || x) && z ⇨ (TRUE || TRUE) && FALSE ⇨ TRUE && FALSE ⇨ FALSE。

5. 根據各邏輯運算式的結果答案為(A)  ，程式請參考 test_44.c。

### 題目 (45)

右側程式片段執行過程的輸出為何？

(A) 44      (B) 52      (C) 54      (D) 63

```
int i, sum, arr[10];
for(i=0; i<10; i=i+1)
  arr[i]=i;
sum = 0;
for(int i=1; i<9; i=i+1)
  sum = sum-arr[i-1]+arr[i]+arr[i+1];
printf("%d", sum);
```

說明

1. 第一個 for 迴圈設定 arr 陣列初值，
   使arr[10]={0, 1, 2, 3, 4, 5, 6, 7, 8, 9}。

2. 第二個 for 迴圈執行時，當 i=1 時 sum=0-0+1+2=3；當 i=2 時 sum=3-1+2+3=7 ... ;
   當 i=8 時 sum=42-7+8+9=52。答案是(B)，程式檔請參考 test_45.c。

### 題目 (46)

右側程式片段中執行後若要印出下列圖案，
 (a)  的條件判斷式該如何設定？

```
******
 ****
  **
```

```
for(int i=0; i<=3; i=i+1) {
    for (int j=0; j<i; j=j+1)
        printf(" ");
    for (int k=6-2*i; (a) ; k=k-1)
        printf("*");
    printf("\n");
}
```

(A) k > 2      (B) k > 1      (C) k > 0      (D) k > -1

**說明**

1. 逐一代入選項核對是否符合結果，答案是 (C)，程式檔請參考 test_46.c。

2. 當 i = 0 時；j = 0，j<i 不成立，沒有輸出；k 會是 6,5,4,3,2,1，印出******
   當 i = 1 時；j = 0,1，j<i 成立 1 次，印出 1 空格；k 會是 4,3,2,1，印出****
   當 i = 2 時；j = 0,1,2，j<i 成立 2 次，印出 2 空格；k 會是 2,1，印出**
   當 i = 3 時；j = 0,1,2,3，j<i 成立 3 次，印出 3 空格；k 會是 0，沒有輸出

### 題目（47）

給定右側 G() 函式，執行 G(1) 後所輸出的值為何？

(A) 1 2 3                (B) 1 2 3 2 1
(C) 1 2 3 3 2 1          (D) 以上皆非

```
01 void G (int a){
02   printf("%d ", a);
03   if(a>=3)
04     return;
05   else
06     G(a+1);
07   printf("%d ", a);
08 }
```

**說明**

1. 答案是(B)，程式檔請參考 test_47.c。

2. 當 a=1 時，第 2 行先印出 1，第 6 行呼叫 G(a+1)→G(2)，第 7 行存入堆疊第一層。

3. 當 a=2 時，第 2 行先印出 2，第 6 行呼叫 G(a+1)→G(3)，第 7 行存入堆疊第二層。

4. 當 a=3 時，第 2 行先印出 3，第 3 行條件符合 return。

5. 取出堆疊第二層 G(3)時的第 7 行，印出 a 變數值 2。

6. 取出堆疊第一層 G(2)時的第 7 行，印出 a 變數值 1。

### 題目（48）

下列程式碼是自動計算找零錢程式的一部分，程式碼中的三個主要變數分別為 Total(購買總額)、Paid(實際支付金額)、Change(找零金額)。但是此程式片段有冗餘的程式碼，請找出冗餘程式碼的區塊。

(A) 冗餘程式碼在 A 區        (B) 冗餘程式碼在 B 區
(C) 冗餘程式碼在 C 區        (D) 冗餘程式碼在 D 區

```
01     int Total, Paid, Change;
02     Change = Paid - Total;
03     printf("500: %d pieces\n", (Change - Change % 500) / 500);
04     Change = Change % 500;
05
06     printf("100: %d pieces\n", (Change - Change % 100) / 100);
07     Change = Change % 100;
08
09     // A 區
```

```
10      printf("50: %d pieces\n", (Change - Change % 50) / 50);
11      Change = Change % 50;
12
13      // B 區
14      printf("10: %d pieces\n", (Change - Change % 10) / 10);
15      Change = Change % 10;
16
17      // C 區
18      printf("5: %d pieces\n", (Change - Change % 5) / 5);
19      Change = Change % 5;
20
21      // D 區
22      printf("1: %d pieces\n", (Change - Change % 1) / 1);
23      Change = Change % 1;
```

說明

1. 第 2 行：計算出找零總額 Change 變數。

2. 第 3 行：計算出找 500 元紙鈔的張數。

3. 第 4 行：計算出找 500 元後剩餘的找零總額。

4. 其餘程式碼分別計算找 100、50、10、5、1 元的數量。但是 19 行 Cnange 的值就已經是找 1 元的數量，所以第 22、23 行為冗餘程式碼答案為(D)，程式請參考 test_48.c。第 22、23 行可改寫為：
   printf("1: %d pieces\n", Change);

### 題目（49）

右側程式執行輸出為何？

(A) 0

(B) 10

(C) 25

(D) 50

說明

1. 第 8 行宣告 int A=0,m=5，使第 10 行 A=G(5)=5*5=25。因第 11 行 (m<10) ⇨ (5<10) if 條件成立，則 A = G(m) + A = G(5) + 25 = 25 + 25 = 50。答案是(D)，程式檔 test_49.c。

```
01 int G(int B) {
02    B = B * B;
03    return B;
04 }
05
06 int main()
07 {
08    int A=0, m=5;
09
10    A = G(m);
11    if(m<10)
12      A = G(m) + A;
13    else
14      A = G(m);
15
16    printf("%d \n", A);
17    return 0;
18 }
```

## 題目（50）

右側 G() 應為一支遞迴函式，已知當 a 固定為 2，不同的變數 x 值會有不同的回傳值如下表所示。請找出 G() 函式中 (a) 處的計算式該為何？

(A) ((2*a)+2) * G(a, x -1)

(B) (a+5) * G(a-1, x -1)

(C) ((3*a)-1) * G(a, x -1)

(D) (a+6) * G(a, x -1)

```
01 int G (int a, int x) {
02    if (x == 0)
03       return 1;
04    else
05       return ____(a)____ ;
06 }
```

| a 值 | x 值 | G(a, x) 回傳值 |
|------|------|---------------|
| 2 | 0 | 1 |
| 2 | 1 | 6 |
| 2 | 2 | 36 |
| 2 | 3 | 216 |
| 2 | 4 | 1296 |
| 2 | 5 | 7776 |

**說明**

1. 將 a, x 值逐一代入核對回傳值，結果答案是(A)，程式檔請參考 test_50.c。

2. 當 a=2, x=0 時，所有的選項皆執行第 3 行，回傳值皆是 1。

3. 當 a=2, x=1 時，執行第 5 行
   選項 (A) → ((2*a)+2) * G(a, x-1) = ((2*2)+2) * G(2, 0) = 6 * 1 = 6。
   選項 (B) → (a+5) * G(a-1, x-1) = (2+5) * G(1, 0) = 7 * 1 = 7。
   選項 (C) → ((3*a)-1) * G(a, x-1) = ((3*2)-1) * G(2, 0) = 5 * 1 = 5。
   選項 (D) → (a+6) * G(a, x-1) = (2+6) * G(2, 0) = 8 * 1 = 8。

## 題目（51）

請問右側程式，執行完後輸出為何？

(A) 2417851639229258349412352 7

(B) 68921 43

(C) 65537 65539

(D) 134217728 6

```
int i=2, x=3;
int N=65536;
while (i <= N){
    i = i * i * i;
    x = x + 1;
}
printf ("%d %d\n", i,x);
```

**說明**

1. 答案是 (D)，程式檔請參考 test_51.c。

2. while 迴圈共執行了三次。
   第一次：i = 2*2*2 = 8，x = 3+1 = 4。
   第二次：i = 8*8*8 = 512，x = 4+1 = 5。
   第三次：i = 512*512*512 = 134217728，x = 5+1 = 6。

### 題目 (52)

右側 G() 為遞迴函式，G(3, 7) 執行後回
傳值為何？

(A) 128      (B) 2187

(C) 6561    (D) 1024

```
01 int G (int a, int x) {
02   if (x == 0)
03     return 1;
04   else
05     return (a * G(a, x -1));
06 }
```

**說明**

1. 答案是(B)，程式檔請參考 test_52.c。

2. G(3,7) =3*G(3, 6) =3*3*G(3,5) =3*3*3*G(3,4) =3*3*3*3*G(3,3)=3*3*3*3*3*G(3,2)
= 3*3*3*3*3*3*G(3,1) = 3*3*3*3*3*3*3*G(3,0) = 3*3*3*3*3*3*3*1 = 2187

### 題目 (53)

右側函式若以 search (1, 10, 3) 呼叫時，
search 函式總共會被執行幾次？

(A) 2

(B) 3

(C) 4

(D) 5

```
01 void search(int x, int y, int z){
02   if(x < y) {
03     t = ceiling((x + y)/2);
04     if(z >= t)
05       search(t, y, z);
06     else
07       search(x, t-1, z);
08   }
09 }
```
註：ceiling() 為無條件進位至整數位。例如
ceiling(3.1)=4, ceiling(3.9)=4。

**說明**

1. 答案是(C)。

2. 當第 2 行 if(x < y) 不成立時，就不會再呼叫遞迴，即當 x >= y 時為遞迴的出口。

3. 第一次呼叫：search (1, 10, 3)，x=1, y=10, z=3，t = ceiling((1+10)/2)=6。
   因 (z >= t) 不成立，所以執行第 7 行 search(1, 6-1, 3)。

4. 第二次呼叫：search (1, 5, 3)，x=1, y=5, z=3，t = ceiling((1+5)/2)=3。
   因 (z >= t) 成立，所以執行第 5 行 search(3, 5, 3)。

5. 第三次呼叫：search (3, 5, 3)，x=3, y=5, z=3，t = ceiling((3+5)/2)=4。
   因 (z >= t) 不成立，所以執行第 7 行 search(3, 4-1, 3)。

6. 第四次呼叫：search (3, 3, 3)，x=3, y=3, z=3，t = ceiling((3+3)/2)=3。
   此時因 x==y，第 2 行 if(x < y) 不成立，使跳離遞迴。

### 題目（54）

給定一個 1x8 的陣列 A，A = {0, 2, 4, 6, 8, 10, 12, 14}。右側函式 Search(x) 真正目的是找到 A 之中大於 x 的最小值。然而，這個函式有誤。請問下列哪個函式呼叫可測出函式有誤？

(A) Search(-1)

(B) Search(0)

(C) Search(10)

(D) Search(16)

```
int A[8]={0, 2, 4, 6, 8, 10, 12, 14};

int Search (int x) {
    int high = 7;
    int low = 0;
    while(high > low) {
        int mid = (high + low)/2;
        if (A[mid] <= x) {
            low = mid + 1;
        }
        else {
            high = mid;
        }
    }
    return A[high];
}
```

**說明**

1. 答案是(D)，程式檔請參考 test_54.c。

2. 這個 Search(x) 函式是使用二分搜尋法來尋找 A 陣列中大於 x 的最小值。

3. Search(-1) 的回傳值為 0，而 0 > -1，沒有錯誤。
   Search(0) 的回傳值為 2，而 2 > 0，沒有錯誤。
   Search(10) 的回傳值為 12，而 12 > 10，沒有錯誤。
   Search(16) 的回傳值為 14，而 14 > 16，錯誤。

### 題目（55）

給定函式 A1()、A2()與 F()如下，以下敘述何者有誤？

(A) A1(5)印的 '*' 個數比 A2(5)多

(B) A1(13)印的 '*' 個數比 A2(13)多

(C) A2(14)印的 '*' 個數比 A1(14)多

(D) A2(15)印的 '*' 個數比 A1(15)多

```
void A1(int n){
    F(n/5);
    F(4*n/5);
}
```

```
void A2(int n){
    F(2*n/5);
    F(3*n/5);
}
```

```
void F(int x) {
    int i;
    for(i=0; i<x; i=i+1)
        printf("*");
    if (x>1) {
        F(x/2);
        F(x/2);
    }
}
```

**說明**

1. 答案是(D)，程式檔請參考 test_55.c。

2. 先了解由 F(x) 函式代入不同 x 參數，分別所印出的 '*' 個數：
   F(1) → 1 '*'
   F(2) → 2 '*' + F(2/2) + F(2/2) → 2 '*' + F(1) + F(1) → 4 個 '*'
   F(3) → 3 '*' + F(3/2) + F(3/2) → 3 '*' + F(1) + F(1) → 5 個 '*'
   F(4) → 4 '*' + F(4/2) + F(4/2) → 4 '*' + F(2) + F(2) → 12 個 '*'
   F(5) → 5 '*' + F(5/2) + F(5/2) → 5 '*' + F(2) + F(2) → 13 個 '*'
   F(6) → 6 '*' + F(6/2) + F(6/2) → 6 '*' + F(3) + F(3) → 16 個 '*'
   F(7) → 7 '*' + F(7/2) + F(7/2) → 7 '*' + F(3) + F(3) → 17 個 '*'

F(8) → 8 '*' + F(8/2) + F(8/2) → 8 '*' + F(4) + F(4) → 32 個 '*'

F(9) → 9 '*' + F(9/2) + F(9/2) → 9 '*' + F(4) + F(4) → 33 個 '*'

F(10) → 10 '*' + F(10/2) + F(10/2) → 10 '*' + F(5) + F(5) → 36 個 '*'

F(11) → 11 '*' + F(11/2) + F(11/2) → 11 '*' + F(5) + F(5) → 37 個 '*'

F(12) → 12 '*' + F(12/2) + F(12/2) → 12 '*' + F(6) + F(6) → 44 個 '*'

3. 選項 (A)

  A1(5) = F(5/5) + F(4*5/5) = F(1) + F(4) = 1 '*'+ 12 '*' = 13 個 '*'

  A2(5) = F(2*5/5) + F(3*5/5) = F(2) + F(3) = 4 '*'+ 5 '*' = 9 個 '*'

選項 (B)

  A1(13) = F(13/5) + F(4*13/5) = F(2) + F(10) = 4 '*'+ 36 '*' = 40 個 '*'

  A2(13) = F(2*13/5) + F(3*13/5) = F(5) + F(7) = 13 '*'+ 17 '*' = 30 個 '*'

選項 (C)

  A1(14) = F(14/5) + F(4*14/5) = F(2) + F(11) = 4 '*'+ 37 '*' = 41 個 '*'

  A2(14) = F(2*14/5) + F(3*14/5) = F(5) + F(8) = 13 '*'+ 32 '*' = 45 個 '*'

選項 (D)

  A1(15) = F(15/5) + F(4*15/5) = F(3) + F(12) = 5 '*'+ 44 '*' = 49 個 '*'

  A2(15) = F(2*15/5) + F(3*15/5) = F(6) + F(9) = 16 '*'+ 33 '*' = 49 個 '*'

## 題目 (56)

右側 F()函式回傳運算式該如何寫，才會使得 F(14) 的回傳值為 40？

(A) n * F(n-1)　　　(B) n + F(n-3)

(C) n - F(n-2)　　　(D) F(3n+1)

```
01 int F(int n){
02   if (n < 4)
03     return n;
04   else
05     return _____?_____;
06 }
```

說明

1. 答案是(B)，程式檔請參考 test_56.c。

2. 當第 2 行 if(n < 4) 成立時，回傳 n 做為遞迴的出口。而若 n >= 4 時，皆會執行第 5 行進入遞迴。

3. 選項 (A)

  n * F(n-1) = 14*F(14-1) = 14*13*F(13-1) = … = 14*13*12*…*5*4 遠大於 40。

選項 (B)

  n + F(n-3) = 14+F(14-3) = 14+11+F(11-3) = 14+11+8+5+2 = 40。

選項 (C)

  n - F(n-2) = 14-F(12) = 14-12+F(10) = 14-12+10-8+6-4+2 = 8。

選項 (D)

  F(3n+1)，因為 n 會越來越大，遞迴沒有出口。

## 題目（**57**）

右側函式兩個回傳式分別該如何撰寫，才能正確計算並回傳兩參數 a, b 之最大公因數 (Greatest Common Divisor)？

(A) a, GCD(b,r)　　　　(B) b, GCD(b,r)

(C) a, GCD(a,r)　　　　(D) b, GCD(a,r)

```
01 int GCD(int a, int b) {
02    int r;
03    r = a%b;
04    if (r==0)
05       return _____ ;
06    return _____ ;
07 }
```

**說明**

1. 本題是使用輾轉相除法求兩大小不同整數的最大公約數 GCD(a,b)。其步驟是使較大數 a 為被除數，較小數 b 為除數。使用取餘數相除 (第 3 行)，若整除餘數 r 為 0，則回傳較小數 b (第 5 行)；否則，較小數 b 改為較大數，餘數 r 改為較小數，進入遞迴 GCD(b,r) 函式 (第 6 行)。答案是(B)。

## 題目（**58**）

若 A 是一個可儲存 n 筆整數的陣列，且資料儲存於 A[0]~A[n-1]。經過右側程式碼運算後，以下何者敘述不一定正確？

(A) p 是 A 陣列資料中的最大值

(B) q 是 A 陣列資料中的最小值

(C) q < p

(D) A[0] <= p

```
int A[n]={ … };
int p = q = A[0];
for(int i=1; i<n; i=i+1) {
    if (A[i] > p)
        p = A[i];
    if(A[i] < q)
        q = A[i];
}
```

**說明**

1. 程式碼運算後，p、q 會分別記錄 A 陣列的最大和最小值。但當陣列元素內容皆一樣時，q < p 就不成立了，所以答案是(C)。

## 題目（**59**）

若 A[][] 是一個 M × N 的整數陣列，右側程式片段用以計算 A 陣列每一列的總和。以下敘述何者正確？

```
01 void main() {
02   int rowSum = 0;
03   for(int i=0; i<M; i=i+1){
04     for(int j=0; j<N; j=j+1){
05       rowSum = rowSum + A[i][j];
06     }
07   printf("The sum of row %d is %d. \n",i, rowSum);
08 }
```

(A) 第一列總和是正確，但其它列總和不一定正確

(B) 程式片段在執行時會產生錯誤(run-time error)

(C) 程式片段有語法上的錯誤

(D) 程式片段會完成執行並正確印出每一列的總和

說明

1. 把第 2 行的 int rowSum = 0; 敘述，放到第 3 行 for(int i=0; i<M; i=i+1) 迴圈，與第 4 行 for(int j=0; j<N; j=j+1) 迴圈之間，程式片段就完全正確了，答案是(A)。

**題目 (60)**

若以 B(5,2) 呼叫右側 B() 函式，總共會印出幾次 "base case"？

(A) 1　　(B) 5　　(C) 10　　(D) 19

```
int B (int n, int k){
    if (k == 0 || k == n){
        printf("base case\n");
        return 1;
    }
    return B(n-1,k-1)+B(n-1,k);
}
```

說明

1. 當 k == 0 或 k == n 時，才會印出"base case"。

2. B(5,2) = B(4,1)+B(4,2) = B(3,0)+B(3,1) + B(3,1)+B(3,2) = 1 + 2*B(3,1) + B(3,2) 次
   B(3,1) = B(2,0)+B(2,1) = 1 + B(1,0) + B(1,1) = 3 次
   B(3,2) = B(2,1)+B(2,2) = B(1,0) + B(1,1) + 1 = 3 次
   所以 B(5,2) = 1 + 2*B(3,1) + B(3,2) 次 = 1 + 2*3 + 3 次 = 10 次，答案是(C)

**題目 (61)**

給定右側程式，其中 s 有被宣告為全域變數，請問程式執行後輸出為何？

(A) 1,6,7,7,8,8,9

(B) 1,6,7,7,8,1,9

(C) 1,6,7,8,9,9,9

(D) 1,6,7,7,8,9,9

```
01 int s=1;
02 void add(int a) {
03    int s=6;
04    for(  ; a>=0; a=a-1) {
05       printf("%d,", s);
06       s++;
07       printf("%d,", s);
08    }
09 }
10
11 int main() {
12    printf("%d,", s);
13    add(s);
14    printf("%d,", s);
15    s=9;
16    printf("%d,", s);
17    return 0;
18 }
```

說明

1. 答案是(B)，程式檔請參考 test_61.c。

2. 第 1 行：宣告整數變數 s 為全域變數。

3. 第 12 行：因為 s 為全域變數，所以執行此行敘述時會顯示「1,」。

4. 第 13 行：呼叫 add 函式傳入引數值為 1。

5. 第 3 行：宣告整數變數 s 為 add 函式的區域變數，並設初值為 6。

6. 第 4~8 行：for 迴圈因為 a=1 所以會執行兩次，會顯示「6,7,7,8,」。

7. 第 14 行：雖然區域變數 s 值為 8，但是不影響 main 函式所以會顯示「1,」。

8. 第 15~16 行：重設全域變數 s 值為 9，所以會顯示「9,」。

**題目（62）**

右側 F() 函式執行時，若輸入依序為整數 0, 1, 2, 3, 4, 5, 6, 7, 8, 9，請問 X[] 陣列的元素值依順序為何？

```
int i, X[10]={0};
for(i=0; i<10; i=i+1) {
    scanf("%d", &X[(i+2)%10]);
}
```

(A) 0, 1, 2, 3, 4, 5, 6, 7, 8, 9　(B) 2, 0, 2, 0, 2, 0, 2, 0, 2, 0

(C) 9, 0, 1, 2, 3, 4, 5, 6, 7, 8　(D) 8, 9, 0, 1, 2, 3, 4, 5, 6, 7

說明

1. 答案是(D)，程式檔請參考 test_62.c。

2. 所輸入的數值依序存入陣列元素的索引順序為：
    X[2]=0, X[3]=1, X[4]=2 , ... , X[9]=7, X[0]=8, X[1]=9

**題目（63）**

若以 G(100) 呼叫右側函式後，n 的值為何？

(A) 25

(B) 75

(C) 150

(D) 250

```
01 int n = 0;
02 void K (int b) {
03     n = n + 1;
04     if (b % 4)
05         K(b+1);
06 }
07 void G (int m) {
08     for (int i=0; i<m; i=i+1) {
09         K(i);
10     }
11 }
```

說明

1. 答案是(D)，程式檔請參考 test_63.c。

2. 呼叫 G(100) 執行第 7 行，會依序呼叫 K(0) ～ K(99)。

3. 參數 b 以 0 ～ 99 呼叫 K(b) 時，b % 4 = r
    若 r = 0，即 b 為 4 的倍數，則以 b 為參數呼叫 K() 函式 1 次，n 累加 1。
    若 r = 1，則分別以 b, b+1, b+2, b+3 為參數呼叫 K() 函式 4 次，n 累加 4。
    若 r = 2，則分別以 b, b+1, b+2 為參數呼叫 K() 函式 3 次，n 累加 3。
    若 r = 3，則分別以 b, b+1 為參數呼叫 K() 函式 2 次，n 累加 2。

4. b=0~99 呼叫 K(b)，用 4 取餘數相除的過程有 25 個循環，每一次 n 共累加 10，故共累加 25*10 = 250。

**題目（64）**

若 A[1]、A[2]，和 A[3] 分別為陣列 A[] 的三個元素(element)，下列那個程式片段可以將 A[1]和 A[2] 的內容交換？

(A) A[1] = A[2]; A[2] = A[1];　　　　(B) A[3] = A[1]; A[1] = A[2]; A[2] = A[3];

(C) A[2] = A[1]; A[3] = A[2]; A[1] = A[3];　　(D) 以上皆可

說明

1. 可以利用 A[3]暫存 A[1]元素值，然後 A[1]儲存 A[2]元素值，最後將 A[2]儲存 A[3] 元素值，就可以將 A[1]和 A[2] 的內容交換，答案是(B)。

題目（65）

若函數 rand()的回傳值為一介於 0 和 10000 之間的亂數，下列哪個運算式可以產 生介於 100 和 1000 之間的任意數(包含 100 和 1000)？

(A) rand() % 900 + 100          (B) rand() % 1000 + 1
(C) rand() % 899 + 101          (D) rand() % 901 + 100

說明

1. 要利用會回傳 0～10000 亂數值的 rand() 函式，設計可以產生介於 100 和 1000 之 間任意數的運算式，其運算式為 rand() % 901 + 100，答案為(D)。

2. 利用 % 取餘數的運算子可以算出 0～ 除數-1 之間的值，因為最小值為 100，所 以運算式要加 100。最大值為 1000，所以除數為 901 (1000 – 100 + 1)。

題目（66）

右側程式片段無法正確列印 20 次的 "Hi!"，
請問下列哪一個修正方式仍無法正確列印 20
次"Hi!"？

```
for (int i=0; i<=100; i=i+5) {
    Printf("%s\n", "Hi!");
}
```

(A) 需要將 i<100 和 i=i+5 分別修正為 i<20 和 i=i+1
(B) 需要將 i=0 修正為 i=5
(C) 需要將 i<=100 修正為 i<100;
(D) 需要將 i=0 和 i<=100 分別修正為 i=5 和 i<100

說明

1. 答案是 (D)。

2. 原程式碼中，i 值分別為 0,5,10,15,...,95,100，迴圈共執行了 21 次。
   選項(A)的修正方式，i 值分別為 0,1,2,3,...,19,20，迴圈共執行了 20 次。
   選項(B)的修正方式，i 值分別為 5,10,15,20,...,95,100，迴圈共執行了 20 次。
   選項(C)的修正方式，i 值分別為 0,5,10,15,...,90,95，迴圈共執行了 20 次。
   選項(D)的修正方式，i 值分別為 5,10,15,...,90,95，迴圈共執行了 19 次。

**題目（67）**

若以 F(15) 呼叫右側 F() 函式，總共會印出幾行數字？

(A) 16 行

(B) 22 行

(C) 11 行

(D) 15 行

```
01 void F(int n){
02    printf("%d\n", n);
03    if((n%2 == 1)&&(n > 1)){
04        return F(5*n+1);
05    }
06    else {
07        if(n%2 == 0)
08            return F(n/2);
09    }
10 }
```

**說明**

1. 答案是(D)，程式檔請參考 test_67.c。

2. 當第 3 行 if((n%2 == 1)&&(n > 1)) 條件成立時，呼叫 F(5*n+1) 遞迴函式；而且第 7 行 if(n%2 == 0) 條件成立，為呼叫 F(n/2) 遞迴函式。

3. F(15) → 印出 15，呼叫 F(5*15+1) = F(76)
   F(76) → 印出 76，呼叫 F(76/2) = F(38)
   F(38) → 印出 38，呼叫 F(38/2) = F(19)
   F(19) → 印出 19，呼叫 F(5*19+1) = F(96)
   F(96) → 印出 96，呼叫 F(96/2) = F(48)
   F(48) → 印出 48，呼叫 F(48/2) = F(24)
   F(24) → 印出 24，呼叫 F(24/2) = F(12)
   F(12) → 印出 12，呼叫 F(12/2) = F(6)
   F(6) → 印出 6，呼叫 F(6/2) = F(3)
   F(3) → 印出 3，呼叫 F(5*3+1) = F(16)
   F(16) → 印出 16，呼叫 F(16/2) = F(8)
   F(8) → 印出 8，呼叫 F(8/2) = F(4)
   F(4) → 印出 4，呼叫 F(4/2) = F(2)
   F(2) → 印出 2，呼叫 F(2/2) = F(1)
   F(1) → 印出 1，跳離遞迴函式
   共印出 15 行數字

**題目（68）**

給定右側函式 F()，執行 F() 時哪一行程式碼可能永遠不會被執行到？

(A) a = a + 5

(B) a = a + 2

(C) a = 5;

(D) 每一行都執行得到

```
01 void F(int a) {
02    while (a < 10)
03        a = a + 5;
04    if (a < 12)
05        a = a + 2;
06    if (a <= 11)
07        a = 5;
08 }
```

說明

1. 第 2~3 行：跳離 while 迴圈的條件是，a 必須大於等於 10。

2. 當 a 為 10 或 11 時，會符合第 4 行 if (a < 12) 的條件，而執行第 5 行，使得 a 為 12 或 13 時。

3. 當 a 為 12 或 13 時，不會符合第 6 行 if (a <=11) 的條件。因此不會有機會執行到第 7 行的敘述，所以答案是(C)。

### 題目（69）

給定右側函式 F()，已知 F(7) 回傳值為 17，且 F(8) 回傳值為 25，請問 if 的條件判斷式應為何？

(A) a % 2 != 1　　(B) a * 2 > 16

(C) a + 3 < 12　　(D) a * a < 50

```
void F(int a) {
    if ( _____?_____ )
        return a * 2 + 3;
    else
        return a * 3 + 1;
}
```

說明

1. F(7) 回傳值 17，是使用 return a * 2 + 3; 敘述傳出的值。表示符合 if 的條件式。目前成立的條件式選項有(A) (C) (D)。

2. F(8) 回傳值 25，是使用 return a * 3 + 1; 敘述傳出的值。表示不符合 if 的條件式。目前不成立的條件式選項有(D)，所以答案是(D)。

### 題目（70）

給定右側函式 F()，F()執行完所回傳的 x 值為何？

(A) $n(n+1)\sqrt{\lceil \log_2 n \rceil}$

(B) n2(n+1) / 2

(C) $n(n+1)\lfloor \log_2 n + 1 \rfloor$

(D) n(n+1) / 2

```
int F (int n) {
    int x = 0;
    for(int i=1; i<=n; i=i+1)
        for(int j=i; j<=n; j=j+1)
            for(int k=1;k<=n; k=k*2)
                x = x + 1;
    return x;
}
```

說明

1. 答案是(C)。

2. 前兩個 for 迴圈執行的次數為 n+(n-1)+(n-2)+...+1 = n*(n+1)/2 次。

3. 第三個 for 迴圈執行的次數為 $\lceil \log_2 n + 1 \rceil$ 次。

4. x 值是三個內外迴圈執行完的總次數，為 n*(n+1)* $\lceil \log_2 n + 1 \rceil$ / 2 次。

## 題目（**71**）

右側程式執行完畢後所輸出值為何？

(A) 12

(B) 24

(C) 16

(D) 20

```c
int main(){
    int x= 0, n = 5;
    for(int i=1; i<=n; i=i+1)
        for(int j=1; j<=n; j=j+1){
            if((i+j)==2)
                x = x + 2;
            if((i+j)==3)
                x = x + 3;
            if((i+j)==4)
                x = x + 4;
        }
    printf ("%d\n", x);
    return 0;
}
```

### 說明

1. 答案是 (D)，程式檔請參考 test_71.c。

2. 當 i=1。j=1 時，x = 0+2 = 2。j=2 時，x = 2+3 = 5。j=3 時，x = 5+4 = 9。

　　當 i=2。j=1 時，x = 9+3 = 12。j=2 時，x = 12+4 = 16。

　　當 i=3。j=1 時，x = 16+4 = 20。

　　當 i=4 和 i=5 時，進入 for(int j=1; j<=n; j=j+1){ }後，沒有條件符合。

## 題目（**72**）

右側程式擬找出陣列 A[] 中的最大值和最小值。不過，這段程式碼有誤，請問 A[] 初始值如何設定就可以測出程式有誤？

(A) {90, 80, 100}

(B) {80, 90, 100}

(C) {100, 90, 80}

(D) {90, 100, 80}

```c
int main () {
  int M = -1, N = 101, s = 3;
  int A[] = _____?_____;

  for (int i=0; i<s; i=i+1) {
    if (A[i]>M) {
      M = A[i];
    }
    else if (A[i]<N) {
      N = A[i];
    }
  }
  printf("M = %d, N= %d\n", M, N);
  return 0;
}
```

### 說明

1. 答案是(B)，程式檔請參考 test_72.c。

2. 若選項(B)的資料為 A[] 的初始值，即 A[] = {80, 90, 100}。

　　當 i=0 時，A[0]=80，則 if (A[0]>-1) 條件成立，使 M = A[0] = 80。

　　當 i=1 時，A[1]=90，則 if (A[1]>80) 條件成立，使 M = A[1] = 90。

　　當 i=2 時，A[1]=100，則 if (A[2]>90) 條件成立，使 M = A[2] = 100。

　　結果最大值 M=100，而最小值 N=101 一直沒有改變。最小值比最大值大，故程式設計顯然有錯誤。

## 題目 (73)

小藍寫了一段複雜的程式碼想考考你是否了解函式的執行流程。請回答程式最後輸出的數值為何？ (A) 70　　(B) 80　　(C) 100　　(D) 190

**說明**

1. 答案是(A)，程式檔請參考 test_73.c。

2. 第 1 行：宣告全域變數 g1=30，g2=20
   第 18 行：g2 = f1(g2) = f1(0) = ?
   第 4,5 行：int g1=10，f1(0)傳回值
   　　　　　　=10+0=10，故 g2=10
   第 19 行：f2(f2(g2)) = f2(f2(10)) = ?
   第 10 行：v=v+c+g1;
   　　　　　　= 10+10+30=50
   第 11 行：g1=10
   第 13 行：傳回值 50，所以 f2(f2(10)) = f2(50) = ?
   第 10 行：v=v+c+g1=50+10+10=70
   第 13 行：傳回值 70，所以 f2(f2(10)) = f2(50) = 70

```
01  int g1 = 30, g2 = 20;
02
03  int f1(int v){
04      int g1 = 10;
05      return g1+v;
06  }
07
08  int f2(int v){
09      int c = g2;
10      v = v+c+g1;
11      g1 = 10;
12      c = 40;
13      return v;
14  }
15
16  int main(){
17      g2 = 0;
18      g2 = f1(g2);
19      printf("%d", f2(f2(g2)));
20      return 0;
21  }
```

## 題目 (74)

若以 F(5,2) 呼叫右側 F()函式，執行完畢後回傳值為何？

(A) 1　　　(B) 3　　　(C) 5　　　(D) 8

```
01  int F (int x,int y){
02    if(x<1)
03      return 1;
04    else
05      return F(x-y,y)+F(x-2*y,y);
06  }
```

**說明**

1. 答案是(C)，程式檔請參考 test_74.c。

2. F(5, 2) = F(5-2, 2) + F(5-2*2, 2) = F(3, 2) + F(1, 2)
   　　　　= F(1, 2) + F(-1, 2) + F(1, 2) = 2* F(1, 2) + 1
   　　　　= 2 * (F(-1, 2) +F(-3, 2)) + 1 = 2 * 2 + 1 = 5

## 題目 (75)

若要邏輯判斷式 !(x1 || x2) 計算結果為真(True)，則 x1 與 x2 的值分別應為何？
(A) x1 為 False，x2 為 False　　　(B) x1 為 True，x2 為 True
(C) x1 為 True，x2 為 False　　　(D) x1 為 False，x2 為 True

**說明**

1. !(x1 || x2) 計算結果要為 True，則 x1 || x2 必須為 False，那 x1 與 x2 就都要為 False，所以答案為(A)。

# Python 開發環境
# 與程式基本觀念

開發 Python 語言的應用程式時，必須使用程式編輯器、編譯器、除錯器…等多種軟體。本書為配合 APCS 考場的系統環境，將採用 IDLE 軟體，以便考生平時就能習慣操作環境，應考時自然會有最佳的表現。安裝 IDLE 的步驟請參考附錄 B。

## 8.1 IDLE 整合開發環境介紹

在本節中將利用開發一個簡單的程式，來介紹在 IDLE 整合開發環境撰寫 Python 語言應用程式的基本操作步驟。

### 8.1.1 新增 Python 程式檔

1. 開啟 IDLE 整合開發環境：

   執行工作列 【 ⊞ 開始 / ▶ IDLE (Python 3.6 64-bit) 】 指令，就會進入 IDLE 整合開發環境的「Shell 視窗」。

2. 新增 Python 程式檔與存檔：

   執行功能列 【File / New file】 指令 (或按 Ctrl + N 快速鍵)，會開啟一個空白的「程式編輯視窗」。此時桌面上有「Shell」和「程式編輯」兩個視窗。

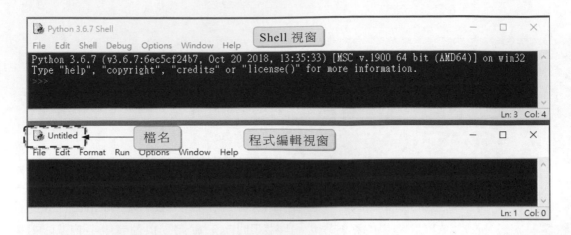

3. 儲存 Python 程式檔：

目前新增的程式檔尚未存檔，所以標題欄顯示為「Untitled」。先執行功能列 【File / Save】 指令存檔 (或按 Ctrl + S 快速鍵)，新增「C:\apcs\ex08\test」資料夾，以 test.py 為檔名儲存。Python 程式檔的副檔名為 .py。

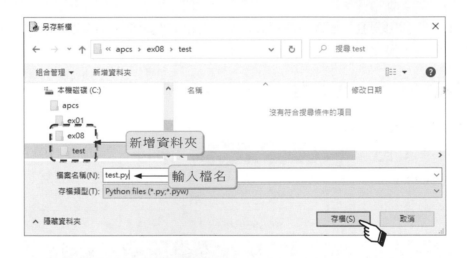

## 8.1.2 程式的撰寫、儲存與執行

利用上節所新增的 test.py 程式檔來編寫第一個 Python 程式，從中學習編輯程式碼、儲存以及執行程式的操作方式。

1. 在程式編輯視窗內編寫程式碼：

在程式編輯視窗內的空白行處，輸入下列的程式碼：

```
print("Hello Python 語言")
```

① Python 語言中敘述的結尾，不要用「；」分號字元結束，直接按 Enter↵ 鍵可以換行，按 空白鍵 會產生空格。

② 輸入程式碼時要注意，要用半形文字輸入英文和數字不要使用全形。另外，Python 語言字母有分大小寫，輸入時要特別注意。

③ 如果需要刪除敘述，可以用滑鼠拖曳選取，使敘述呈反白顯示後，按 Del 鍵刪除，或按 Backspace 鍵刪除前面字元。

④ 執行「print("Hello Python 語言")」敘述時，會將「Hello Python 語言」文字顯示在螢幕上。

2. 儲存程式檔：

當程式修改後，在程式編輯視窗的標題欄上，其檔名前後會加上 * 號，提醒使用者程式碼內容有修改。執行程式前檔案必須先儲存，所以執行功能表的【File / Save】指令儲存程式檔。

3. 執行程式：

執行功能表的【Run / Run Module】指令，或是按 F5 快速鍵。此時會在 Shell 視窗的「=== RESTART: C:/apcs/ex08/test/test.py ===」下面，看到程式執行結果。

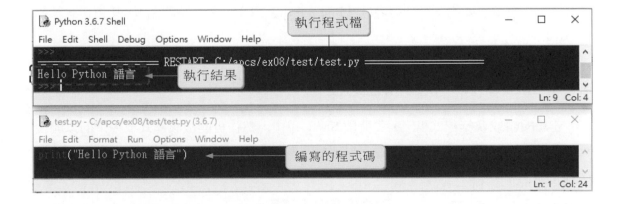

## 8.1.3 IDLE 整合開發環境介紹

IDLE 整合開發環境是 Python 官方的 IDE，整合 Python 語言應用程式所需要的編輯器、編譯器、連結器…等，提供程式設計者簡潔的操作環境。整合環境主要由「Shell

視窗」和「*程式編輯視窗*」所組成。Shell 視窗在「>>>」提示字元右邊,可以直接下指令並執行,或是觀看程式編輯視窗程式的執行結果。程式編輯視窗可以編輯、管理、執行程式檔,若需要多個程式檔一起編輯時,可以同時開啟多個程式編輯視窗。兩者都有功能表列將各種功能分類存放,方便使用者選用功能。

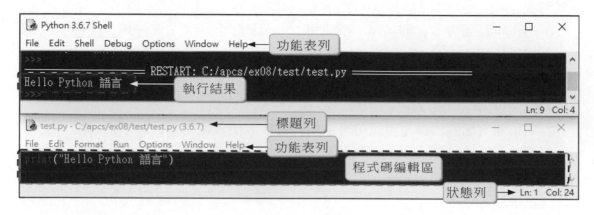

## 8.1.4 關閉程式檔和 Shell 視窗

**1. 關閉程式檔:**
在程式編輯視窗執行功能表的【File / Close】指令,或按右上角的 ⊠ 關閉鈕,可以關閉程式編輯視窗。如果執行功能表的【File / Exit】指令,會同時關閉程式編輯和 Shell 視窗。

**2. 關閉 Shell 視窗:**
在 Shell 視窗執行功能表的【File / Close】指令,或按右上角的 ⊠ 關閉鈕,可以關閉 Shell 視窗。如果執行功能表的【File / Exit】指令,會同時關閉 Shell 和程式編輯視窗。

## 8.1.5 開啟 Shell 視窗和程式檔

若想編輯或執行程式檔,要先開啟 Shell 視窗,然後再開啟該程式檔。下面以開啟 test.py 程式檔為例,說明開啟已存在程式檔的操作步驟。

**1. 開啟 Shell 視窗:**
執行工作列 【 ⊞ 開始 / IDLE (Python 3.6 64-bit) 】 指令,就會進入 IDLE 整合開發環境的 Shell 視窗。

2. 開啟程式檔：

執行功能列 【File / Open】 指令選取要編輯程式檔 (test.py)，就會開啟程式編輯視窗並載入該程式檔。

# 8.2　Python 語言的架構

## 8.2.1 Python 語言簡介

Python 是物件導向的「直譯式語言」(Interpreter language)，省掉編譯與連結步驟簡化流程，可以提高開發速度。在 Python 語言中，程式檔 (副檔名為.py) 就是一個「模組」(Module)。模組中會有一行或多行的敘述 (Statement，或稱陳述式)，敘述中可能包含運算式、保留字、識別字、函式…等。Python 敘述和其他語言最大的不同就是沒有結束字元，寫完一行敘述只要按 Enter ↵ 鍵就可以繼續編寫下一行敘述，和日常文書習慣相同，所以說 Python 是一種優雅的程式語言。

雖然 Python 的程式可以在 Shell 視窗中執行，但是並不會記住執行過的指令，如果有多行的程式碼每次都要重新輸入豈不很沒有效率！如果將這些 Python 程式碼存在一個程式檔中，一起依序執行就可以提高效率。

## 8.2.2 Python 語言的架構

Python 程式的架構主要就是「套件」和「模組」的集合。模組就是程式檔，而一個套件就是模組的集合。開發人員可以使用 Python 架構，快速地建置 Python 應用程式。下面用一個範例來介紹 Python 程式的架構。

📥 **範例** ：off.py

設計顯示商品原價 (1234 元)，以及打八五折後售價的程式。

**執行結果**

**程式碼** FileName :off.py

```
01 import math
02 off = 0.85      # 宣告折扣 off 為全域變數，並設初值為 0.85
```
宣告區

```
03
04  """顯示折扣後金額的自定函式"""
05  def get_off(p):                                      ⎫
06      print("折扣後為 ",round(p * off)," 元")            ⎬ 自定函式區
07                                                        ⎭
08  price = 1234     # 宣告售價 price 為整數並設初值為 1234   ⎫
09  print("原價為 ",price ," 元，折扣為 ", off)              ⎬ 主程式區
10  get_off(price) # 呼叫 get_off 自定函式，參數為 price     ⎭
```

### 說明

1. 每行敘述前面的編號稱為行號，只是為了解說方便才特別加入，編寫程式碼時不可以輸入行號。

2. 第 2 行的「# 宣告折扣…」稱為註解，註解是為日後方便閱讀程式所加註的說明文字。為程式寫適當的註解，是程式設計師要養成的習慣。程式編譯時會略過註解不做編譯，所以增加註解不會影響程式執行的速度。註解的方式有下列幾種：

   ① **單行註解**：「#」後面的同一行文字內容為註解文字。簡單的註解文字也可以寫在程式敘述後面，稱為**內嵌註解**。

   ```
   # 學習程式語言真有趣
   print('Hello Python!')     # 顯示文字
   ```

   ② **多行註解**：用三個雙引號或單引號（「"""…"""」或「'''…'''」）前後框住的文字，無論有多少行都是註解文字，例如第 4 行「"""顯示折扣後金額的自定函式"""」。

   ```
   """ 作者： 張三丰
       日期：2023 年 12 月 31 日
       版本：V2.01 """
   ```

   ③ 執行功能列【Format / Comment Out Region】指令，可以將選取的敘述轉成註解。執行【Format / Uncomment Region】 指令，則可以將選取的註解轉成敘述。

3. 編寫程式時，可以增加空行來區隔各程式區段，以方便閱讀。

4. 在 Python 語言中要輸出資料時，可以使用 print() 輸出函式。print() 輸出函式可以將引數顯示出來，若是文字可以使用 "..." (或是 '...') 框住。如果有多個資料要輸出，可以用「,」區隔。例如第 9 行敘述：

   ```
   print("原價為 ", price ," 元，折扣為 ", off)
   ```

5. IDLE 程式編輯器會自動檢查程式敘述，將保留字、函式、字串、註解…等用不同顏色來標註，編寫程式時可以特別留意，來減少輸入錯誤。

## 8.2.3　宣告區

開發 Python 程式時，最便利的就是有許多的模組和套件可以引用 (import，或稱含入、匯入)，引用模組和套件後就可以使用指定的函式。因為第 6 行敘述使用 round() 函式來做四捨五入，所以要引用 math 模組。引用 math 模組的程式寫如下：

```
01    import math
```

在宣告區宣告的變數是屬於「全域變數」，其有效範圍為整個程式檔。在函式內宣告的變數，其有效範圍僅限於函式內，是屬於該函式的「區域變數」。範例的第 2 行程式敘述「off = 0.85」，所宣告的 off 為全域變數，變數在主程式和 get_off() 函式內都有效。第 8 行程式所宣告的 price 為主程式的區域變數，其有效範圍只在主程式 (第 8~10 行) 內。

## 8.2.4　自定函式區

當程式必須使用到函式，而此函式 Python 沒有提供時，就必須自行依程式需求定義新的的函式 (例如：第 5 ~ 6 行)，就稱為「自定函式」。自定函式可以供其他程式重複呼叫，所以可縮短程式碼也方便維護。因為 Python 為直譯式程式，所以自定函式必須在主程式前面定義。自定函式宣告語法如下：

```
語法
    def 函式名稱(引數 1 [, 引數 2, …]) :
        程式碼…
        return 傳回值 1 [, 引數 2, …]
```

當主程式執行到第 10 行「get_off(price)」敘述時，程式會呼叫第 5~6 行的 get_off() 函式，price 變數會傳給 get_off() 函式的 p 引數。因為 off 為全域變數，所以在 get_off() 自定函式中也可以使用。當 get_off() 函式執行完第 6 行敘述後，就會回到第 10 行原呼叫處，接著繼續執行其後的程式。

```
05    def get_off(p):
06        print("折扣後為  ",round(p * off)," 元")
```

縮排

Python 程式非常重視縮排，縮排可以區分出程式的層級，縮排長度不一時會造成程式執行錯誤，所以要特別注意。縮排慣例是使用四個空白字元，在 IDLE 中可以使用 [ Tab ] 鍵來增加縮排，按 [ Backspace ] 鍵可以減少縮排。

### 8.2.5 主程式區

Python 中沒有所謂的程式進入點 main() 函式，因為 Python 是腳本語言，執行時是從上往下逐步解析執行。只是宣告區和自定函式區的敘述，通常不會顯示執行情形，所以可以將其後的敘述區塊當成主程式。

當程式執行到第 8 行就進入主程式區，第 8 行敘述是宣告一個變數 price，代表售價設初值為 1234，程式敘述如下：

```
08    price = 1234
```

第 9 行程式敘述是使用 print() 函式，顯示商品原價 (price) 和折扣 (off)。程式敘述如下：

```
09    print("原價為 ",price," 元，折扣為 ", off)
```

第 10 行程式敘述是呼叫 get_off 自定函式，並傳入 price 參數，此時程式會跳到第 5 行執行 get_off() 函式，程式敘述如下：

```
10    get_off(price)
```

## 8.3　內建資料型別

應用程式就是用來處理各類的資料，例如：姓名、身高、年齡、數量、車牌號碼、編號…等。這些資料有些是屬於文字，如：姓名、車牌號碼…等。有些是數值內容，如：身高、年齡…等。在 Python 語言中定義一些基本資料型別，來處理各類的資料。在程式執行中為了方便快速存取資料，資料會存在記憶體中。所以在使用相關資料時，如果能根據資料的類別，配置合適的記憶體空間，如此才能順利運作又不浪費記憶體。例如：學生人數是沒有小數的數值資料，平均分數是有小數的數值資料，政府總預算是有效位數較多的數值資料、身分證字號則是長度為 10 的字串資料。

### 8.3.1 物件簡介

在 Python 語言中，會以「物件」(Object) 的形式來處理各種資料。在生活的真實世界中，每一個人、事、物都可以視為物件，例如：人、動物、植物、桌子、電腦、漢堡、汽車…等。在物件導向程式 (OOP) 中，物件是外界真實物品的抽象對應，例如：轎車、貨車、休旅車、警車…等都對應成「車子」物件。物件包含屬性，如：汽車的排氣量、車種、顏色…等特徵。也包含方法，如：汽車的發動、加速、剎車…等功能。

在物件導向程式中，特性類似的物件可以歸類成同一個「類別」(Class)，而物件是由類別所實作而成的「實體」(Instance，或稱實例)。如：車牌號碼為 AA-8888 的轎車和 BB-9999 貨車同屬於「車子」類別，兩者雖然都屬於「車子」類別，但是各為不同的物件。要取得物件的「屬性」或執行「方法」，可以使用「.」運算子。例如一個物件名稱為「myCar」，若要取得該物件的 Color 屬性，其寫法為 myCar.Color。又例如要執行 myCar 物件所提供的 ChangeSpeed(number) 方法來換檔，如果要將 myCar 物件車速切換到 2 檔，其寫法為 myCar.ChangeSpeed(2)。

## 8.3.2 內建基本資料型別

在 Python 標準函式庫中，提供內建的資料型別類別，可以做為程式中處理資料的型別。這些資料型別的資料，都是以物件的形式實作而成。常用的內建資料型別有：

1. **數值資料型別(Numeric Type)**：提供 int、float 等可以處理數值的資料型別。

2. **文字序列資料型別(Text Sequence Type)**：提供 str 資料型別來處理字串文字資料。

3. **序列資料型別(Sequence Type)**：提供 list、tuple 和 range 三種資料型別，可以處理系列的資料。

4. **映射資料型別(Mapping Type)**：提供 dict 資料型別，可以使用關鍵字查詢相對應的資料。

## 8.4 常值

所謂「常值」是指資料本身的值不需要經過宣告，電腦就能處理的數值或字串資料。例如數字 3、字串 'three' (或 "three")...等。這些常值在 Python 語言中是以物件來處理，Python 提供常用的常值有：

1. 整數常值：用來表示整數。

2. 布林常值：只有 True 和 False 兩種值，分別表示真和假。

3. 浮點數常值：是用來表示帶有小數點數字的資料。

4. 字串常值：是用來表示連續的字元。

## 8.4.1 整數常值

「整數常值」是指沒有帶小數位數的數值,例如:1、234、-56…。Python 語言提供十、二、八及十六進位制四種方式,來處理整數常值。

1. **十進位制**:日常習慣使用十進制來計數,程式中十進制數值的表示方式和一般習慣相同。程式中的數字,會預設為十進制的 int 整數資料,例如 123。

2. **二進位制**:二進制是由數字 0 和 1 所組成,程式中要使用二進制數值時,必須以 0b 開頭 (為數字 0 和小寫字母 b),例如 0b1011。

3. **八進位制**:八進制是由數字 0 ~ 7 所組成,程式中要使用八進制數值時,必須以 0o 開頭 (為數字 0 和小寫字母 o),例如 0o173。

4. **十六進位制**:十六進制是由數字 0 ~ 9 和字母 a ~ f 所組成,程式中要使用十六進制數值時,必須以 0x 開頭 (為數字 0 和小寫字母 x),例如 0x7b。

簡例 分別使用十、二、八和十六進制,來顯示整數常值 12: (檔名:int.py)

```
01   print(12)        # 以十進制顯示
02   print(0b1100)    # 以二進制顯示
03   print(0o14)      # 以八進制顯示
04   print(0xC)       # 以十六進制顯示
```

## 8.4.2 布林常值

「布林常值」只有 True 和 False 兩種值,True 代表真、False 代表假,常用於程式的邏輯判斷。

## 8.4.3 浮點數常值

「浮點數常值」又稱為「實數常值」,當需要用到帶小數點的數值時,就必須使用浮點數常值。在 Python 語言中浮點數有兩種表示方式,一種是常用的「小數點表示法」,例如 3.14159;另一種則是「科學記號」,例如 1.2345e+2(123.45、$1.2345 \times 10^2$)。例如數學式的 $1.23 \times 10^8$ 的數值,可用 123000000.0 或 1.23e8 來表示。又例如 0.000123,用科學記號表示則為 1.23e-4。

簡例 使用小數點和科學記號顯示各種浮點數常值: (檔名:float.py)

```
01   print(12.345)    # 顯示浮點數常值 12.345 的值    ⇨ 12.345
02   print(1.2345e2)  # 顯示浮點數常值 1.2345e2 的值   ⇨ 123.45
```

```
03    print(1.2345e8)    # 顯示浮點數常值 1.2345e8 的值    ⇨ 123450000.0
04    print(1.2345e-2)   # 顯示浮點數常值 1.2345e-2 的值   ⇨ 0.012345
```

### 8.4.4 字串常值

「字串常值」是由一個或一個以上的字元，頭尾使用單引號「'」或雙引號「"」括住。例如 'Welcome'、"反毒"、'1234' 等，都是屬於字串常值。在 Python 中字串常值是屬於 str 類別，關於字串的用法會在後面另闢章節做詳細的說明。

簡例 顯示字串常值：　（檔名：str.py）

```
01    print('Python')          # 顯示字串常值'Python'          ⇨ Python
02    print("3.7")             # 顯示字串常值"3.7"             ⇨ 3.7
03    print("This's a book.")  # 字串常值中有單引號時用"..."   ⇨ This's a book.
04    print('"Hi!" says Jack.')# 字串常值中有雙引號時用'...'   ⇨ "Hi!" says Jack.
```

## 8.5 　變數與數值資料型別

### 8.5.1 識別字

在生活中會為周遭的人、事、地、物賦予名稱，以方便說明和識別，例如：「小明」牽「來福」去「河濱公園」散步。程式中所使用的變數、函式、類別...等也會給於名稱，這些名稱就稱為「識別字」。識別字在程式中必須是唯一的名稱，不允許重複定義。識別字的命名規則如下：

1. 識別字是由大小寫英文字母、阿拉伯數字和底線（ _ ）所組成。但識別字的第一個字元限用英文字母或底線（ _ ）當開頭，第二個字元以後才可以使用數字，至於空白字元或其他特殊字元是不被允許的。雖然也支援中文字等 Unicode 碼，但建議少用。

2. 大小寫字母視為不相同的字元，所以 ok、Ok、OK 為三個不同的識別字。

3. 不能使用保留字（或稱關鍵字）當作識別字。

簡例

1. 下列是正確的識別字命名方式：
   p、total、_ok、stu_score、lucky7、goodMoring、UserPassword

2. 下列是錯誤的識別字命名方式：

| | |
|---|---|
| 7Eleven | 不能以數字開頭 |
| A　B | 不能使用空白字元 |
| B&Q | 不能使用&字元 |
| and | 不能使用保留字 |

## 8.5.2 保留字

「保留字」又稱為「關鍵字」是 Python 語言定義具特定用途，專門提供程式設計使用的識別字。透過這些保留字，配合運算子、分隔符號…等，就可以撰寫出各種敘述。因為保留字已經有特定用途，所以不允許使用保留字來做識別字。下表為 Python3.x 所定義的保留字：

| | | | | | |
|---|---|---|---|---|---|
| and | as | assert | async | await | break |
| class | continue | def | del | elif | else |
| except | False | finally | for | from | global |
| if | import | in | is | lambda | None |
| nonlocal | not | or | pass | raise | True |
| return | try | while | with | yield | |

## 8.5.3 變數宣告

常值不必經過宣告就可直接在程式中使用，而「變數」的內容值會隨程式執行而改變。在下面敘述中，a、b 為變數，而 2 為整數常值。

```
a = b + 2
```

使用變數可以使得程式靈活，提高程式的功能。變數使用前必須先行宣告，宣告變數時要給予一個名稱，並指定變數值。Python 程式是採用「動態型別」，程式在直譯時才會根據變數值，宣告成適當的資料型別，並配置對應的記憶體空間給該變數使用。在程式執行時，也可以隨時更動變數的資料型別，只要使用指定運算子「＝」，就能重新指定變數所參考的物件。變數的宣告語法如下：

| 語法一 | 變數名稱 = 變數值 |
|---|---|
| 語法二 | 變數名稱 1，變數名稱 2　[，變數名稱 3 …] = 變數值 1，變數值 2[，變數值 3 …] |
| 語法三 | 變數名稱 1 [= 變數名稱 2　= 變數名稱 3 …] = 變數值 |

說明

1. 宣告變數時必須指定變數值，如此直譯器才能選擇適當的資料型別，指定時要使用「=」指定運算子。

2. 語法二可以同時宣告多個變數，變數和變數值間以「,」逗號加以區隔即可。另外，要注意變數和變數值的數量要相同。

3. 語法三可以同時宣告多個變數，並且指定變數值都相同。

變數的名稱除了要遵循識別字的命名規則外，要使用易懂而且有意義的名稱，以提高程式的可讀性。不要使用無意義的字母當做變數名稱，會造成維護程式的困擾。若變數不再使用，可以使用 **del** 指令來刪除變數，來將占用的記憶體釋放出來。

簡例　下列為宣告變數的範例：　　（檔名：variable.py）

```
01   yesNo = 'y'                 # 宣告 yesNo 變數，並指定變數值為字串'y'
02   # 同時宣告 passScore、maxScore、minScore 三個變數，並指定變數值為 60、100 和 0
03   passScore, maxScore, minScore = 60, 100, 0
04   power1 = power2 = 100        # 宣告 power1 和 power2 變數，變數值都為 100
05   total = 1.23456E+6           # 宣告 total 變數，並設變數值為浮點數 1234560.0
06   del total                    # 刪除 total 變數
```

## 8.5.4 整數資料型別

「整數資料型別」屬於「**int**」類別，整數的長度不受限制，除非電腦的記憶體不足。無論整數是用哪種進制表示，都是 int 類別的實體。所以可以使用內建函式來處理整數。

1. type() 函式：使用 type() 函式，可以取得物件的類別。

2. bin() 函式：使用 bin() 函式，可以將十進制整數轉換成二進制。

3. oct() 函式：使用 oct() 函式，可以將十進制整數轉換成八進制。

4. hex() 函式：使用 hex() 函式，可以將十進制整數轉換成十六進制。

5. int() 函式：使用 int() 函式，可以將其他進制的整數轉換成十進制，也可以將數字字串 (例如 "123")，轉換成 int 整數。

簡例　顯示整數的類別和十進制轉成其他進制。　　（檔名：int_type.py）

```
01   print(type(12))   # 顯示整數常值 12 的類別        ⇨ <class 'int'>
02   print(bin(12))    # 顯示整數常值 12 二進制值       ⇨ 0b1100
03   print(oct(12))    # 顯示整數常值 12 的八進制值     ⇨ 0o14
```

```
04    print(hex(12))      # 顯示整數常值 12 的十六進制值        ⇨ 0xc
05    print('12'*4)       # 顯示 '12'*4 的結果                ⇨ 12121212
06    print(type('12'))   # 顯示 '12' 的類別                  ⇨ <class 'str'>
07    print(int('12')*4)  # 顯示 int('12')*4 的結果           ⇨ 48
```

**說明**

1. 第 1 行：使用 type() 函式顯示整數常值 12 的類別，結果為 int 類別。

2. 第 2~4 行：使用 bin()、oct()、hex() 函式顯示整數常值 12 的不同整數進制值。

3. 第 5~6 行：顯示 '12'*4 運算的結果，不是預期的 48 而是 12121212。因為 '12' 常值的類別為 str 字串，字串做乘法運算時會將字串顯示乘數指定的次數，本例是顯示 4 次的 '12' 字串。

4. 第 7 行：使用 int() 函式可以將字串常值 '12'，轉成整數常值 12，運算結果為 48。

## 8.5.5 布林資料型別

「布林資料型別」是屬於「**bool**」類別，而 bool 類別是 int 類別的子類別。使用 bool() 函式可以將 1 和 0 整數常值，轉成布林常值 True 和 False。雖然布林值也可以用整數 1 和 0 表示，但是其實使用 bool() 函式轉型時，數值只要不是 0 就是 True，而物件不是「空」就是 True。例如數值 5 和-1 都是 True，字串 'Python' 也是 True。

**簡例** 布林值的各種範例。　　(檔名：bool_type.py)

```
01    b=False             # 宣告 b 為布林變數，變數值為 False
02    print(type(b))      # 顯示布林變數 b 的類別              ⇨ <class 'bool'>
03    print(type(1))      # 顯示整數常值 1 的類別              ⇨ <class 'int'>
04    print(bool(1))      # 使用 bool() 函式將 1 轉成布林值     ⇨ True
05    print(bool(-1))     # 使用 bool() 函式將 -1 轉成布林值    ⇨ True
06    print(bool('Python')) # 使用 bool() 函式將 'Python' 轉成布林值 ⇨ True
```

## 8.5.6 浮點數資料型別

在 Python 中內建常用的「**float**」浮點數資料型別，另外又提供「**decimal**」資料型別，可以提高數值的準確度。因為 decimal 資料型別不是內建的型別，所以使用前要使用 import 指令引用 decimal 模組。使用 decimal 類別的 Decimal() 方法，就可以宣告 decimal 資料型別的浮點數數值資料。

float 浮點數資料型別屬於 **float** 類別，若要將數值轉成浮點數，可用 float() 函式。

1. float() 函式：使用 float() 內建函式，可以將十六進制浮點數轉換成十進制。

2. is_integer() 方法：使用 float 類別的 is_integer() 方法，可以檢查浮點數是否小數位為 0 (即為整數)，傳回值為 True (是整數) 或 False (非整數)。

3. round() 函式：使用 round() 內建函式，可以將浮點數的小數部分，依照指定位數做四捨五入。語法為：round(浮點數[，小數位數])，如果不指定小數位數時，就預設四捨五入為整數。

簡例 使用各種方法來處理浮點數：　　(檔名：float_type.py)

```
01   f, i = 1.2345, 12345
02   print(type(f))                # 顯示浮點數變值 f 的類別              ⇨ <class 'float'>
03   f2=float(i)                   # 用 float() 函式將整數變數 i 轉成浮點數
04   print(f2)                     # 顯示 f2 的變數值                    ⇨ 12345.0
05   print(float.is_integer(f))    # 用 is_integer() 檢查變數是否為整數  ⇨ False
06   print(float.is_integer(f2))   # 檢查變數 f2 是否為整數               ⇨ True
07   print(round(f,2))             # 用 round() 函式將變數 f 四捨五入到小數二位 ⇨ 1.23
08   print(round(f))               # 用 round() 函式將變數 f 四捨五入到整數   ⇨ 1
```

說明

1. 第 5 行：因為 is_integer() 是屬於 float 類別的方法，所以必須使用 float.is_integer() 的寫法，才能正確使用該方法。

2. 第 6 行：f2 的小數部分為 0，所以為整數。

# 8.6　運算子

　　運算子是指對運算元做特定運算的符號，例如 +、-、*、/...等。運算元是運算的對象，運算元可以為變數、常值或是運算式。而運算式是由運算元與運算子所組成的計算式。

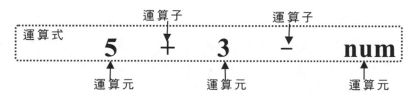

　　運算子若按照運算所需要的運算元數目來分類，可以分成：

1. 一元運算子 (Unary Operator)：-(負)，如：-5。
2. 二元運算子 (Binary Operator)：+、-、*、/、+= ...等，如：x + y、x / y。

Python 語言所提供的運算子，如果按照運算子性質有下列常用的種類：

1. 指定運算子 (Assignment Operator)

2. 算術運算子 (Arithmetic Operator)

3. 複合指定運算子 (Shorthand Assignment Operator)

4. 關係運算子 (Relational Operator)

5. 邏輯運算子 (Logical Operator)

6. 成員運算子(Membership Operator)

7. 身分運算子(Identity Operator)

## 8.6.1 指定運算子

宣告變數指定初值，或是要改變數值時，可以使用指定運算子「=」。指定時可以將一個常值、變數或運算式的結果，指定為變數的變數值，其語法為：

| 語法 | 變數名稱 = 常值 ｜ 變數 ｜ 運算式 |
|------|---------------------------------|

例如將變數 x 指定變數值為 1，寫法為：x = 1。又例如變數 x 指定變數值為 y、z 變數的和，其寫法為：x = y + z。上面兩個例子的示意圖如下：

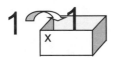 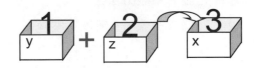

在 Python 語言中，int、float、string...等資料型別是屬於不可變物件，變數值是不會改變。如果變數值改變時，會先將變數複製到新記憶體位址才改變變數值。在其他程式語言中要交換兩個變數值時，程式寫法為 temp = x; x = y; y = temp (使用「;」號可以將敘述合併成一行)。但是在 Python 中，只要寫 x, y = y, x 就可以達成，因為是直接將兩變數的記憶體位址交換，所以程式語法可以很精簡。

簡例 下列為指定變數值的範例： (檔名：assignment.py)

```
01   x = 5              # 指定 x 變數值為常值 5
02   y = x              # 指定 y 變數值為變數 x 的值
03   print(id(x), id(y)) # 顯示變數 x,y 的記憶體位置
04   x = 3 + y          # 指定 x 變數值為運算式 3+y 的結果
05   print(id(x))
06   a, b = 2, 3
07   print(id(a), id(b))
```

```
08   a, b = b, a          # a, b 變數值交換
09   print(id(a), id(b))
```

**說明**

1. 第 3 行：使用 id() 函式，可以取得物件使用的記憶體位址。執行時會發現 x 和 y 變數會使用同一個記憶體位置，因為在第 2 行指定 y = x，此時會將 x 變數的記憶體位址傳給 y 變數，x 和 y 變數的記憶體位址相同所以變數值會相同。

2. 第 4 行：在第 4 行改變 x 變數的值，此時就會使用新的記憶體位址來存放 x 變數，而 y 變數的記憶體位址維持不變。

3. 第 8 行：將 a 和 b 兩變數的變數值相互交換。

4. 第 9 行：顯示 a 和 b 兩變數的記憶體位址時，會發現 a 和 b 兩變數的記憶體位址會交換，就能達到變數數值交換的效果。

## 8.6.2 算術運算子

　　算術運算子可以用來執行數學運算，包括加法、減法、乘法、除法、取餘數…等。下表為 Python 語言常用的算術運算子和範例：

| 運算子 | 功能說明 | 範例 | 結果(假設 y=5) |
|--------|----------|------|----------------|
| + | 加法 | x = y + 2 | x 變數值為 7 |
| - | 減法 | x = y - 2 | x 變數值為 3 |
| * | 乘法 | x = y * 2 | x 變數值為 10 |
| / | 浮點數除法 | x = y / 2 | x 變數值為 2.5 |
| // | 整數除法 | x = y // 2 | x 變數值為 2 |
| % | 取除法的餘數 | x = y % 2 | x 變數值為 1 |
| ** | 次方(指數) | x = y ** 2 | x 變數值為 25 ($5^2$) |

**範例**：arithmetic.py

　　已知圓的半徑為 6.4，請算出圓的面積、圓周長和圓球的體積。

**執行結果**

```
圓的半徑：  6.4
圓面積：   128.67952640000001
圓周長：   40.212352
球的體積：  1098.0652919466668
```

**程式碼**　FileName : arithmetic.py

```
01   r=6.4
02   PI=3.14159
```

```
03   print("圓的半徑：",r)
04   print("圓面積：",PI*r**2)   #公式：PI x 半徑 x 半徑
05   print("圓周長：",PI*r*2)     #公式：PI x 半徑 x 2
06   print("球的體積：",PI*r**3*4/3)  #公式：PI x 半徑 x 半徑 x 半徑 x 4 / 3
```

**説明**

1. 第 2 行：圓周率通常定義為不變的常數，變數名稱會用大寫字母和 _ 組成。

2. 第 4、6 行：r**2 和 r**3 分別代表半徑的平方和三次方。

## 8.6.3 複合指定運算子

在程式中若需要將某個變數值運算後，再將運算結果指定給該變數時，可以利用複合指定運算子來簡化敘述。例如將 x 變數值加 5，再指定給 x 變數寫法為：

x = x + 5

因為指定運算子（=）的左右邊都有相同的變數 x，此時可以使用複合指定運算子來簡化敘述，程式寫法改為：

x += 5

使用複合指定運算子時，變數必須先宣告否則會產生錯誤。常用的複合運算子：

| 運算子 | 功能 | 範例 | 結果(x 變數值原為 3) |
|---|---|---|---|
| += | 相加後再指定 | x += 2 ( x = x + 2) | x 變數值為 5 |
| -= | 相減後再指定 | x -= 2 (x = x - 2) | x 變數值為 1 |
| *= | 相乘後再指定 | x *= 2 (x = x * 2) | x 變數值為 6 |
| /= | 浮點數相除後再指定 | x /= 2 (x = x / 2) | x 變數值為 1.5 |
| //= | 整數相除後再指定 | x //= 2 (x = x // 2) | x 變數值為 1 |
| %= | 相除取餘數後再指定 | x %= 2 (x = x % 2 ) | x 變數值為 1 |
| **= | 次方運算後再指定 | x **= 2 (x = x ** 2 ) | x 變數值為 9($3^2 = 9$) |

## 8.6.4 關係運算子

關係運算子又稱為「比較運算子」是屬於二元運算子，可以對兩個運算元作比較，並傳回比較結果。如果比較的結果是成立，傳回值為真(True)；若不成立傳回值為假(False)。關係運算子常配合 if 等選擇結構，來決定程式的流向。下表是 Python 語言常用的關係運算子：

| 關係運算子 | 功能 | 數學表示式 | 範例 | 結果(若 x=1、y=2) |
|---|---|---|---|---|
| == | 等於 | x = y | x == y | False(假) |
| != | 不等於 | x ≠ y | x != y | True(真) |
| >= | 大於等於 | x ≥ y | x >= y | False(假) |
| <= | 小於等於 | x ≤ y | x <= y | True(真) |
| > | 大於 | x > y | x > y | False(假) |
| < | 小於 | x < y | x < y | True(真) |

簡例　練習各種關係運算子的運算：　　　(檔名：relational.py)

```
01   a, b = 2, 3
02   print('a = 2, b = 3')
03   print('a < b = ', a < b)        ⇨ True
04   print('a >= b = ', a >= b)      ⇨ False
05   print('a == b', a == b)         ⇨ False
```

## 8.6.5 邏輯運算子

邏輯運算子屬於二元運算子，可以對兩個運算元作邏輯運算，並傳回運算結果。下表列出 Python 語言提供邏輯運算子的各種運算結果：

| x | y | x and y | x or y | not x | not y |
|---|---|---|---|---|---|
| True | True | True | True | False | False |
| True | False | False | True | False | True |
| False | True | False | True | True | False |
| False | False | False | False | True | True |

邏輯運算子可以用來測試較複雜的條件，常常用來連結多個關係運算子。例如：(score >= 0) and (score <= 100)，其中 (score >= 0) 和 (score <= 100) 為關係運算子，兩者用 and(且) 邏輯運算子連接，表示兩個條件都要成立才為真，所以上述表示 score 要介於 0~100。邏輯運算子常結合關係運算子，在 if 等選擇結構中決定程式的流向。

簡例　下列為邏輯運算子的範例：　　　(檔名：logical.py)

```
01   print((1 < 2) and ('A' == 'a'))    ⇨ False(前者為真後者為假，and 必須兩者皆真才為真)
02   print((-1 < 0) or (-1 > 100))      ⇨ True(前者為真後者為假，or 只要一個為真就為真)
03   print(not('A' != 'a'))             ⇨ False('A'!='a'為真，所以做 not 運算後結果為假)
04   print(not 2)        ⇨ False(因為 2 不是 0 所以為 True，做 not 運算後結果為 False)
05   print(2 and 3)      ⇨ 3(and 運算因第一個運算元 2 是真<非 0 為真>，傳回第二個運算元 3)
06   print(2 or 3)       ⇨ 2(or 運算因第一個運算元 2 是真，傳回第一個運算元 2)
07   print('a' or 'b')   ⇨ a(or 運算因第一個運算元 a 是真<非空字串為真>，所以直接傳回 a)
```

```
08    print(0 and 3)        ⇨ 0(and 運算因第一個運算元 0 是假,所以傳回第一個運算元 0)
09    print(" or 'b')       ⇨ b(or 運算因第一個運算元"空字串是假,所以傳回第二個運算元'b')
```

## 8.6.6 in 與 is 運算子

in 和 not in 稱為成員運算子,in 用來判斷第一個運算元是否為第二個運算元的元素,若是就回傳 True;否則回傳 False。not in 運算子用來判斷第一個運算元是否不屬於第二個運算元的元素,第二個運算元為字串、串列...等物件。

簡例 下列為成員運算子的範例:          (檔名:in.py)

```
01    print('P' in 'Python')        ⇨ 結果 True ('P' 包含在 'Python' 字串中)
02    print('x' not in 'Python')    ⇨ 結果 True ('x' 不包含在 'Python' 字串中)
03    print(1 in [1,2,3])           ⇨ 結果 True (1 包含在 [1,2,3] 串列中)
04    print(2 not in [1,2,3])       ⇨ 結果 False (2 包含在 [1,2,3] 串列中)
```

is 和 not is 稱為身分運算子,is 用來判斷兩運算元的 id(記憶體位址) 是否相同,若是就回傳 True;否則回傳 False。所以 x is y 敘述,就等於 id(x) == id(y) 敘述。not is 運算子用來判斷兩運算元的 id (記憶體位址) 是否不相同。要特別注意,is 運算子是用來判斷兩運算元是否引用自同一個物件,而==運算子則是判斷兩運算元的值是否相同。

簡例 下列為身分運算子的範例:          (檔名:is.py)

```
01    import decimal
02    x = 2.5; y = 2.5
03    print(id(x), id(y))
04    print(x is y, x == y)     ⇨ 結果 True    True
05    z = decimal.Decimal('2.5')
06    print(id(z))
07    print(z is x, z == x)     ⇨ 結果 False    True
```

說明

1. 第 2~4 行:x 和 y 變數都會指向 2.5 物件,因為記憶體位址相同,所以 is 運算傳回值為 True。因為兩者數值相同,所以 == 運算傳回值也是 True。

2. 第 5~6 行:使用 decimal.Decimal() 函式宣告 z 變數,此時記憶體位址會和 x、y 變數不同。

3. 第 7 行:因為 z 和 x 變數的記憶體位址不相同,所以 is 運算傳回值為 False。但是因為兩者數值相同,所以 == 運算的傳回值是 True。

## 8.6.7　運算子的優先順序

　　程式中的運算式可能非常複雜，如果同時有多個運算子時，Python 語言就必須根據一套規則，才能計算出正確的結果。基本原則為由左至右依序運算，但有些運算子優先權較高時必須要優先處理。下表為常用運算子的優先執行順序：

| 優先次序 | 運算子(Operator) |
|---|---|
| 1 | ()(括弧) |
| 2 | **(次方) |
| 3 | +(正號)、-(負號)、not(非)、~(非) |
| 4 | %(取餘數) 、 //(整數除法) 、 /(浮點數除法)、 *(乘) |
| 5 | +(加)、 -(減) |
| 6 | << (左移) 、 >> (右移) |
| 7 | &(且) 、 |(或)、^(互斥) |
| 8 | <(小於) 、 <=(小於等於) 、 >(大於) 、 >=(大於等於) 、!=(不等於) 、 ==(等於) |
| 9 | =、 += 、 -= 、 *= 、 /= 、 %=、<<=、>==、&=、^=、!= (指定、複合指定運算子) |
| 10 | in(包含於)、not in(不包含於)、is(包含於)、 is not(包含於) |
| 11 | and(且)、or(或) |

　　例如運算式 1 + 2 * 3，因為 * 運算子的優先順序高於+，所以會先計算 2*3 結果為 6，然後 1+6 所以結果為 7。運算式使用 ( ) 左右括號，不但可以減少運算錯誤增加可讀性，而且可以改變運算的順序。例如上面運算式改為 (1 + 2) * 3 時，因為 1 + 2 用 ( ) 括住所以要先計算結果為 3，然後 3*3 結果為 9。

簡例

[例]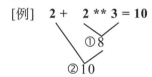

[例]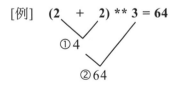

[例]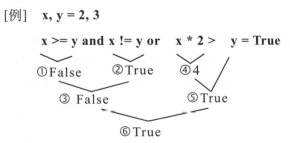

[例]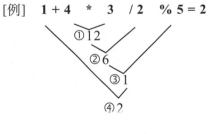

說明

　　為避免因為運算子的優先順序造成運算錯誤，運算式時應該多使用 ( ) 括號來區隔。

⬇️ **範例**： ctof.py

設計攝氏 38 度換算成華氏的程式。

**執行結果**

華氏 ＝ 100.4 度

**程式碼** FileName : ctof.py

```
01 c = 38
02 f = 9 / 5 * c + 32    # 華氏 = 9/5*攝氏+32
03 print("華氏 = ", f, " 度")
```

**說明**

1. 第 1 行：c 變數因為初值指定為 38，所以是整數變數。
2. 第 2 行：使用 /、*、+ 等運算子，組成攝氏換算成華氏的運算式。

# 8.7 資料型別轉換

　　Python 語言在宣告變數時，並不需要考慮資料的範圍，系統會自動根據變數值採用適當的資料型別。Python 使用這種方式宣告變數，對程式設計者而言是非常友善。但是在運算這些變數時，因為資料型別不同，就需要做一些特殊的處理，才不會造成運算的結果不如預期，甚至造成執行時產生錯誤。為避免上述的問題，可以利用系統的「自動型別轉換」來轉型，或是使用「強制型別轉換」來自行轉型。前者是屬於隱含方式，而後者則是屬於外顯方式轉型。

## 8.7.1 自動型別轉換

　　當運算式中如果有資料型別不同的數值要做運算時，除非主動使用強制型別轉換外，否則系統會做自動型別轉換，將資料型別轉成一致後才進行運算。自動型別轉換是屬於隱含方式，也就是由系統自動處理。如果兩個不同資料型別的資料需要做運算時，是將型別長度較小的資料先轉成型別長度較大者，兩者調整為相同的資料型別才做運算。其轉型規則如下：

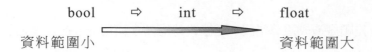

bool ⇨ int ⇨ float

資料範圍小　　　　　　　　　　　　資料範圍大

**簡例** 下列為四則運算自動轉型的範例：　　　　　　(檔名：automatic.py)

```
01   b, i, f = True, 2, 3.4
02   print(b + i, b + f, i + f)      ⇨ 3 4.4 5.4
03   print(b - i, b - f, i - f)      ⇨ -1 -2.4 -1.4
04   print(b * i, b * f, i * f)      ⇨ 2 3.4 6.8
05   print(b / i, b / f, i / f)      ⇨ 0.5 0.29411764705882354 0.5882352941176471
```

**說明**

1. 第 1 行：宣告 b、i 和 f 三個變數，變數值分別為 True、2 和 3.4。所以 b 變數為 bool 布林資料，i 變數為 int 整數資料，而 f 變數為 float 浮點數資料型別。

2. 第 2~4 行：bool 資料型別和為 int 資料型別變數做運算時，bool 變數會自動轉型 為 int。布林值 True 會轉成整數 1，False 則是 0。

3. 第 5 行： / 運算子為浮點數除法，所以運算子會先轉成浮點數再做運算。

## 8.7.2 強制型別轉換

在程式當中，必要時可以將變數的資料型別做轉換，例如將整數轉型為浮點數， 或將浮點數變數轉型為整數。強制型別轉換是使用函式，以外顯方式轉換型別。Python 常用的型別轉換函式在前面已經介紹，現在彙整如下：

| | |
|---|---|
| 整數轉浮點數： | float(整數資料) |
| 浮點數轉整數： | int(浮點數資料) |
| 浮點數轉整數： | round(浮點數資料) |
| 數值轉字串： | str(數值資料) |
| 轉布林值： | bool(資料) |

小範圍資料型別轉型為較大範圍型別時，變數值沒有問題。但是大範圍轉型為較 小範圍資料型別時，變數值就會失真。例如浮點數用 int() 函式強制轉型為整數時，會 將小數部分直接捨棄，不會做四捨五入的運算。

**簡例** 下列為強制轉型的範例：　　　　　(檔名：cast.py)

```
01   i1 = 10
02   f1 = float(i1)              # 使用 float() 函式將整數轉型為浮點數
03   print(i1, f1, type(f1))    ⇨ 10 10.0 <class 'float'>
04   f2 = 1234.5678
05   i2 = int(f2)                # 使用 int() 函式將浮點數轉型為整數(捨棄小數)
06   print(f2, i2, type(i2))    ⇨ 1234.5678 1234 <class 'int'>
07   i3 = round(f2)              # 使用 round() 函式將浮點數轉型為整數(四捨五入)
```

| | | |
|---|---|---|
| 08 | print(f2, i3, type(i3)) | ⇨ 1234.5678 1235 <class 'int'> |
| 09 | s = str(i2) | # 使用 str() 函式將整數轉型為字串 |
| 10 | print(s, type(s)) | ⇨ 1234 <class 'str'> |
| 11 | b = bool(f1) | # 使用 bool() 函式將浮點數轉型為布林值 |
| 12 | print(b, type(b)) | ⇨ True <class 'bool'> |

⬇ **範例**：produce.py

今天 A 工廠完成 15.6 台機器，B 工廠完成 17.8 台機器，計算兩間工廠共完成幾台可出貨的機器。

**執行結果**

> A 廠完成　15　台，B 廠完成　17　台，合計　32　台

**程式碼**　FileName：produce.py

```
01 a = 15.6
02 b = 17.8
03 produce = int(a) + int(b)
04 printf("A廠完成 ", int(a)," 台，B廠完成 ",int(b)," 台，合計 ", produce," 台")
```

**說明**

1. 因為完成的機器必須是整台，所以利用 int() 強制轉型為整數，15.6 和 17.8 會分別轉換成 15 和 17。

2. 第 3 行敘述若不強制轉型改為：「produce = a + b」，執行結果為 33.4 會不符合常理。

# Python 字串與
# 輸出入函式

## 9.1 字串資料型別

　　字串資料型別是 Python 基本資料型別的一種,也就是將文、數字、符號或空白等字元所組成的一段文字,當作一個資料來處理。只要將一段文字的前後加上單引號「'」或雙引號「"」,便能將該段文字以字串的形式傳遞給程式來運用。

**簡例**

```
book1 = '神秘的密室'        # 使用單引號
book2 = "消失的魔法石"      # 使用雙引號
```

　　如果字串內容包含引號 (單引號或雙引號) 時,則整段文字要使用另一種引號來括住。

**簡例**

```
str1 = "I won't give up."      #使用雙引號包夾單引號
```

　　如果要輸入多行的字串,可以用 3 個連續的單引號或雙引號來括住多行的字串,這種方式叫做「文字區塊」。使用文字區塊時,區塊內的空白、換行字元及單、雙引號皆可正常顯示。

**簡例**

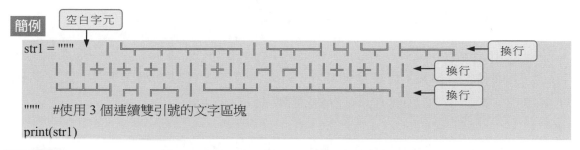

空白字元　　　　　　　　　　　　　　　　　　　換行　換行　換行

```
str1 = """
"""    #使用 3 個連續雙引號的文字區塊
print(str1)
```

**執行結果**

## 9.2 字串與運算子

### 9.2.1 字串與「+」運算子

使用「+」運算子可以將兩個字串合併成一個字串。在 Python 中，字串變數是屬於不可變動，所以使用「+」運算之後其實會產生新的字串。另外，字串不能用「+」運算子和其他型別的資料合併，其他型別資料必須先用 str() 函式進行型別轉換。

簡例

練習以「+」運算子合併字串和整數資料。

```
print('雙層漢堡：' + str(68) + '元')
```

### 9.2.2 字串與「*」運算子

使用「*」運算子可以複製字串。對字串型別的資料乘上某一正整數時，就能讓字串重複該整數次數。

簡例

練習以「*」運算子複製字串。

```
s1 = "（ΦωΦ）"
print(s1 * 3)
```

執行結果

```
（ΦωΦ）（ΦωΦ）（ΦωΦ）
```

### 9.2.3 字串與「in」、「not in」運算子

要知道某個字元是否存在字串中，可以使用 in 運算子，若存在時傳回值為 True；否則傳回 False。如果是使用 not in 運算子，就是查詢某個字元是否不存在字串中，若不存在傳回 True；存在則傳回值為 False。

簡例

檢查使用者輸入的字元是否為 'Y'、'y'、'N'或'n'。

```
ok = input_word in 'YyNn'
```

## 9.2.4 字串與「[ ]」運算子

　　使用「[ ]」運算子可以分割字串，來取得單一字元或部分字串。[ ] 必須配合字串註標值來運作，註標值可以使用正數或逆數（負數）來表示。如果是採正數，是從左向右第 1 個元素由 0 開始編註標。若是採用逆數，是從右向左最後 1 個元素由-1 開始遞減編註標。中文字和英文字母一樣是以 1 個元素計算。請看下面圖例，字串之上的數字是採用正註標，下方的數字則是逆註標。

### 一、取得單一字元

　　使用「[ ]」運算子配合註標值讀取字串指定的單一字元，要注意註標值如果超出字串長度會產生 IndexError，語法如下：

**語法**

　　　　字串變數[註標值]

**簡例**

利用註標值讀取字串的單一字元。

```
s1 = 'APCS 基礎必修課'
print(s1[1])        # 輸出「P」
print(s1[-1])       # 輸出「課」
print(s1[16])       # 註標值超出字串長度，所以會產生 IndexError，中斷程式執行。
```

### 二、取得部分字元

　　若要取得部分的字串，可以使用以下的語法：

**語法**

　　　　字串變數[起始註標 ： 結束註標 ： 遞增值]

**說明**

1. 起始註標、結束註標、遞增值皆可省略。

2. 起始註標是指定擷取的開始註標值，若省略代表從 0 開始。

3. 會擷取到結束註標的前一個字元,例如 3 表示取到註標值 2 的字元。結束註標如果省略,此時若遞增值為正值,代表擷取到字串尾端;反之若是負值,代表擷取到字串開頭。

4. 遞增值若省略,內定值為 1,代表連續擷取;如果是 2,代表間隔 1 個元素,也就是間隔值等於遞增值減 1。如果遞增值是正值,代表由左向右取出元素;反之是負值,則由右向左取出元素。

5. 註標值若超過字串範圍時,並不會產生 IndexError。

簡例

以 s1 = 'APCS 基礎必修課' 為例,練習擷取部分字串。

```
s1 = 'APCS 基礎必修課'
print(s1[:])                    # 字串元素從頭擷取到尾,輸出「APCS 基礎必修課」
print(s1[5:])                   # 字串由註標 5 擷取到字串結尾,輸出「基礎必修課」
print(s1[:4])                   # 字串元素從頭擷取到註標 4,輸出「APCS」
print(s1[3:6])                  # 字串元素從註標 3 擷取到註標 6,輸出「S 基」
print(s1[:5:-1])                # 字串元素從尾端逆向擷取到註標 5,輸出「課修必礎」
print(s1[::2])                  # 字串從頭間隔 1 個字元擷取,輸出「AC 礎修」
print(s1[::-1])                 # 字串從尾到頭逆向擷取,輸出「課修必礎基 SCPA」
print(s1[::-2])                 # 字串間隔 1 個元素逆向擷取,輸出「課必基 SP」
```

## 9.2.5 input() 函式

print() 函式可以顯示資料,如果要取得使用者輸入的資料,則可以使用 input() 函式,其常用的語法如下:

語法

```
變數 = input([提示字串])
```

說明

1. **提示字串**:作為使用者輸入資料的提示,雖然可以省略,但建議應有適當的提示。

2. **變數**:變數是用來儲存使用者輸入的資料,其資料型別為字串。如果希望要做數值運算時,就必須使用 int()...等函式來轉型。

input() 函式傳回的資料型別為字串,如果要轉型為數值時,可使用下列函式:

語法

```
字串轉整數:   int(整數字串資料)
字串轉浮點數:float(浮點數字串資料)
字串轉數值:   eval(字串資料 | 運算式字串)
```

　　如果使用 int() 函式要轉型浮點數資料成整數，執行時會產生錯誤。eval() 函式可以將整數或浮點數字串，自動轉型為對應的資料型別。另外，無論是 int()、float() 或 eval() 函式，企圖將非數值資料字串轉型為數值，都會產生錯誤，例如 eval('python')。

　　eval() 函式的字串引數可以是可執行的運算式字串，例如 eval('2*4')、eval('x+y')、eval('print(x / y)')。但是要注意運算式必須是字串，所以 eval(2*4) 執行時會產生錯誤。

● **範例**：input.py

使用 input() 函式輸入學生姓名，計算機概論、程式設計之期中考成績，最後再使用 print()函式輸出學生成績的總分及平均分數。

執行結果

```
請輸入姓：李

請輸入名：鐵拐

請輸入計算機概論成績：80

請輸入程式設計成績：70
李鐵拐
150
75.0
```

程式碼　　FileName：input.py

```
01 n1 = input('請輸入姓:')          # 顯示「請輸入姓:」提示，並儲存資料到 n1
02 n2 = input('請輸入名:')          # 顯示「請輸入名:」提示，並儲存資料到 n2
03 L1 = input('請輸入計算機概論成績:')   # 顯示提示文字，並儲存資料到 L1
04 L2 = input('請輸入程式設計成績:')     # 顯示提示文字，並儲存資料到 L2
05 i1 = int(L1)
06 i2 = eval(L2)
07 print(n1 + n2)                  # 「+」運算子，將兩個字串合併成一個字串
08 print(i1 + i2)
09 print((i1 + i2) / 2)
```

説明

1. 第 5 行：使用 int() 函式可以將字串轉型為整數數值。

2. 第 6 行：使用 eval() 函式就可以不用管是整數還是浮點數字串，會自動轉型為對應的資料型別。

## 9.3 格式化輸出

### 9.3.1 print() 輸出函式

在前面已經用過 print() 函式，print() 函式是 Python 語言最常用的輸出函式，可以將數值、字串…等資料，以指定的格式在螢幕上顯示出來。其基本的語法如下：

> **語法**
>
> ```
> print(values1, values2,…, sep=間隔字串, end=結尾字串)
> ```

**說明**

1. **values**：為要顯示的資料，可以是數值常值、字串常值或變數，甚至是多筆資料，資料間用「,」間隔。若要在字串常值中顯示變數資料，則要使用格式字串，並配合%(引數串列)。

2. **sep**：設定顯示多筆資料時的間隔字串，預設值為' '(一個半形空白字元)。

3. **end**：設定輸出資料字串的結尾字串，預設值為'\n'(換行字元)，表輸出後插入點會移到下一行。

**簡例**

以 print() 函式輸出資料。(Δ 代表空格)

```
01 print('李鐵拐','藥叉王','何仙姑', sep = '|')  # ⇨ 李鐵拐|藥叉王|何仙姑
02 money = 100
03 print('今日特餐：', end = '')          # ⇨ 今日特餐：
04 print('三寶飯', money, '元')           # 顯示 money 變數 ⇨ 今日特餐：三寶飯Δ100Δ元
```

> **說明**
>
> 1. 第 1 行：sep 引數值(間隔字串) 設為 '|'，表示輸出的資料間用「|」間隔。
>
> 2. 第 3 行：end 引數值設為 ''，表示結尾字串設為空字串，也就是不會換行。
>
> 3. 第 4 行：在第 3 行的輸出字元之後接續輸出，輸出的資料間用半形空白字元間隔。

### 9.3.2 print() 格式化輸出

print() 輸出函式也可以用來格式化輸出內容。其語法如下：

> **語法**
>
> ```
> print('格式字串' % (引數串列))
> ```

## 一、格式字串

　　print() 函式要顯示的字串資料,是用單引號或雙引號前後框住,其中可以由一般字串、轉換字串和逸出序列三個部分組合而成。

1. **一般字串**:即為任何可顯示的字元組合,如:A~Z、a~z、0~9、!*#$^& …以及中文字元。print() 函式會將一般字串做完整的輸出。

2. **轉換字串**:所謂的格式字串輸出,就是在一般字串輸出時,在字串內指定位置插入指定的資料,如此資料可套用格式輸出。其作法是在字串的指定位置用轉換字串,轉換字串是由「%」轉換字元和型別字元所組合。Python 建議用字串物件的 format() 方法來格式化字串,但是由於轉換字串使用者仍然很多。轉換字串位置用來插入引數串列對應的資料,如下所示:

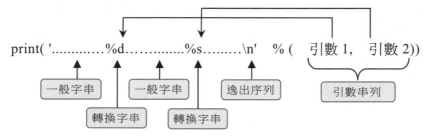

3. 在格式字串內的每一個轉換字串與引數串列的每一個引數,除了數量要一致,其轉換字串的型別字元也必須與相對應引數的資料型別一致。轉換字串的語法如下:

---

**語法**

　　%[修飾字元][寬度][.小數位數]型別字元

---

說明

1. 型別字元用來指定輸出資料的型別,型別必須與相對應引數的資料型別一致,下表是常用的型別字元:

| 資料型別 | %型別字元 | 說明 |
|---|---|---|
| 字元 字串 | %c | 顯示單一字元。 |
| | %s | 顯示字串。 |
| | %% | 顯示%字元。 |
| 整數 | %d、%i | 以十進位顯示整數。 |
| | %o | 以八進位顯示整數。 |
| | %x、%X | 以十六進位顯示整數。 |

| 資料型別 | %型別字元 | 說明 |
|---|---|---|
| | %f | 以十進位顯示浮點數，小數部分預設 6 位。 |
| 浮點數 | %e、%E<br>%g、%G | 以十進位科學記號顯示浮點數，數值預設寬度為 8 位，小數部分預設 6 位，而 e 指數位數預設佔 2 位。 |

2. **寬度**：用來設定資料顯示的總寬度 (即字數)，浮點數的小數點也占一個寬度。若寬度比資料本身寬度小，則以資料實際寬度全部顯示。

3. **小數位數**：如果資料是浮點數時用來設定小數位數，預設值為六位。如果資料小數位數較多時會四捨五入；較少時則會補上 0。如果是字串資料則用來設定顯示的字元數。

4. **修飾字元**：可以進一步設定輸出的格式，常用的修飾字元如下表所示：

| 修飾字元 | 說明 |
|---|---|
| # | 配合二、八和十六進制，設定顯示 0b、0o、0x 等進制符號。 |
| 0 | 數值資料前面多餘的寬度補 0。 |
| - | 靠左對齊，預設值是靠右。 |
| 空白字元 | 會保留一個空格。 |

4. **逸出序列**(Escape sequence)：若格式字串內需要顯示一些特殊控制字元，如：雙引號「"」、單引號「'」、控制游標移動字元 (跳格或跳到下一行行首)，可在特殊字元前加逸出字元「\」，當逸出字元加上控制字元就構成了逸出序列。下表為逸出序列的使用說明：

| 逸出序列 | 使用說明 |
|---|---|
| \a | 發出系統聲。 |
| \b | 游標會由\b 所在位置向左移一個字元，相當於按倒退鍵 `Backspace`。 |
| \n | 換行，游標會由逸出序列所在位置跳到下一行的行首。 |
| \r | 移到行首，會刪除掉該行逸出序列所在位置前面的所有字元。 |
| \t | 水平跳格，相當於按 `Tab` 鍵。 |
| \\ | 顯示倒斜線「\」字元。 |
| \' | 顯示單引號「'」字元。 |
| \" | 顯示雙引號「"」字元。 |

## 二、引數串列

1. 引數可以為數值常值、字串常值、字元、變數、運算式…等。

2. 每個引數依序對應前面格式字串內的轉換字串，轉換成指定格式字串輸出。

3. 引數的個數必須和格式字串中的轉換字串個數相同，且兩者的資料型別要匹配。

4. 引數只有一個時 () 括弧可以省略不用。

**簡例**

以 print() 函式格式化輸出資料。(△ 代表空格)

```
01 print('%c 先生%s'%('杜','阿明'))        # ⇨ 杜先生阿明
02 print('%4c'%'X')                        # ⇨ △△△X
03 wt,price = 5, 36.5
04 print('%s%d 斤，合計%.2f 元'%('白玉蘿蔔', wt, wt * price))
05 print('%08.1f 元'%(wt * price))         # ⇨ 000182.5 元
06 print('%s\t%s'%('張果老','曹國舅'))      # ⇨ 張果老△△曹國舅
07 print('%6.2s'%'ABCDEF')                 # ⇨ △△△△AB
```

**説明**

1. 第 1 行：Python 會把一個中文字視為單一字元，所以轉換字串使用「%c」或「%s」皆可。

2. 第 2 行：引數串列只有一個引數時，可省略小括弧 ()。

3. 第 4 行：輸出「白玉蘿蔔 5 斤，合計 182.50 元」。

4. 第 5 行：格式設定：寬度為 8 個字元，小數點 1 位，多餘的寬度補零。

5. 第 6 行：使用控制字元\t 來分隔字串。

6. 第 7 行：格式設定為寬度是 6 個字元，顯示 2 個字元。

## 9.3.3 str.format() 方法

Python 2.6 版後提供字串的 format()方法，也可以用來格式化輸出內容。format() 是屬於字串物件的方法，其語法如下：

```
語法
        print(' …{[n] }… '.format(引數列))
```

使用「.」

**説明**

1. 字串內要代入的文字以大括弧「{n}」作代表，n 值由 0 開始依序編寫，執行時會依照編號，代入括弧內的引數；亦可不填編號，程式執行時會讀取對應引數列依序代入。

2. 引數列中的引數，可以使用常值或是變數。

簡例

字串的格式化輸出。

```
01 print('{0}{1}{0}'.format('排','一'))   # ⇨ 排一排
02 print('{0}{1}{1}'.format('吃','菓'))   # ⇨ 吃菓菓
```

如果覺得使用編號不夠直覺，也可以使用有意義的欄位名稱，語法如下：

**語法**

```
print('…{欄位}…'.format(欄位 = 引數))
```

簡例

字串的格式化輸出。

```
01 s1 = '通勤月票'
02 i1 = 1200
03 print('項目：{item} 金額：{money}元'.format(item = s1, money = i1))
```

**說明**

1. 第 3 行：輸出結果「項目：通勤月票 金額：1200 元」。

大括弧內的編號或欄位名稱後，可以加上轉換字串來指定輸出格式，來強化輸出的功能，語法如下：

**語法**

```
print('…{編號 | 欄位 [: 轉換字串]}…'.format(參數列))
```

轉換字串前要以「:」起始，轉換字串的語法如下：

**語法**

```
:[修飾字元][寬度][.小數位數]型別字元
```

說明

1. 型別字元用來指定輸出資料的型別，型別必須與相對應引數的資料型別一致，型別字元和 print() 函式的型別字元相同。

2. 轉換字串中常用的修飾字元如下表所示：

| 修飾字元 | 說明 |
|---|---|
| < | 靠左對齊，字串資料預設靠左對齊。 |
| > | 靠右對齊，數值資料預設靠右對齊。 |
| ^ | 置中對齊。 |

| 修飾字元 | 說明 |
|---|---|
| 0(零) | 數值前面欄位若有空白，以 0 補滿。 |
| # | ① #o：以 8 進制輸出數值前面會加 0o。<br>② #x：以 16 進制輸出數值前面會加 0x。 |
| , | 數值加上千位號。 |
| % | 數值以百分比顯示。 |
| +(正號) | 若為正數，在數值最前面加正號。一般數值預設正數前不加正號，負數前面加上負號。若設定寬度比實際寬度大，資料向右靠齊。 |
| 空白 | 正數前面留一個空白，負數仍顯示負數，負數時此空白為負號所取代；若未加空白，一般正數顯示時不留空白，負數前加負號。 |

簡例

字串的格式化輸出。

```
01 print('|{0:>6.2f}|{1:,d}|'.format(0.66666, 10000))          # ⇨ |  0.67|10,000|
02 print('|{0:.2%}|{1:<6.0f}|'.format(0.66666, 0.66666))       # ⇨ |66.67%|1     |
03 print('|{0:+6d}|{1:$^6d}|'.format(999, 999))                # ⇨ |  +999|$999$$|
04 print('|{0:6s}|{1:6d}|'.format('字串', 999))                # ⇨ |字串  |   999|
```

說明

1. 第 1 行：欄位 0 格式為寬度 6 個字元，顯示兩位小數點。欄位 1 格式為顯示以三位一逗號的數字格式。

2. 第 2 行：欄位 0 格式為百分比的數字格式。欄位 1 格式為小數點以下四捨五入。

3. 第 3 行：欄位 0 格式為寬度 6 個字元，在數值前端加上加號「+」。欄位 1 格式為「^」置中輸出，並於空白處填滿「$」。

4. 第 4 行：欄位 0 格式為寬度 6 個字元，字串資料靠左對齊。欄位 1 格式為寬度 6，數值資料靠右對齊。

## 9.3.4 f-strings

Python 3.6 版之後新增了格式化字串常值 (Formatted String Literal) 簡稱為 f-strings，可以直接將運算式嵌入在字串常值中，大大簡化格式化輸出的寫法，其語法如下：

語法

```
print(f '…{變數[:轉換字串]}…')
```

簡例

以 f-strings 輸出兩個整數相加的值。

```
01 x,y = 18, 24
02 print(f'{x} + {y} = {x + y}')     # 輸出：18 + 24 = 42
```

## 9.3.5 format() 函式

format() 函式是 Python 內建的函式，可以用來格式化輸出內容，其語法如下：

語法

```
format(value, 格式字串)
```

1. value 引數是要格式化的資料，資料型別可以是數值或字串。

2. 格式字串引數是指定格式的字串，其用法和前面介紹字串的 format() 方法大致相同。

3. format() 函式傳回值的資料型別為字串。

範例：format.py

撰寫一個程式將資料格式化輸出。資料輸出時必須符合下列需求：

· 資料欄位有股票代號、股票名稱、收盤價及成交量。

· 股票代號寬度 6 個字元寬，資料靠右對齊。

· 股票名稱寬度 8 個字元寬，資料靠左對齊。

· 收盤價寬度 7 個字元寬，資料靠右對齊，而且小數點二位數。

· 成交量寬度 10 個字元寬，資料靠右對齊，而且以逗點分隔。

執行結果

| 1101 台泥 | 47.45 1,253,966 |
|---|---|
| 1101 台泥 | 47.45 1,253,966 |
| 1101 台泥 | 47.45 1,253,966 |

程式碼　FileName：format.py

```
01 n1 = '1101'
02 s1 = '台泥'
03 f1 = 47.45
04 i1 = 1253966
05 print('{0:>6s}{1:8s}{2:7.2f}{3:10,d}'.format(n1,s1,f1,i1))
06 print(f'{n1:>6s}{s1:8s}{f1:7.2f}{i1:10,d}')
07 print(format(n1,'>6s')+format(s1, '8s')+format(f1,'7.2f')+format(i1,'10,d'))
```

1. 第 5 行：使用 str.format() 方法輸出。

2. 第 6 行：使用 f-strings 輸出。

3. 第 7 行：使用 format() 函式輸出。

# 9.4　常用的字串方法

Python 內建許多字串的方法，幾乎所有常用的字串操作都包含其中。

| 方法 | 功能說明　　　(參考 str_fun.py) |
|---|---|
| find/rfind | 語法：string.find/rfind(sub[, start[, end]])<br>功能：find 方法會從左向右；rfind 則從右向左，搜尋 string 中第一個出現 sub 字串的註標值，如果找不到，則回傳-1。若指定搜尋範圍，只會檢視該範圍；反之從頭搜尋到字串尾端。 |
| startswith /endswith | 語法：string.startswith/endswith (sub[, start[, end]])<br>功能：startswith 方法檢查字串是否以 sub 字串開頭；endswith 檢查字串是否以 sub 字串結尾，如是則回傳 True；反之回傳 False。 |
| index/ rindex | 語法：string.index/rindex (sub[, start[, end]])<br>功能：功能與 find() / rfind()類似，差別在於搜尋不到字串時，會回傳 ValueError 錯誤訊息。 |
| count | 語法：string.count(sub[, start[, end]])<br>功能：統計字串中總共含有幾個該子字串 sub。<br>簡例：print(s1.count('字串'))　　#輸出結果 4 |
| split/rsplit | 語法：string.split/rsplit(sub[, count])<br>功能：split 方法會由左向右；rsplit 則由右向左，以 sub 分割 string 字串，最多分割 count 次數，傳回值為串列。 |
| join | 語法：string.join(list)<br>功能：以 string 作為連接字元，將串列 list 元素連接成一個字串。 |
| replace | 語法：string.replace(old,new[, count])<br>功能：以 new 字串換置 old 字串。 |
| capitalize | 語法：string.capitalize()<br>功能：字首換置成大寫，其餘字母變成小寫。 |
| title | 語法：string.title()<br>功能：標題化，每個單字的字首換置成大寫。 |
| expandtabs | 語法：string.expandtabs(tabsize)<br>功能：字串內的 Tab 字元轉換成空格(預設值 8 個)。 |

| 方法 | 功能說明　　（參考 str_fun.py） |
|---|---|
| strip | 語法：string.strip(sub)<br>功能：刪除字串開頭和結尾的 sub 字串，如果省略 sub 參數會刪除字串頭尾的空白字元、Tab 字元及換行字元。 |
| lstrip/rstrip | 語法：string.lstrip/rstrip(sub)<br>功能：lstrip 方法會刪除字串開頭；rstrip 則刪除字串結尾的 sub 字串，如果省略 sub 參數會刪除字串開頭的空白字元、Tab 字元及換行字元。 |
| upper | 語法：string.upper()<br>功能：英文字串中所有字母轉換成大寫字母。 |
| lower | 語法：string.lower()<br>功能：英文字串中所有字母轉換成小寫字母。 |
| swapcase | 語法：string.swapcase()<br>功能：英文字串中所有字母，大寫字母轉換成小寫字母，小寫字母轉換成大寫字母。 |
| max | 語法：max(string)<br>功能：傳回字串中 ASCII 碼最大的字母。 |
| min | 語法：min(string)<br>功能：傳回字串中 ASCII 碼最小的字母。 |
| len | 語法：len(string)<br>功能：傳回字串的長度即字元數。 |
| center | 語法：string.rjust(width[,fillchar])<br>功能：字串置中對齊，width 為字串最小輸出空間，fillchar 為填滿空白的字元。 |
| rjust/ljust | 語法：string.rjust/ljust(width[,fillchar])<br>功能：rjust 方法會將字串置右對齊；ljust 方法則將字串置左對齊，width 為字串最小輸出空間，fillchar 為填滿空白的字元。 |
| zfill | 語法：string.zfill(width)<br>功能：字串左側空白處填上 0 直到寬度為 width。 |
| isalnum | 語法：string.isalnum()<br>功能：檢查字串是否只由[0-9][A-Z][a-z]組成，傳回布林值。 |
| isalpha | 語法：string.isalpha()<br>功能：檢查字串是否只由[A-Z][a-z]組成，傳回布林值。 |
| isdigit | 語法：string.isdigit()<br>功能：檢查字串是否只由[0-9]組成，傳回布林值。 |
| isspace | 語法：string.isspace()<br>功能：檢查字串是否皆為空白字元組成，傳回布林值。 |
| islower | 語法：string.islower()<br>功能：檢查字串是否只由小寫字母組成，非字母字元不影響判斷結果，傳回布林值。 |

| 方法 | 功能說明　　（參考 str_fun.py） |
|---|---|
| isupper | 語法：string.isupper()<br>功能：檢查字串是否只由大寫字母組成，非字母字元不影響判斷結果，傳回布林值。 |
| istitle | 語法：string.istitle()<br>功能：檢查字串內每個單字的第 1 個字元是否皆為大寫，非字母字元不影響判斷結果，傳回布林值。 |

## 9.5　資料夾的建立與刪除

　　Python 提供 os.path 套件及 os 套件來進行檔案的操作。本節將介紹使用 os.path 套件的 isdir() 與 isfile() 函式，分別來檢查指定的路徑是否為資料夾或檔案，以及使用 exists() 函式來檢查指定的檔案或資料夾是否存在。也將介紹使用 os 套件的 mkdir() 函式來建立資料夾，及使用 rmdir() 函式來刪除資料夾。

### 9.5.1 isdir()、isfile() 函式

　　os.path 套件的 isdir() 與 isfile() 函式，分別用來檢查指定的資料夾路徑名稱與檔案路徑名稱是否存在，語法如下：

> **語法**
>
> ```
> os.path.isdir(資料夾路徑名稱)
> os.path.isfile(檔案路徑名稱)
> ```

**說明**

1. 資料夾路徑名稱與檔案路徑名稱，皆屬字串型別。
2. 若指定的路徑名稱存在時，傳回值為 True；若不存在，則傳回值為 False。
3. 在使用 isdir() 或 isfile() 函式前須使用 import 指令匯入 os.path 套件或 os 套件。

### 9.5.2 exists() 函式

　　os.path 套件的 exists() 函式是用來檢查指定的檔案或資料夾路徑名稱是否存在，可同時取代 isdir() 及 isfile() 函式。語法如下：

> **語法**
>
> ```
> os.path.exists(路徑)
> ```

**說明**

1. **路徑**：為檔案或資料夾的路徑名稱，屬字串型別。
2. 若指定的檔案或資料夾路徑存在時，傳回值為 True；若不存在，則傳回 False。
3. 在使用 exists() 函式前須用 import 匯入 os.path 套件或 os 套件。

**簡例**

檢查 C 磁碟機是否存在有『C:\apcs』資料夾及『C:\apcs\ex09\exists.py』檔案。(檔案名稱：exists.py)

```
01 import os
02
03 pName = 'C:/apcs/'
04 fName = r'C:\apcs\ex09\exists.py'
05 print(os.path.isdir(pName))
06 print(os.path.isfile(fName))
07 print(os.path.exists(pName))
08 print(os.path.exists(fName))
```

**說明**

1. 第 1 行：用 import 匯入 os 套件。(os 套件包含了 os.path 套件)
2. 第 3 行：資料夾路徑使用『'C:\\apcs'』亦可。
3. 第 4 行：字串前使用前綴字元「r」表示該字串不是逸出序列，字元「\」不會被當作控制字元。

## 9.5.3 mkdir() 函式

os 套件的 mkdir() 函式是用來建立資料夾 (或稱目錄) 的路徑，語法如下：

**語法**

os.mkdir(路徑)

在指定的路徑中建立資料夾，若路徑不存在，則先行建立該路徑，再建立本資料夾。若資料夾已存在，會出現錯誤訊息，所以常和 os.path.exists() 函式或 os.path.isdir() 搭配使用。

## 9.5.4 rmdir() 函式

os 套件的 rmdir() 函式是用來刪除已存在的空資料夾 (或稱目錄)，語法如下：

> **語法**
>
> 　　os.rmdir(路徑)

**說明**

1. 使用本函式須和 os.path.exists() 函式搭配，要先確定要刪除的資料夾是否存在，才能進一步進行刪除動作。

2. 若要刪除的資料夾不存在，或是其中有檔案時，而直接使用 rmdir() 函式時會出現錯誤訊息。

## 9.6　檔案的開啟與關閉

當一個資料檔的資料要進行處理時，必須先用開檔函式將檔案打開，才能進行資料檔內容的讀取、處理、修改、存放，最後再用關檔函式將檔案關閉。

### 9.6.1 open() 函式

Python 的內建函式 open() 可用來開啟指定的資料檔，語法如下：

> **語法**
>
> 　　物件變數 = open(檔案路徑[, 模式參數])

**說明**

1. **物件變數**：若開檔成功，此時該檔案成為一組字元資料串流，而這個串流是存放在主記憶體準備進一步的運用操作。這個串流是一個「物件」，故用物件變數代表該開啟的檔案資料串流。

2. **檔案路徑**：是必須被使用參數，不能省略。它的內容是用來存取的資料檔案名稱，包含檔案所在的路徑名稱，屬字串型別。如果內容只有檔案名稱而沒有路徑名稱，則系統會以目前系統程式執行檔所在的資料夾做為檔案的資料夾所在。至於路徑名稱所在的資料夾必須事先存在，若不存在會出現錯誤，系統不會主動建立。

3. **模式參數**：用來設定資料檔的開啟模式，省略時預設為讀取模式。模式參數屬字串型別，說明如下：

| 模式 | 說明 |
|------|------|
| r | 讀取模式(預設值)。若資料檔不存在，會出現錯誤。(不可寫入) |
| w | 寫入模式。若資料檔不存在，會建立該名稱的資料檔；若資料檔已存在，則原資料檔的內容會先被刪除，再寫入新的資料。(不可讀取) |
| a | 新增模式。若資料檔不存在，會建立該名稱的資料檔；若資料檔已存在，則新寫入的資料會新增至原資料檔內容的尾端。(不可讀取) |

| 模式 | 說明 |
|---|---|
| r+ | 讀寫模式。讀取時,使用方式同 r 模式。寫入時,則寫入的資料會覆蓋原檔案相同位置的內容,若檔案不存在,會出現錯誤。(可讀寫) |
| w+ | 讀寫模式。寫入時,使用方式同 w 模式。讀取時,需先用 seek() 函式指定讀取指標位址,才能讀取所需資料。seek(0) 為檔案開頭。(可讀寫) |
| a+ | 新增讀寫模式。寫入新增時,使用方式同 a 模式。讀取時,需先用 seek() 函式指定讀取指標位址,才能讀取所需資料。seek(0) 為檔案開頭。(可讀寫) |

## 9.6.2 close() 函式

已開啟的資料檔若不再使用,則要用 close() 函式來關閉。資料檔內容若有經過寫入、修改,有部分的資料串流是暫時放在電腦的主記憶體緩衝區內,如果沒有用 close() 函式來關檔而是直接結束程式執行,會造成暫放在緩衝區中的資料串流沒有回存資料檔內而遺漏。語法如下:

**語法**

> 物件變數.close()

物件變數名稱代表已開啟的檔案資料串流。

**簡例**

開啟一個寫入模式的檔案,檔案名稱為『C:\myDir\File1.txt』,再關閉該檔案。

```
01 import os
02 pName = 'C:/myDir/'
03 if not os.path.exists(pName):
04     os.mkdir(pName)
05 f = open(pName + 'File1.txt', 'w')
06 f.close()
```

**説明**

1. 第 1 行:用 import 匯入 os 套件。(os 套件包含了 os.path 套件)

2. 第 3~4 行:判斷資料夾路徑是否已經存在,若未建立,則於第 4 行建立『C:\myDir\』資料夾。

3. 第 5 行:將以寫入模式開啟的檔案 'File1.txt' 指定給 f 物件變數。

4. 第 6 行:f 代表 'File1.txt' 檔案串流物件,故 f.close() 代表關閉 'File1.txt' 檔案串流物件。

### 9.6.3 with... as...

使用 open() 函式開啟的檔案，經處理後，必須使用 close() 函式來將檔案關閉。若使用 with…as…語法來開啟檔案，則檔案處理完後，不需要使用 close() 函式便會自動關閉檔案。語法如下：

| 語法 |
| --- |
| 　　　with open(檔案路徑名稱[, 模式]) as 物件變數: |

使用 with…as…敘述所開啟的檔案，其讀寫處理的敘述區段必須縮排。

## 9.7　文字檔資料的寫入與讀取

### 9.7.1 write() 函式

write() 函式是將指定的字串寫入資料檔內。過程是先將資料寫入主記憶體緩衝區內，再由緩衝區寫入檔案中。語法如下：

| 語法 |
| --- |
| 　　　物件變數.write(字串) |

說明

1. **物件變數**：代表已開啟的檔案串流。
2. **字串**：寫入主記憶體緩衝區內的資料。

簡例

開啟一個寫入模式的檔案，檔案名稱為『C:\apcs\ex09\File.txt』，寫入三筆資料，最後關閉該檔案。(檔案名稱：write1.py)

```
01 import os
02 pName = r'C:\apcs\ex09\File.txt'
03 fw = open(pName, 'w')
04 fw.write('武田信玄, 7, 9, 8,風林火山\n ')
05 fw.write('德川家康, 8, 8, 9,德川道\n ')
06 fw.write('織田信長, 10, 9, 10,天下布武')
07 fw.flush()
08 fw.close()
```

**說明**

1. 第 3 行：將以寫入模式開啟的檔案 'File1.txt' 指定給 fw 物件變數。

2. 第 4~6 行：各寫入一筆資料到檔案內。 '\n' 為換行字元，使下次要寫入的資料下移一行，再寫入的資料會從下移一行後的行首開始呈現。

3. 第 7 行：剛寫入檔案的資料，會先暫存於主記憶體的緩衝區，flush() 函式會將仍存放在緩衝區內的資料全部寫入檔案中，然後清除緩衝區內。

4. 第 8 行：關閉資料檔案。關閉之前也會將緩衝區內的資料寫入檔案。而 flush() 函式只是清理緩衝區內，但不會關閉資料檔案。

## 9.7.2 read() 函式

read() 函式會從目前讀寫頭的指標位置，讀取指定長度的字元。若長度未指定，則讀取檔案內指標位置後面的所有內容。語法如下：

**語法**

　　　物件變數.read([size])

## 9.7.3 readline() 函式

readline() 函式從檔案中讀取所在行指定 size 的字元。若未指定 size，則讀取一整行。語法如下：

**語法**

　　　物件變數.readline([size])

**簡例**

開啟一個讀取模式的檔案，檔案名稱為『C:\apcs\ex09\File.txt』，讀出該檔的前二行資料。(檔案名稱：read1.py)

```
01 import os
02 pName = r'C:\apcs\ex09\File.txt'
03 if os.path.exists(pName):
04     with open(pName, 'r') as fr:
05         print(fr.readline())
06         print(fr.readline())
07 else:
08     print('檔案不存在')
```

1. 第 3 行：判斷欲讀取的檔案是否存在。如果存在，執行第 4~6 行；反之，則執行第 7、8 行。

2. 第 4 行：使用 with … as … 敘述來開啟檔案，檔案處理的敘述要縮排(如第 5、6 行)，當處理完畢會自動關閉檔案，不需要再使用 close() 函式。

3. 第 5、6 行：讀取檔案內容並輸出。

## 9.7.4 readlines() 函式

readlines() 函式從檔案中讀取所在文件內容，並以串列的方式傳回，一個串列元素放置一個行的內容。語法如下：

**語法**

　　　物件變數.readlines()

## 9.7.5 seek() 函式

seek() 函式用來移動檔案文件讀取指標的位置。語法如下：

**語法**

　　　物件變數.seek(offset)

説明

1. **offset**：為讀取指標偏移量，也就是代表需要移動偏移的位元 (byte) 數。

## 9.8　例外處理

所謂「例外」(Exception)，就是當程式碼在編譯期間沒有出現錯誤訊息，但在程式執行時發生錯誤，這種錯誤稱為執行時期錯誤。進行例外處理是不希望程式中斷，而是希望程式能捕捉錯誤，進行錯誤補救，並繼續執行程式。若錯誤是使用者輸入不正確資料所造成的，可以要求使用者輸入正確資料後才繼續執行。

Python 使用 try…except…finally 敘述來解決例外處理，它的方式是將被監視的敘述區段寫在 try: 的程式區塊，當程式執行到 try:內的敘述有發生錯誤時，會逐一檢查該錯誤所屬的例外類別，以便執行該 except:內的敘述。最後不管是否有符合 except，都會執行最後的 finally:敘述區段。例外處理的語法如下：

**語法**

```
try:
    受監視的敘述區段
except 例外類別 1 [as e] :
    處理錯誤的敘述區段 1
except 例外類別 2 [as e] :
    處理錯誤的敘述區段 2
except Exception [as e] :
    處理其它錯誤的敘述區段
else :
    未發生錯誤的敘述區段
finally:
    最後會執行敘述區段
```

**說明**

1. 使用 try: 敘述時，至少要有一個檢查 except (捕捉) 或 finally: 敘述區段配合。

2. 多個檢查 except (捕捉) 敘述區段，由上至下 except 逐一檢查，若遇到符合條件的例外類別，則執行該對應敘述區段，則以下的 except 就不再處理。

3. 常用到的例外類別如下表：

| 例外類別 | 說明 |
|---|---|
| ZeroDivisionError | 除數為 0 的算術運算錯誤。 |
| ValueError | 數值錯誤。如使用內建函式時，參數型別與傳入值不符。 |
| NameError | 變數名稱未定義，而直接運算產生的錯誤。 |
| IndexError | 串引註標 (索引) 超出宣告範圍 |
| IOError | I/O 異常處理所產生錯誤。 |
| FileNotFoundError | 檔案或資料夾找不到時所產生的錯誤。 |
| Exception | 程式執行時，所有內建、非系統引發所產生的異常錯誤。 |

4. else: 若未發生錯誤時所執行的敘述區段。

5. finally: 敘述區段在最後一個 except 之後，不論是否有執行 except 敘述區段，都會執行 finally: 敘述區段。finally: 敘述區段也可以省略。

6. 透過 [e] 取得錯誤資訊，可以用 print(e) 來顯示錯誤訊息。

⬇ **範例**：try.py

兩數相除，以例外處理敘述區段補捉除數為 0 的錯誤。

執行結果

```
錯誤類型：　division by zero
finally 敘述區段
8 / 2 = 4.0
finally 敘述區段
```

**程式碼**　FileName：try.py

```
01 x, y = 4, 0
02 try:
03     res = x / y
04 except Exception as e:
05     print('錯誤類型：', end = ' ')
06     print(e)
07 else:
08     print(f'{x} / {y} = {res}')
09 finally:
10     print('finally 敘述區段')
11 x, y = 8, 2
12 try:
13     res = x / y
14 except Exception as e:
15     print('錯誤類型：', end = ' ')
16     print(e)
17 else:
18     print(f'{x} / {y} = {res}')
19 finally:
20     print('finally 敘述區段')
```

説明

1. 第 2~10 行：當除數為 0 時，程式流程會跳到第 4 行執行 except 補捉例外。捕捉到例外，其錯誤類型是「division by zero」，屬 ZeroDivisionError:例外類別，由第 5、6 行顯示出來。第 9、10 行無論有否執行 except: 敘述區段，皆會執行 finally: 敘述區段。

2. 第 12~20 行：若無捕捉到例外，程式流程會跳到第 17~18 行執行 else:區段，顯示運算結果。第 19、20行無論有否執行except:、else: 敘述區段，皆會執行 finally: 敘述區段。

# Python 流程控制

## 10.1 結構化程式設計

　　Python 是一種高階程式語言，同時支援多種撰寫方式，例如：物件導向、命令、函式與程序的編寫方式，是一種「結構化程式設計」的程式語言。「結構化程式設計」的技術，是透過程式的模組化和結構化，來簡化程式設計的流程，降低邏輯錯誤發生的機率。這種程式設計的觀念，是由上而下的程式設計，將程式中有獨立功能的程式區塊分割出來成為「模組」(module)，以單一進入點及單一出口為原則。這些模組最後再組合成一個大而完整的程式軟體。因為模組各自獨立，當模組的功能提升時，可直接換置新模組，對其他模組運作不致產生影響。如此一來，可方便自己和後續者進行維護與修改。

　　「結構化程式設計」採用「循序結構」、「選擇結構」、「重複結構」這三個基本流程架構來設計程式。在前面章節所撰寫的程式，架構上是採用由上而下一行接著一行執行的「循序結構」。本章所要撰寫的程式，其流程會因條件的不同而執行不同的程式區塊，這種流程中有選擇性的架構稱為「選擇結構」。接著我們再來介紹「重複結構」，這種流程會在條件成立的情況下重複執行相同的程式區塊。

## 10.2 條件式

　　選擇結構中至少要搭配一則運算式，這個運算式是用來作為判斷程式流程方向的條件，這個運算式在選擇結構中稱為「條件式」。選擇結構中的條件式，可以用關係運算式、一般算術運算式或邏輯運算式。如果以算術運算式當作條件式，Python 對於運算結果只要是「非零」，即視為真(True)；反之，若運算結果為「0」的話，也就是「假」(False)。

## 一. 關係運算子

關係運算子 (relational operator) 又稱為「關連式運算子」可以對兩個運算元作比較，並傳回資料型別是布林值的比較結果。如果比較的結果是成立，傳回值為真 (True)；若不成立傳回值為假(False)。關係運算子所組合而成的運算式，就是關係運算式。下表是 Python 常用的關係運算子：

| 關係運算子 | 功能 | 數學表示式 | 關係運算式 |
|---|---|---|---|
| == | 等於 | x = y | x == y |
| != | 不等於 | x ≠ y | x != y |
| >= | 大於等於 | $x \geq y$ | x >= y |
| <= | 小於等於 | $x \leq y$ | x <= y |
| > | 大於 | x > y | x > y |
| < | 小於 | x < y | x < y |

簡例 關係運算式範例：

```
01 print('c' > 'b')          # 結果為 True
02 print(9 >= 9)             # 結果為 True
03 print(9 != 9)             # 結果為 False
```

## 二. 邏輯運算子

邏輯運算子 (logical operator) 屬於二元運算子，可以對兩個運算元作邏輯運算，並傳回運算結果。下表列出 Python 語言提供邏輯運算子的各種運算結果：

| x | y | x and y | x or y | not x | not y |
|---|---|---|---|---|---|
| True | True | True | True | False | False |
| True | False | False | True | False | True |
| False | True | False | True | True | False |
| False | False | False | False | True | True |

邏輯運算子通常用來連結多個關係運算式，這樣的組合就是邏輯運算式，可以建構成較複雜的條件式。

簡例 score 要介於 0~100 的條件式

```
(score >= 0) and (score <= 100)
```

其中 (score >= 0) 和 (score <= 100) 為關係運算式，兩者用 and (且) 邏輯運算子連接，表示兩個條件都要成立才為真。

在 Python 中 not 運算的傳回值為布林值，但是 and 和 or 運算的傳回值不一定為布林值，而是會傳回適當的運算元。例如 and 運算時若第一個運算元為 False，就傳回第一個運算元值；否則傳回第二個運算元值。下表為 Python 邏輯運算式的運算邏輯：

| 邏輯運算子 | 功能 | 範例 | 說明 |
|---|---|---|---|
| and | 且 | x and y | 若 x 為假時傳回 x；x 為真時傳回 y。 |
| or | 或 | x or y | 若 x 為真時傳回 x；x 為假時傳回 y。 |
| not | 非 | not x | 若 x 為假時傳回 True；x 為真時傳回 False。 |

**簡例** 邏輯運算式範例：

```
01  print((18 > 20) and ('c' == 'C'))   # 結果為 False
02  print(not 9)                         # 結果為 False
03  print(9 and (2 + 4))   # 結果為 6，第 1 個運算元為真，傳回第 2 個運算元
04  print(0 and 6)         # 結果為 0，第 1 個運算元為假，傳回第 1 個運算元
05  print(9 or (9 - 4))    # 結果為 9，第 1 個運算元為真，傳回第 1 個運算元
```

**範例**：operator.py

練習使用關係運算式及邏輯運算式，並將運算結果顯示出來。

**執行結果**

```
以字串顯示：
r1 = False
r2 = True
r3 = 60
r4 = False
以整數顯示：
r1 = 0
r2 = 1
r3 = 60
r4 = 0
```

**程式碼** FileName：operator.py

```
01  i, j = 10, 20
02  r1 = 'a' > 'z'
03  r2 = i * 6 <= j * 3
04  r3 = i  and (j * 3)
05  r4 = (i < 0) or (i > 100)
06  print('以字串顯示：')
07  print('r1 = %s'%r1)
08  print('r2 = %s'%r2)
09  print('r3 = %s'%r3)
```

```
10    print('r4 = %s'%r4)
11    print('以整數顯示：')
12    print('r1 = %d'%r1)
13    print('r2 = %d'%r2)
14    print('r3 = %d'%r3)
15    print('r4 = %d'%r4)
```

**說明**

1. 第 2 行：字元 a 的 ASCII 碼是 97，字元 z 的 ASCII 碼是 122。字元間的大小關係是比較 ASCII 碼，所以字元 a 是否大於字元 z，判斷為 False。

2. 第 3 行：兩個運算元運算結果皆為 60，而 60 是否小於等於 60，故為 True。

3. 第 4 行：and 運算時因為第 1 個運算元不為 0，所以回傳第 2 個運算元的運算結果。

4. 第 5 行：判斷變數 i 是否小於 0 或大於 100 的條件式。

# 10.3 選擇結構

　　如果程式中有包含選擇結構，當程式執行到選擇結構時，會依據條件式 (運算式運算結果) 改變程式執行的順序。也就是若條件滿足條件式時，會執行某一敘述區段 (通常是接續其後的敘述區段)。反之若條件不滿足時，則執行另一敘述區段，而得到不同的結果。舉一個日常生活的例子：如果 ( if ) 今天天氣好就去郊遊，否則 ( else ) 就待在家裡看電視，這種架構就是「選擇結構」。

## 10.3.1 單一選擇結構

　　所謂「單一選擇」是指當 if 的條件式成立為 True 時，即會執行 if 條件式「：」冒號後面向右縮排的敘述區段；若 if 的條件式不成立為 False 時，則跳過 if 單向選擇結構，執行縮排敘述區段之後的敘述。語法如下：

**語法**
```
if（條件式）:
    敘述區段
```

**說明**

1. if 後面條件式的左右括號 () 亦可省略，但是條件式若加上左右括號較容易閱讀程式。

2. 流程圖如下：

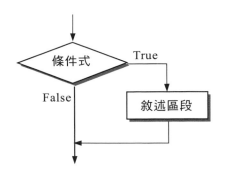

**簡例** 求 num 的絕對值。

```
01 if (num < 0) :
02     num = -num
03 # 若 if 敘述區段內程式碼只有一行，也可以如下合併成一行
04 if (num < 0) : num = -num
```

**簡例** 成績在 50 分以上未達 60 分者，應給予補考一次。

```
01 if ((score >= 50) and (score < 60)) :
02     print('考試成績 = ', score)
03     print('請於 3 月 12 日上午十點參加補考')
```

**說明**

1. 第 2,3 行：Pyhton 對於 if 選擇結構內同一敘述區段的縮排，要求空格數量務必一致。若不一致，則在執行時會產生錯誤。

2. 通常在編輯 if 條件式後輸入「：」按下 Enter↵ 鍵時，整合環境會自動做縮排，預設為 4 個空格。若要自行做縮排時，建議按 Tab 鍵由整合環境做一致格式的縮排。

**範例**：card.py

使用儲值卡消費購物時，如果消費金額大於儲值卡餘額時會先自動加值 500 元。假設儲值卡現有餘額 45 元，試撰寫出使用者可輸入一筆消費金額後，程式會判斷是否應自動加值及計算並顯示儲值卡餘額的程式。

**執行結果**

```
請輸入消費金額：80 Enter↵
餘額不足
自動加儲 500 元
儲值卡餘額 = 465
```

**程式碼** FileName：card.py

```
01  x = 45  # 帳戶餘額
02  y = int(input('請輸入消費金額 ： '))
03  if(x - y < 0):
04      print('餘額不足')
05      print('自動加儲 500 元')
06      x += 500  # 餘額加上 500
07  x -= y
08  print('儲值卡餘額 = ', x)
```

**說明**

1. 第 3～6 行：單一選擇區段。

2. 第 3 行：如果餘額減消費金額之後結果小於 0，則執行條件式成立的敘述區段。Python 是以縮排來區分敘述區段，第 4 行到第 6 行是屬於同一階層的縮排，所以會依序執行第 4 行到第 6 行。

3. 第 7 行：餘額減去消費金額等於目前餘額。

## 10.3.2 雙向選擇結構

「雙向選擇結構」比起單一選擇結構稍微複雜一些。所謂雙向選擇是指當條件式成立時，執行 if 後面的敘述或敘述區段；若條件式不成立時，則執行 else 後面的敘述或敘述區段。因為一個條件有兩個流程方向，所以稱為雙向選擇結構，其語法如下：

**語法**

```
if (條件式):
    條件成立的敘述區段
else:
    條件不成立的敘述區段
```

**說明**

1. 流程圖如下：

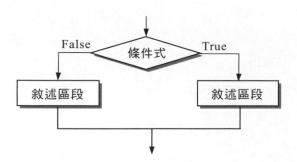

**簡例** 假設 20 (含) 人以上的團體可以用 9 折的價錢購買 100 元的入園票，請依據此條件寫出雙向選擇條件式。

```
01 if (num >= 20) :
02     print('入園票總金額：', num * 100 * 0.9)
03 else:
04     print('入園票總金額：', num * 100)
```

**範例**：score.py

編寫一個檢查使用者輸入的考試成績是否在合理範圍內的模組。使用者輸入一個整數後，程式會判斷數值是否在 0 及 100 之間，如果是的話，顯示「成績在合理範圍內」；反之，則顯示「成績不合理，請重新確認」。

**執行結果**

```
請輸入期中考成績：120　Enter↵
輸入的成績是： 120
成績不合理，請重新確認
```

**程式碼** FileName : score.py

```
01   score = int(input('請輸入期中考成績:'))
02   if ((score < 0) or (score > 100)):
03       print('輸入的成績是：', score)
04       print('成績不合理，請重新確認')
05   else:
06       print('成績在合理範圍內')
```

**說明**

1. 第 2~6 行：雙向選擇結構，使用邏輯運算式作為條件式，這個邏輯運算式是以邏輯運算子 or (或) 作連接，條件式是用來判斷輸入值是否小於 0 或是大於 100，假如條件式成立，則會執行 if 敘述之後的敘述區段；反之則執行 else 敘述之後的敘述區段。

2. 第 3~4 行：條件成立的敘述區段。

3. 第 6 行：條件不成立的敘述區段。

## 10.3.3 多向選擇結構

　　使用「多向選擇結構」的方式就是除了在第一個條件式使用 if 判斷外，其餘條件式都使用 elif 來判斷，最後再以 else 來處理剩下的可能性。語法及流程圖如下：

<table>
<tr><td>

**語法**

```
if (條件式 1):
     敘述區段 1
elif (條件式 2):
     敘述區段 2
        ⋮
elif (條件式 N):
     敘述區段 N
else:
     敘述區段 N+1
```

</td></tr>
</table>

流程圖：

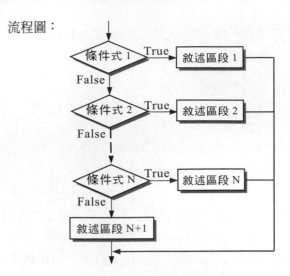

簡例 假設 m 是使用者輸入的月份資料，請寫出判斷季節的多向選擇結構。

(提示：春季：3、4、5，夏季：6、7、8，秋季：9、10、11，冬季：12、1、2)

```
01 if (m >= 3 and m <= 5) :
02     print('春季')
03 elif (m >= 6 and m <= 8) :
04     print('夏季')
05 elif (m >= 9 and m <= 11) :
06     print('秋季')
07 else :
08     print('冬季')
```

📥 **範例**：bmi.py

成年男子的體重除以身高的平方，可算出 BMI 值。試撰寫出使用者可輸入體重 (公斤) 及身高 (公尺) 後，程式會判斷身體的肥胖程度。BMI 值與身體的肥胖程度如下表。

| BMI | 說明 |
|---|---|
| < 18.5 | 體重過輕 |
| 18.5～24.9 | 正常 |
| 25～29.9 | 體重過重 |
| > 30 | 體重肥胖 |

執行結果

```
請輸入體重(公斤)：65    Enter ↵
請輸入身高(公尺)：1.64    Enter ↵
BMI 值= 24.167162403331353
體重正常
```

**程式碼** FileName：bmi.py

```
01  w = float(input('請輸入體重(公斤)：'))
02  h = float(input('請輸入身高(公尺)：'))
03  bmi = w / h ** 2
04  print ('BMI 值＝', bmi)
05  if (bmi < 18.5):
06      print ('體重過輕')
07  elif (bmi < 25):
08      print ('體重正常')
09  elif (bmi < 30):
10      print ('體重過重')
11  else:
12      print ('體重肥胖')
```

**說明**

1. 第 3 行：計算 BMI 值。

2. 第 5~12 行：多向選擇結構就如同一層又一層的篩子，藉由不同條件過濾出最符合設定條件，然後執行對應的敘述區段。

## 10.3.4 巢狀選擇結構

所謂「巢狀選擇結構」，是指在單一、雙向或多向選擇結構內的敘述區塊中再加入內層的選擇結構。換言之，就是將選擇結構擴展成更多選項的程式結構。舉例如下：

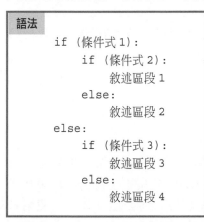

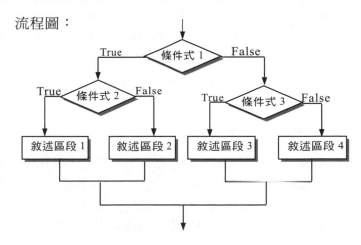

**說明**

1. 建立巢狀選擇結構時，要特別注意縮排，同一層敘述要對齊，而內層結構要比外層再向右縮排。

2. 編輯時一樣是使用 Tab 鍵做縮排，每按鍵一次就會增加縮排。

⬇ **範例**：grade.py

進入四強的隊伍必須進行兩場比賽，其兩場比賽結果決定得獎的獎項。獎項有「金牌」、「銀牌」、「銅牌」。

執行結果

```
第一場比賽結果 (1.勝  2.敗)：1  Enter↵
第二場比賽結果 (1.勝  2.敗)：2  Enter↵
得獎的獎項：銀牌
```

**程式碼** FileName：grade.py

```
01 win1 = int(input('第一場比賽結果 (1.勝  2.敗)：'))
02 if(win1 == 1):
03     win2 = int(input('第二場比賽結果 (1.勝  2.敗)：'))
04     if(win2 == 1):
05         print('得獎的獎項：金牌')
06     else:
07         print('得獎的獎項：銀牌')
08 else:
09     win2 = int(input('第二場比賽結果 (1.勝  2.敗)：'))
10     if(win2 == 1):
11         print('得獎的獎項：銅牌')
12     else:
13         print('沒有獎項')
```

**說明**

1. 第 2~13 行：第一層選擇結構，判斷第一場比賽結果。若比賽勝，則執行第 3~7 行敘述；若比賽敗，則執行第 9~13 行敘述。

2. 第 3~7 行,第 9~13 行：皆為第二層選擇結構。

⬇ **範例**：etc.py

試設計小型車高速公路過路費計算程式。收費規則說明：平日的話行駛 20 公里以內免收過路費，20 公里以上 200 公里以下每公里 1.2 元，200 公里以上每公里以 0.9 元計算。如果是連續假期，取消免費里程，並採單一費率計算，每公里 1.2 元。使用者輸入行駛里程及是否為連續假期 (y/Y)，程式會計算並顯示應繳納金額。

執行結果

```
請輸入里程數：300  Enter↵

是否是連續假期：n
里程數 300 公里 收費 306.0
```

**程式碼** FileName : etc.py

```
01  km = int(input('請輸入里程數：'))
02  x = input('是否是連續假期：')
03  if(x in 'yY'):
04      p = km * 1.2
05  else:
06      if(km < 20):
07          p = 0
08      elif(km < 200):
09          p = (km - 20) * 1.2
10      else:
11          p = (200 - 20) * 1.2 + (km - 200) * 0.9
12  print('里程數 ', km, '公里 收費', p)
```

**説明**

1. 第 3 行：條件式使用 in 運算子來判斷變數 x 是否為字元 y 或字元 Y。如果是字元 y 或是字元 Y，則為連續假期，則過路費每公里 1.2 元；反之，若輸入其他字元，則視為平日來收費。

2. 第 3~11 行：為第一層選擇結構，用來判斷是否為連續假期。若不是連續假期，則進入第二層選擇結構。

3. 第 6~11 行：為第二層選擇結構，依照平日的收費規則，使用多向選擇結構，區分成三種狀況來計算過路費。

# 10.4　重覆結構

　　當程式碼中有某項功能或敘述區段需要被重複執行時，可以將這種功能或敘述區段置入一個重覆結構內，此種結構稱為「迴圈」（loop）。例如：帳號密碼檢查三次、資料連續輸入、排序運算…等。如此一來，同樣性質的敘述只要寫一次，不但程式碼不會很冗長，可讀性高，維護便利，錯誤維修時只需在一處處理即可。

## 10.4.1 計數迴圈

　　當重覆結構內的敘述區段，被重覆執行的次數是可以計數時，就適合使用計數迴圈。只要設定控制 for 迴圈的變數初值、終值和間隔值，便能決定迴圈被執行的次數。

## 一. range()函式

range() 是 Python 的內建函式，功能是以遞增或遞減的方式產生一個數字元素的序列，語法如下：

> **語法**
>
> ```
> range( [初值,] 終值 [, 間隔值] )
> ```

**說明**

1. 初值是序列的初始值，為非必要參數，省略時，序列會預設初值為 0。

2. 終值的前一元素是序列的終止值，為必要參數不可省略。

3. 序列間隔值可以為正值、負值，為非必要參數，若省略時，間隔值會預設為 1。當間隔值為正值時，初值應小於終值；為負值時則初值應大於終值，否則會造成空序列。

**簡例** 建立數字序列 1、3、5、7、9。

```
range(1, 10, 2)      # 初值為 1，終止值為 10-1，間隔值為 2
```

**簡例** 建立數字序列 11、12、13、14、15、16、17、18。

```
range(11, 19)        # 初值為 11，終止值為 19-1，間隔值省略預設 1
```

**簡例** 建立數字序列 0、1、2、3、4、5、6。

```
range(7)             # 初值省略預設為 0，終止值為 7-1，間隔值省略預設 1
```

**簡例** 建立數字序列 10、7、4、1。

```
range(10, 0, -3)     # 初值為 10，終止值為 0+1，間隔值為-3，為遞減數字序列
```

**簡例** 建立空序列。

```
range(1, 1)          # 初值為 1，終止值為 1-1，間隔值省略預設為 1，為空序列
```

## 二. for 迴圈

for 迴圈通常配合 range() 函式來運作，迴圈執行時會依序讀取序列元素，指定給迴圈變數，for 敘述要以「:」冒號為結尾。敘述區段接續在冒號後面，迴圈的敘述區段要往後縮排。語法如下：

> **語法**
>
> ```
> for 迴圈變數 in range():
>     敘述區段
> ```

說明

1. 迴圈在讀取序列元素之時，會先判斷讀取指標是否已達序列的尾端？若「是」則離開迴圈；若「否」則執行迴圈內的敘述區段一次。

2. 接著，繼續讀取序列的下一個元素，再指定給迴圈變數，以此類推…。

3. for 迴圈結構的流程圖。

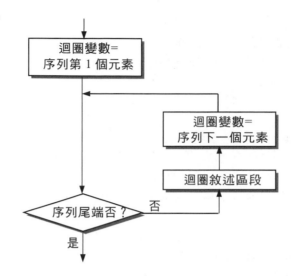

簡例　利用 for 迴圈，輸出 -3~3 的數列，及數列元素數目。(檔名：for_1.py)

```
01 count = 0
02 for x in range(-3, 4):
03     print(x, end = ' ')
04     count += 1
05 print('\n 共有 %d 個元素' %(count))
```

執行結果

```
-3 -2 -1 0 1 2 3
共有 7 個元素
```

說明

1. 第 2 行：for 迴圈讀取序列的第一個元素「-3」時，先判斷序列的指標是否指到序列的尾端。若「是」則離開迴圈，執行第 5 行敘述；若「否」則所讀取的元素「-3」指定給變數「x」，然後執行一次迴圈內的敘述區段(第 3~4 行)。

2. 接著繼續讀取序列的下一個元素「-2」(第 2 行)，重覆之前的動作直到序列元素讀取完畢。

**範例** ： sequence.py

設計產生等差數列的程式。由使用者輸入等差數列的首項、公差、末項，再使用計數迴圈計算出等差數列的項數與總和。

執行結果

```
請輸入等差數列的首項：2 [Enter↵]
請輸入等差數列的公差：3 [Enter↵]
請輸入等差數列的末項：15 [Enter↵]
等差數列的項數為 5
等差數列的總和為 40
```

**程式碼** FileName：sequence.py

```python
01 a1 = eval(input('請輸入等差數列的首項：'))
02 d = eval(input('請輸入等差數列的公差：'))
03 an = eval(input('請輸入等差數列的末項：'))
04 n = 0                    # 項數
05 sum = 0                  # 總和
06 for x in range(a1,an+1,d):
07     n += 1
08     sum += x
09 print ('等差數列的項數為 %d' %(n))
10 print ('等差數列的總和為 %d' %(sum))
```

説明

1. 第 1~3 行：由使用者輸入等差數列的首項、公差、末項。

2. 第 6~8 行：為 for 迴圈，用變數 x 來依序讀取序列元素。其中序列的初值為等差數列的首項，序列的終止值等差數列的末項，序列的間隔值為等差數列的公差。

3. 第 4,7 行：變數 n 用來存放等差數列的項數，每進入一次 for 迴圈，n 的變數值就會累加 1。

4. 第 5,8 行：變數 sum 用來存放等差數列的總和，每進入一次 for 迴圈，sum 的變數值就會依序累加序列內的元素值。

5. 第 9,10 行：當 for 迴圈結束後，輸出等差數列的項數及總和。

## 三. for … else 敘述

for 迴圈還可以加上 else 敘述與 else 敘述區段。當 for 迴圈正常結束後，程式流程會執行 else 敘述區段一次，同樣的 else 敘述要以冒號為結尾，敘述區段要往右縮排。

語法及流程圖如下：

<table>
<tr><td>語法</td></tr>
<tr><td>

```
for 迴圈變數 in range():
    迴圈敘述區段
else:
    else 敘述區段
```

</td></tr>
</table>

流程圖：

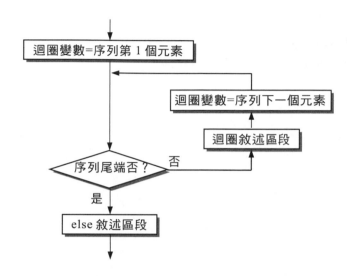

簡例 利用 for 迴圈，輸出 20 以下的偶數。(檔名：for_2.py)

```
01 for num in range(1, 21):
02     if num % 2 == 0:
03         print(num, end = ' ')
04 else:
05     print('\n 顯示 20 以下的偶數')
```

執行結果

```
2  4  6  8  10  12  14  16  18  20
顯示 20 以下的偶數
```

說明

1. 第 2~3 行：for 迴圈依序讀取序列的元素值，若所讀取的元素值能被 2 整除，則輸出該元素值。

2. 第 5 行：當 for 迴圈正常結束後，會執行本行敘述。

### 範例：factorial.py

設計階乘計算的程式。要求使用者輸入一個 1~10 的整數，然後使用計數迴圈計算並輸出使用者輸入值的階乘。

**執行結果**

```
請輸入 1~10 整數：5 Enter↵
1 * 2 * 3 * 4 * 5 = 120
```

**程式碼** FileName：factorial.py

```
01 num = eval(input('請輸入 1~10 個整數：'))
02 fact = 1
03 for i in range(1, num+1):
04     fact *= i
05     if i < num:
06         print(i, end = ' * ')
07     else:
08         print(i, end = ' = ')
09 else:
10     print(fact)
```

**說明**

下表為迴圈執行的過程，迴圈敘述與 else 敘述的運作情形。

| 敘述 / 迴圈 | i | 執行 | fact = fact* i | i < 5 | 輸出 |
|---|---|---|---|---|---|
| 第1次 | 1 | 迴圈敘述 | fact=1*1=1 | 成立 | 1 * |
| 第2次 | 2 | 迴圈敘述 | fact=1*2=2 | 成立 | 2 * |
| 第3次 | 3 | 迴圈敘述 | fact=2*3=6 | 成立 | 3 * |
| 第4次 | 4 | 迴圈敘述 | fact=6*4=24 | 成立 | 4 * |
| 第5次 | 5 | 迴圈敘述 | fact=24*5=120 | 不成立 | 5 = |
| 離開迴圈敘述區段 | 6 | else 敘述區段 | | | 120 |

## 10.4.2 條件迴圈

如果事先不確定迴圈需要重覆執行多少次，那麼就要使用條件迴圈。此種結構不需要迴圈變數，而是用一個條件運算式來判斷是否繼續執行或離開迴圈。若條件運算式的結果為真 (True)，則執行迴圈內的敘述區段。所以此種迴圈內的敘述區段必須置入改變條件運算式結果的敘述，否則會變成無窮迴圈。當條件運算式的結果為假 (False)，方能離開迴圈。

## 一. while 迴圈

　　while 迴圈在迴圈開始前，會先檢查條件式是否成立，如果不成立，程式流程會略過迴圈的敘述區段。反之，程式流程會在迴圈的敘述區段內循環執行，直到條件式的結果不成立，才會脫離迴圈。語法如下：

**語法**
```
while 條件式:
        敘述區段
```

**簡例** 使用 while 迴圈，計算 1 + 2 + 3 + … + 99 + 100 的總和。(檔名：while_1.py)

```
01 n = 1
02 sum = 0
03 while n <= 100:
04     sum += n
05     n += 1
06 print(sum)
```

**執行結果**

```
5050
```

**說明**

1. 本例執行的流程圖：

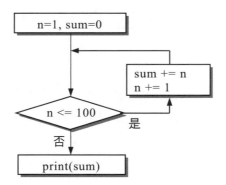

2. 本例中要進入 while 迴圈之前，必須滿足「n<=100」的條件。一開始 n=1，滿足條件而進入迴圈敘述區段執行。

3. 第一次進入迴圈，使 sum = 1，n = 2；第二次進入迴圈，使 sum = 3，n = 3；第三次進入迴圈，使 sum = 6，n = 4 …。以此類推，直到 n=101 時才離開迴圈，輸出 sum 變數值 5050。

4. 若一開始 n 變數值大於 100，則 while 迴圈內的敘述區段一次都不會被執行到。

**範例** : taxigo.py

若計程車跳表收費公式：起跳 80 元 (起跳里程 1.5 公里)，續程每 0.25 公里 5 元 (未達 0.25 公里以 0.25 公里計)。設計程式，輸入計程車的行駛里程，輸出應付的車資。

**執行結果**

```
請輸入行駛的公里數：5.8 Enter↵
車資(元)： 170
```

**程式碼** FileName : taxigo.py

```
01 km = eval(input('請輸入行駛的公里數：'))      # 行駛里程
02 money = 80                          # 起跳計費
03 km = km - 1.5                       # 起跳里程
04 while km > 0 :
05     km -= 0.25
06     money += 5
07 print('車資(元)： %d' %(money))
```

**說明**

1. 第 2,3 行：為上車後起跳計費，即前 1.5 公里內的收費為 80 元。

2. 第 4~6 行：為 while 迴圈的敘述區段，每行駛 0.25 公里，車資累加 5 元。

3. 當第 1 行輸入的公里數低於 1.5 公里時，經第 3 行運算後，會使第 4 行的條件式 (km>0) 不成立。此種情形會造成程式流程沒有進入迴圈敘述區段執行。

## 二. while … else 敘述

while 迴圈也可以加上 else 敘述與 else 敘述區段。此時如果 while 迴圈正常結束或因條件式不成立而略過迴圈區段，皆會執行 else 敘述區段。語法如下：

**語法**

```
while 條件式:
    迴圈敘述區段
else:
    else 敘述區段
```

**簡例** 使用 while … else 敘述，要求使用者輸入文字。若輸入不正確，程式會不斷重複要求輸入；若輸入正確，再顯示對應句子。(檔名：while_2.py)

```
01 password = ''
02 while password != 'Python':
03     password = input('請輸入通關密語：')
04 else:
05     print ('%s is good!' %(password))
```

執行結果

> 請輸入通關密語：Hello
> 請輸入通關密語：Python
> Python is good!

說明

1. 要求使用者輸入通關密語「Python」。若輸入不正確，程式會不斷重覆要求輸入；直到輸入正確，再顯示「Python is good!」。

**範例**：guess.py

設計猜數遊戲。在程式中設定一個被猜數，由使用者輸入猜數，若猜太高時，提示再輸入猜數時猜低一點；若猜太低時，提示再猜高一點。猜對時，顯示「好棒棒，您猜到了！」。

執行結果

> 請從 0~100 中猜一個整數：50 [Enter↵]
> 太小了！再猜大一點！
> 請從 0~100 中猜一個整數：75 [Enter↵]
> 太大了！再猜小一點！
> 請從 0~100 中猜一個整數：67 [Enter↵]
> 太大了！再猜小一點！
> 請從 0~100 中猜一個整數：57 [Enter↵]
> 好棒棒，您猜到了！

**程式碼** FileName：guess.py

```
01 ans = 57            # 設定被猜數
02 p = False
03 while p == False:
04     guess = eval(input('請從 0~100 中猜一個整數：'))
05     if guess == ans:
06         p = True
07     else:
08         if guess > ans:
09             print('太大了！再猜小一點！')
10         else:
11             print('太小了！再猜大一點！')
12 else:
13     print('好棒棒，您猜到了！')
```

說明

1. 第 1 行：ans 變數存放猜數答案 57。

2. 第 4 行：使用者輸入猜數，指定給 guess 變數存放。

3. 第 5 行：判斷猜數是否猜對！若猜對執行第 6 行；沒猜對執行第 8~11 行。

4. 第 6 行：指定 True 布林值給 p 變數，使再度要執行 while 迴圈的條件式不成立而跳離迴圈，執行第 13 行敘述。

5. 第 8~11 行：顯示提示猜數太大或太小訊息。

6. 第 13 行：當 while 迴圈正常結束，程式流程會執行 else 敘述區段輸出「好棒棒，您猜到了！」。

## 10.4.3 中斷迴圈

在迴圈的使用途中若要中斷迴圈的執行，可使用 continue 和 break 敘述。因為這兩個敘述有強制性，換句話說，程式流程遇到這兩個敘述，流程會無條件轉移。在使用 continue 與 break 敘述時，必須配合選擇結構，以條件式來控制程式流向。

### 一. continue 敘述

continue 敘述中斷迴圈敘述區段的方式是跳至迴圈的頂端，若進入迴圈的條件仍然符合時，則可再進入迴圈執行敘述區段。continue 敘述的語法及執行流程如下：

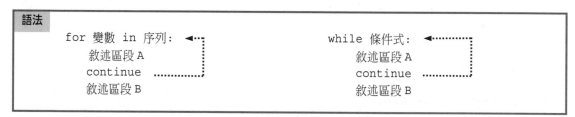

**語法**

```
for 變數 in 序列:          while 條件式:
    敘述區段 A                  敘述區段 A
    continue ........          continue ........
    敘述區段 B                  敘述區段 B
```

**簡例** 撰寫程式列出 1~25 整數中，能被 7 整除的數。(檔名：continue.py)

```
01 i = 0
02 while i <= 25:
03     i += 1
04     if(i % 7 != 0):
05         continue
06     print('%d 是 7 的倍數' %(i))
```

**執行結果**

```
7 是 7 的倍數
14 是 7 的倍數
21 是 7 的倍數
```

說明

1. 在 i <= 25 時會執行第 3~6 行的 while 迴圈敘述區段塊。

2. 當變數 i % 7 的結果不等於 0，表示不能被 7 整除，此時程式會執行第 5 行，然後略過第 6 行跳回迴圈開頭；反之，會執行第 6 行輸出訊息，再繼續迴圈流程。

## 二. break 敘述

break 敘述中斷迴圈敘述區段的方式是直接脫離迴圈，向下繼續執行。若迴圈有 else 敘述區段，因為 else 區塊被視為迴圈的一部分，所以同樣會被跳過。break 敘述的語法及執行流程如下：

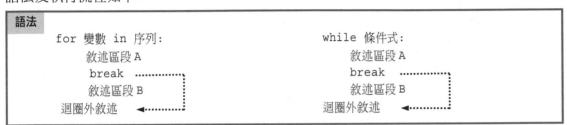

語法

```
for 變數 in 序列:                     while 條件式:
    敘述區段 A                            敘述區段 A
    break ···············                 break ···············
    敘述區段 B              ┊              敘述區段 B              ┊
迴圈外敘述 ◄············                迴圈外敘述 ◄············
```

⬇ **範例** ： break.py

輸入密碼，正確密碼為「5201314」，若密碼輸入正確，顯示「密碼正確，歡迎光臨」；若密碼錯誤，顯示「第 ? 次 密碼輸入錯誤！」。連續三次輸入密碼錯誤，則顯示「三次密碼輸入錯誤，停止登入！」。

執行結果

第 1 次 請輸入密碼： 1254567 Enter↵
密碼輸入錯誤！
第 2 次 請輸入密碼： 1221267 Enter↵
密碼輸入錯誤！
第 3 次 請輸入密碼： 5475587 Enter↵
密碼輸入錯誤！
已三次密碼輸入錯誤，停止登入！

第 1 次 請輸入密碼： 5875487 Enter↵
密碼輸入錯誤！
第 2 次 請輸入密碼： 5201314 Enter↵
密碼正確，歡迎光臨

**程式碼** FileName : break.py

```
01 count = 0
02 pw = "5201314"
03 while count < 3:
04     count += 1
05     print('第%d 次 請輸入密碼：' %(count), end=' ')
06     keyin = input()
07     if keyin == pw:
08         print('密碼正確，歡迎光臨')
```

```
09          break
10      else:
11          print('密碼輸入錯誤！')
12 else:
13      print('已三次密碼輸入錯誤，停止登入！')
```

**說明**

1. 第 1~2 行：count 記錄輸入的次數。pw 為密碼值。

2. 第 3~13 行：while … else 敘述，當 count < 3 時執行第 4~11 行 while 迴圈敘述區段；否則執行第 13 行 else 敘述區段。

3. 第 5,6 行：因要求使用者操作的提示訊息含有 count 變數值，所以先用 print() 顯現「第 count 次 請輸入密碼」提示訊息，再用 input() 來讓使用者鍵入密碼文字。若提示訊息內不含變數值，可直接使用 input() 來處理即可。

4. 第 7 行：比較輸入字串 keyin 變數值與密碼設定值 pw 是否符合。若符合，則執行第 8~9 行敘述；若不符合，則執行第 11 行敘述。

5. 第 9 行：若程式流程遇到 break 指令會跳離整個迴圈，不會執行第 12~13 行的 else 敘述區段。

6. 第 12~13 行：當三次密碼輸入皆錯誤時，使 count < 3 的條件式不成立，才會離開 while 迴圈而執行 else 敘述區段，輸出「已三次密碼輸入錯誤，停止登入！」訊息。

## 10.4.4 巢狀迴圈

當重覆結構內的敘述區段中再含有內層迴圈時，這種如洋蔥般一層一層由內而外的迴圈結構稱為「巢狀迴圈」。內層迴圈及外層迴圈皆可以使用 for 迴圈、while 迴圈。

使用巢狀迴圈時要注意，每個迴圈都必須使用自己對應的迴圈控制變數，不同層的迴圈範圍不可交叉。撰寫巢狀迴圈程式時，內、外層迴圈相對應的敘述區段程式碼須各自縮排對齊，程式才能正確執行。

**簡例** 使用兩層的 for 迴圈，來逐列增加一位數字階梯式顯示數列。(檔名：nest_1.py )

```
01 for x in range(1, 6):
02     for y in range(1, x+1):
03         print(y, end = ' ')      # 輸出數字+空白格
04     print()                      # 跳下一列輸出
```

執行結果

```
1
1 2
1 2 3
1 2 3 4
1 2 3 4 5
```

說明

1. 第 1~4 行：為外層迴圈，控制輸出的列數，總共有 5 列。

2. 第 2~3 行：為內層迴圈，設計每一列的輸出內容。第一列顯示「1」，第二列顯示「1 2」，第三列顯示「1 2 3」...。

3. 每執行一次內層迴圈，便執行一次第 4 行，使用 print() 函式來換行輸出資料。

簡例　使用巢狀迴圈，以金字塔式逐列顯示 A 字元。(檔名：nest_2.py )

```
01 row = 5
02 a = 1
03 while row > 0:
04     for i in range(row, 0, -1):
05         print(' ', end = '')          # 輸出空白格
06     for j in range(1, a+1):
07         print(' A', end = '')          # 輸出 A 字元
08     print()                            # 跳下一列輸出
09     a += 1
10     row -= 1
```

執行結果

```
     A
    A A
   A A A
  A A A A
 A A A A A
```

說明

1. 第 3~10 行：為外層迴圈，控制輸出的列數，總共 5 列。

2. 第 4~5 行：為第一個內層迴圈，設計每一列輸出空白格數目。

3. 第 6~7 行：為第二個內層迴圈，設計每一列輸出「A」字元數目。

⬇ **範例** ： mulTable.py

外層迴圈使用 for 迴圈，內層迴圈使用 while 迴圈，設計程式顯示九九乘法對照表。

**執行結果**

```
    |  1     2     3     4     5     6     7     8     9
-----------------------------------------------------------------
1 |  1     2     3     4     5     6     7     8     9
2 |  2     4     6     8    10    12    14    16    18
3 |  3     6     9    12    15    18    21    24    27
4 |  4     8    12    16    20    24    28    32    36
5 |  5    10    15    20    25    30    35    40    45
6 |  6    12    18    24    30    36    42    48    54
7 |  7    14    21    28    35    42    49    56    63
8 |  8    16    24    32    40    48    56    64    72
9 |  9    18    27    36    45    54    63    72    81
```

**程式碼** FileName : mulTable.py

```
01 print('   |\t 1 \t 2 \t 3 \t 4 \t 5 \t 6 \t 7 \t 8 \t 9 ')
02 for i in range(80):
03     print('-', end = '')
04 print()
05 for x in range(1, 10):
06     print('%d   |\t ' %(x), end = '')
07     y = 1
08     while y <= 9 :
09         print('%d\t ' %(y*x), end = '')
10         y += 1
11     print()
```

**說明**

1. 第 1~3 行：輸出最上面 1~9 的數字欄位及分隔線。

2. 第 5~11 行：為外層 for 迴圈，x 為 for 迴圈的計數變數．

3. 第 8~10 行：為內層 while 迴圈，將 y 當成內層迴圈的控制變數。

4. 第 9 行：當 x = 1 時，y = 1~9 輸出 y*1 的結果：1*1, 2*1, 3*1, … , 9*1
   當 x = 2 時，y = 1~9 輸出 y*2 的結果：1*2, 2*2, 3*2, … , 9*2
   ……
   當 x = 9 時，y = 1~9 輸出 y*9 的結果：1*9, 2*9, 3*9, … , 9*9

## 10.4.5　無窮迴圈

　　如果條件迴圈的運算式運算結果一直是 True，會形成無窮迴圈。即程式流程會周而復始的執行迴圈內的敘述區段而無法停止。因此撰寫無窮迴圈內的敘述區段時，必須要有改變條件式，並使用 break 指令來中斷，做為跳離迴圈的出口。

📥 **範例**： infinite_1.py

由鍵盤輸入兩個整數，再回答兩數相乘的結果。若答錯了，會重複作答，直到答對。若答對了，則便詢問「是否繼續(Y/N)？」，若不是按 'Y' 或 'y' 字元，則結束程式；若按 'Y' 或 'y' 字元，則重複出題與答題。

**執行結果**

```
輸入第 1 個整數：12  Enter↵
輸入第 2 個整數：30  Enter↵
12 * 30 = 42  Enter↵
答錯了！ ~_~
12 * 30 = 360  Enter↵
答對了！ *_*
是否繼續(Y/N)？n  Enter↵
```

**程式碼** FileName：infinite_1.py

```
01 yn = 'Y'
02 while (yn == 'Y' or yn == 'y') :
03     n1 = eval(input('輸入第 1 個整數 : '))
04     n2 = eval(input('輸入第 2 個整數 : '))
05     while True :
06         print('%d * %d = ' %(n1,n2), end = '')
07         ans = eval(input())
08         if ans == n1*n2 :
09             print('答對了！ ~_~')
10             break
11         else :
12             print('答錯了！ *_*')
13             continue
14     yn = input('是否繼續(Y/N)？')
```

**說明**

1. 第 1 行：yn 變數存放回答是 (y) / 否 (n) 繼續作答的字元。

2. 第 3,4 行：n1 與 n2 變數存放輸入的兩整數值。

3. 第 7 行：ans 變數存放使用者答題的數值。

4. 第 2~14 行：為外層迴圈。第 14 行輸入的 yn 變數值決定是否繼續進入外層迴圈執行。

5. 第 5~13 行：為內層迴圈，它是一個無窮迴圈，其敘述區段中必須要中斷迴圈的敘述，才能離開無窮迴圈。

6. 若第 8 行判斷答題的 ans 變數值為兩數的乘積時，會執行第 10 行的 break 敘述來離開內層迴圈；否則執行第 13 行的 continue 敘述跳至內層迴圈開頭繼續執行。

⬇ **範例**： infinite_2.py

使用無窮迴圈，設計出 2x <= m 運算式。由鍵盤輸入正整數 m，求出 x 的整數值。

**執行結果**

```
請輸入正整數 m：65538 Enter↵
 x = 16
 2^16 = 65536 <= 65538
```

**程式碼** FileName：infinite_2.py

```
01 power = 1
02 x = 0
03 m = eval(input('請輸入正整數 m:'))
04 while True:
05     power = power * 2
06     x += 1
07     if power > m:
08         power = power / 2
09         x -= 1
10         break
11 print(' x = %d' %(x))
12 print(' 2^%d = %d <= %d' %(x, power, m))
```

**説明**

1. 第 4~10 行：為無窮迴圈。

2. 第 7~10 行：檢查目前 2 的次方值 power 是否大於 m 值？若大於成立，則 power 與 x 皆要變回到上一迴圈的值，而且用 break 敘述離開無窮迴圈，跳到第 11 行繼續執行。

# Python 串列

## 11.1 何謂串列

串列是儲存資料的容器，它是一組經過編排號碼順序的變數，並在記憶體中占用連續的位址空間。如抽屜收納櫃，每個抽屜都依順序標記連續號碼，若要從某個抽屜取得或放置物品，只要知道抽屜是在第幾層，就能很快地找到該抽屜。

若將收納櫃比喻為一個「串列」(list)，則收納櫃的一個個抽屜，在串列上我們稱之為「元素」(element)。同樣地欲存取串列中某個元素資料的內容，只要告知該元素在串列中的「索引」(index)(也就是編號)，即可存取該元素內容。

## 11.2 一維串列

若串列中只有一組索引(編號)，稱為一維串列；有兩組索引，稱為二維串列；有三組索引，稱為三維串列；以此類推…。

### 一. 一維串列的建立

串列建立時，要指定串列的名稱、標示擁有多少個元素。其建立方式是以 [ ] 運算子來存放元素資料，元素間用逗號分隔。其建立的方式如下：

> **語法**
>
> 串列名稱 = [元素1, 元素2, 元素3, …]

**簡例** 建立動物 animal 的串列名稱，其元素內容分別為動物名稱的英語單字字串。

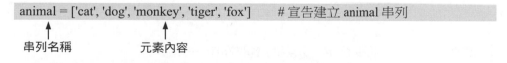

```
animal = ['cat', 'dog', 'monkey', 'tiger', 'fox']    #宣告建立 animal 串列
```
         ↑                ↑
      串列名稱          元素內容

1. animal 是一個串列，擁有 5 個字串元素，依序為：animal[0]、animal[1]、animal[2]、animal[3]、animal[4]。

2. 串列大小為串列長度，由「索引」來編排元素順序，索引由 0 開始。若串列大小為 5，則索引範圍會是 0~4。索引必須是整數字面值、整數變數或整數運算式。

3. animal 串列的每一個元素皆可視為一個變數，這些變數在主記憶體中占用連續位址空間，裡面存放著字串型別的資料，如下圖所示：

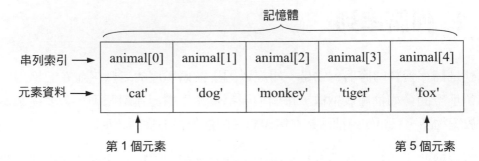

串列中各個元素資料的型別可以相同，也可以不相同。

簡例

```
01 score = [62, 88, 89, 73, 100]              # 元素皆為整數資料型別
02 fruit = ['apple', 'banana', 'lemon', 'pear']   # 元素皆為字串資料型別
03 data = ['John', 36, True]          # 元素存放的資料型別不相同
04 lst = []                          # 空串列,不含元素資料
```

## 二. 串列的讀取

利用 [ ] 運算子填入串列索引，便可讀取串列對應的元素內容。語法如下：

> **語法**
>
> 串列名稱 = ［索引］

說明

1. 串列中第一個元素的索引是 0，第二個元素的索引是 1，以此類推…。

2. 若索引為負數，則從串列尾端倒數來讀取串列元素，串列倒數第一個元素的索引是 -1，倒數第二個元素的索引是 -2。

3. 索引不能超過串列長度範圍，否則程式執行時會產生錯誤。

簡例　建立串列 data，並進行單一元素的讀取操作。

```
01 data = [11, 22, 33, 44, 55, 66, 77, 88, 99]
```

```
02 print(data[0])      # 輸出 11
03 print(data[3])      # 輸出 44
04 print(data[-1])     # 輸出 99
05 print(data[-9])     # 輸出 11
06 print(data[10])     # 錯誤，索引超過範圍
```

若串列是使用 start:end:step 填入[ ] 運算子，便是讀取索引從 strat 起至 end 前一位，間隔 step 之間的串列元素。語法如下：

**語法**

　　串列名稱 = [start:end:step]

**說明**

1. 讀取索引 strat 起到 end 前一位之間的串列元素，step 為間隔值。

2. 若 strat 省略，預設值為 0；若 end 省略，則預設值為串列長度；若 step 省略，則預設值為 1。

**簡例**　建立串列 lst，並進行各種不同元素的讀取操作。

```
01 lst = [11, 22, 33, 44, 55, 66, 77, 88, 99]
02 print(lst[3:7])     # 輸出 [44, 55, 66, 77]
03 print(lst[:5])      # 輸出 [11, 22, 33, 44, 55]
04 print(lst[0:9])     # 輸出 [11, 22, 33, 44, 55, 66, 77, 88, 99]
05 print(lst[1:9:2])   # 輸出 [22, 44, 66, 88]
06 print(lst[1::2])    # 輸出 [22, 44, 66, 88]
07 print(lst[-5:-1])   # 輸出 [55, 66, 77, 88]
08 print(lst[:-2])     # 輸出 [11, 22, 33, 44, 55, 66, 77]
09 print(lst)          # 輸出 [11, 22, 33, 44, 55, 66, 77, 88, 99]
```

## 三. 串列的存放

　　除空串列外，串列在建立時已存放有元素的初值，但如同變數一樣，所存放的元素值可以再改變內容，其改變元素內容的語法為：

**語法**

　　串列名稱[索引] = 資料

**簡例**　建立串列 arr，並進行相關的串列元素存放操作。

```
01 arr = ['Sun', 'Mon', 'Tue', 'Wed', 'Thu', 'Fri', 'Sat']
02 arr[2] = 'Tuesday'  # arr[2]的內容由'Tue'更改為'Tuesday'
03 print(arr[2])       # 輸出 Tuesday
04 print(arr)          # 輸出 ['Sun', 'Mon', 'Tuesday', 'Wed', 'Thu', 'Fri', 'Sat']
```

# 11.3 串列的函式與方法

串列在程式中被廣泛使用，在處理串列元素時往往會搭配串列內建函式與方法。

## 一. 串列常用的內建函式

| 函式名稱 | 功能說明 |
|---|---|
| len() | 計算串列的長度，可取得串列元素的數目。 |
| max() | 取得串列中元素的最大值。 |
| min() | 取得串列中元素的最小值。 |
| sum() | 計算串列中所有元素值的加總。 |

簡例 建立串列 lst，並使用 len() 函式取得 lst 串列的長度。

```
01 lst = [2, 6, 10, 12, 1, 3, 5, 7]
02 num = len(lst)              # num ← 8
03 big = max(lst)              # big ← 12
04 small = min(lst)            # small ← 1
05 total = sum(lst)            # total ← 46
06 print(num,big,small,total)  # 輸出 8 12 1 46
```

## 二. 串列的常用方法

| 方法 | 使用說明 (若 lst = [10, 20, 30, 40, 50]) |
|---|---|
| append(value) | 新增串列元素，將 value 附加到串列最後一個元素的後面。<br>例：lst.append(66)　　　# lst = [10,20,30,40,50,66] |
| insert(index,value) | 在串列索引 index 處插入一個值為 value 的元素。<br>例：lst.insert(2,77)　　　# lst = [10,20,77,30,40,50] |
| pop() | 刪除串列最後一個元素。<br>例：lst.pop()　　　# lst = [10,20,30,40] |
| pop(index) | 刪除串列索引 index 處的元素。<br>例：lst.pop(3)　　　# lst = [10,20,30,50] |
| remove(value) | 刪除串列中第一個值為 value 的元素。<br>例：lst.remove(20)　　　# lst = [10,30,40,50] |
| index(value) | 取得串列中第一個值為 value 的元素索引。<br>例：n = lst.index(30)　　　# n ← 2 |
| count(value) | 取得串列中出現值為 value 的元素數目。<br>例：n = lst.count(30)　　　# n ← 1 |

| 方法 | 使用說明 (若 lst = [10, 20, 30, 40, 50]) |
|---|---|
| del | 刪除串列指定索引的元素。<br>例：del lst[3]　　　　# 刪除索引 3 元素 ⇨ 即刪除 40<br>　　del lst[1:4]　　　# 刪除索引 1~3 元素 ⇨ 即刪除 20,30,40<br>　　del lst[1:5:2]　　# 刪除索引 1~4 元素，間隔 1 個元素<br>　　　　　　　　　　⇨即刪除 20,40<br>　　del lst[:]　　　　# 刪除所有元素 ⇨ lst = [] |
| clear() | 刪除串列所有的元素。<br>例：lst.clear()　　　　# lst = [] , 與 del lst[:] 相同 |

## 三. 串列的運算子

| 運算子 | 使用說明 (若 lst=[11, 22, 33, 44]) |
|---|---|
| in | 判斷指定的資料是否存在於串列中。<br>例：flag = 44 in lst　　　　# flag ← True<br>例：flag = 95 in lst　　　　# flag ← False |
| not in | 判斷指定的資料是否不存在於串列中。<br>例：flag = 44 not in lst　　# flag ← False<br>例：flag = 95 not in lst　　# flag ← True |
| = | 1. 複製串列的位址，複製後兩串列占用相同記憶體位址。當一個串列內容改變時，另一個串列內容會跟著改變。<br>　例：arr = lst　　# arr 與 list 兩者皆為 [11,22,33,44]<br>　　arr[2] = 999　# 結果 arr = [11,22,999,44]，lst = [11,22,999,44]<br>2. 複製串列的元素值，複製後產生新的串列，各自占用不同記憶體位址。當一個串列內容改變，並不會影響另一個串列內容。<br>　例：arr = lst[:]　# arr 與 list 兩者元素值皆為 [11,22,33,44]<br>　arr[2] = 999　　# 結果 arr = [11,22,999,44]，lst = [11,22,33,44] |
| + | 連結兩個串列元素。<br>例：arr = [66,77,88]<br>　　data = lst + arr　# data = [11,22,33,44,66,77,88] |
| * | 複製串列元素。<br>例：arr = 2 * lst　　　# arr = [11,22,33,44,11,22,33,44]<br>　arr = lst * 3　　　# arr = [11,22,33,44,11,22,33,44,11,22,33,44] |

# 11.4 串列與 for 迴圈

## 一. 使用 for … in range() 迴圈

　　串列的長度取得後，可以設定給 range() 函式範圍的最大值。接著便可以使用 for … in range() 迴圈來控制串列的索引，循序讀取指定範圍的串列元素。

簡例 建立串列 lst，使用 for … in range() 迴圈讀取串列元素。

```
01 lst = [11, 22, 33, 44, 55, 66]
02 for x in range(len(lst)):        # len(lst) = 6
03    print(lst[x], end = ' ')      # 輸出 11 22 33 44 55 66
04 print()
05 for z in range(1, len(lst)):
06    print(lst[z], end = ' ')      # 輸出 22 33 44 55 66
07 print()
08 for t in range(len(lst)-1, 2, -1):
09    print(lst[t], end = ' ')      # 輸出 66 55 44
10 print()
11 for r in range(0, len(lst), 2):
12    print(lst[r], end = ' ')      # 輸出 11 33 55
```

## 二. 使用 for … in 串列迴圈

使用 for … in 串列迴圈可以讀取串列的元素內容，其語法如下：

語法
```
for 迴圈變數  in 串列 :
     迴圈敘述區段
[ else :
     else 敘述區段 ]
```

簡例 建立串列 season，並使用 for … in 串列迴圈讀取 season 串列的元素內容。

```
01 season = ['春蘭', '夏荷', '秋菊', '冬梅']
02 for item in season:
03    print(item, end = ' ')     # 輸出 春蘭 夏荷 秋菊 冬梅
```

簡例 使用 for…else 敘述，從字串中逐一列出組成字元，並在最後輸出「字串輸出完畢!」。(檔名：for.py)

```
01 for x in 'welcome':
02    print(x, end=' ')
03 else:
04    print ('\n 字串輸出完畢!')
```

執行結果

```
w e l c o m e
字串輸出完畢!
```

說明

1. 字串可視為字元串列。

2. 第 1~2 行：for 迴圈會逐一輸出字串內之字元元素。

3. 第 3~4 行：當 for 迴圈正常結束，程式流程會執行 else 敘述區段輸出「字串輸出完畢!」。

## 三. 串列生成器

建立串列時搭配 range() 函式，可以指定串列的元素內容。

簡例　建立串列 arr，並使其 arr[0] = arr[1] = … = arr[5] = 9。

```
01 arr = [9 for x in range(6)]
02 for item in arr:
03     print(item, end = ',')        # 輸出 9,9,9,9,9,9,
```

說明

1. 若要使 arr 串列的 arr[0]、arr[2] ~ arr[5] 元素內容皆為 'abc'，則程式的第 1 行敘述可改為 arr = ['abc' for x in range(6)]。

2. 若要使 arr 串列的 arr[0]、arr[2] ~ arr[5] 元素內容皆為空字串，則程式的第 1 行敘述可改為 arr = [" for x in range(6)]。

簡例　建立串列 arr，並使其 arr[0] = 0, arr[1] = 1, arr[2] = 2, …, arr[9] = 9。

```
01 arr = [y for y in range(10)]
02 for item in arr:
03     print(item, end = ',')        # 輸出 0,1,2,3,4,5,6,7,8,9,
```

說明

1. 第 1 行：若將敘述改為 arr = [(y+5) for y in range(10)] 時，則 arr[0]=5、arr[1]=6、arr[2]=7、arr[3]=8、…、arr[9]=14。

🔽 **範例**：average.py

宣告一個擁有 5 個元素的串列，用來存放由使用者輸入的整數，待 5 個元素皆輸入完畢。輸出這 5 個元素值的平均數。

執行結果

```
輸入第 1 個整數：6  Enter↵
輸入第 2 個整數：14 Enter↵
輸入第 3 個整數：12 Enter↵
輸入第 4 個整數：8  Enter↵
輸入第 5 個整數：22 Enter↵
平均數：12.4
```

程式碼　FileName：average.py

```python
01 number = [0 for x in range(5)]
02 for n in range(len(number)):
03     print('輸入第 %d 個整數：' %(n+1), end='')
04     number[n]=eval(input())
05 total = 0
06 for item in number:
07     total += item
08 avg = total/len(number)
09 print('平均數 : %.1f' %(avg))
```

説明

1. 第 1 行：建立 number 一維串列，串列有 5 個元素，元素初值皆預設為 0。

2. 第 2~4 行：使用 for … in range() 迴圈依序輸入整數指定給 5 個元素。

3. 第 6~7 行：計算使用 for … in 串列迴圈，逐一讀取 number 串列內元素值，指定給 total 變數加總。

4. 第 8,9 行：計算並輸出 5 個元素值的平均數。

# 11.5 多維串列

　　串列中只有一組索引，稱為一維串列；有兩組索引，稱為二維串列；有三組索引，稱為三維串列；以此類推…。

　　二維串列的索引有兩組，第一組索引稱為「列」(row)，第二組索引稱為「行」(column)。凡是能以表格方式呈現的資料，都可以使用二維串列，如：座位表、課表…。二維串列中若每一列的個數都相同，就構成了一個矩陣串列。二維串列的建立語法如下：

語法

　　串列名稱 = [[元素 00, 元素 01, 元素 02, …], [元素 10, 元素 11, 元素 12, …],
　　　　　　　 [元素 20, 元素 21, 元素 22, …], ……………]

簡例　建立一個名稱為 lst 的二維串列，其串列大小為 3 列 4 行，元素存放整數型別資料，使用 len() 取得串列大小。

```
01 lst = [[1, 3, 5, 7], [22, 66, 44, 88], [-3, -9, -5, -6]]
02 n1 = len(lst)          # n1←3,表示第一維有 3 個串列元素
03 n2 = len(lst[0])       # n2←4,表示索引為 0 的串列元素有 4 個元素
```

說明

1. 第 1 行：建立二維串列，其中第一維有 3 個元素 lst[0]、lst[1]、lst[2]。這三個元素內容是串列，分別是 [1, 3, 5, 7]、[22, 66, 44, 88]、[-3, -9, -5, -6]。

|  | 第 1 行[0] | 第 2 行[1] | 第 3 行[2] | 第 4 行[3] |
|---|---|---|---|---|
| 第 1 列[0] | lst[0][0] = 1 | lst[0][1] = 3 | lst[0][2] = 5 | lst[0][3] = 7 |
| 第 2 列[1] | lst[1][0] = 22 | lst[1][1] = 66 | lst[1][2] = 44 | lst[1][3] =88 |
| 第 3 列[2] | lst[2][0] = -3 | lst[2][1] = -9 | lst[2][2] = -5 | lst[2][3] = -6 |

2. 由於是串列中含有第二維串列，而第二維串列才是存放著整數資料，像是收納櫃的抽屜裡面放有小抽屜，而小抽屜才放置物品的地方。

簡例　建立二維串列 lst，讀取 lst 串列元素內容輸出。

```
01 lst = [[1, 3, 5, 7], [22, 66, 44, 88], [-3, -9, -5, -6]]
02 print(lst)          # 輸出 [[1, 3, 5, 7], [22, 66, 44, 88], [-3, -9, -5, -6]
03 print(lst[0])       # 輸出 [1, 3, 55, 77]
04 print(lst[2])       # 輸出 [-3, -9, -5, -6]
05 print(lst[2][1])    # 輸出 -9
```

說明

1. 第 3 行：lst[0] 為 lst 串列的第 1 列串列 [1, 3, 5, 7]。

2. 第 4 行：lst[2] 為 lst 串列的第 3 列串列 [-3, -9, -5, -6]。

3. 第 5 行：lst[2][1] 存放的是第 3 列第 2 行的資料。

簡例　使用迴圈從串列中讀取所有元素的資料。(檔名：dList.py)

```
01 lst = [[1, 3, 5, 7], [22, 66, 44, 88], [-3, -9, -5, -6]]
02 for n1 in range(len(lst)):
03     for n2 in range(len(lst[n1])):
04         print('lst[%d][%d] = %2d ' %(n1, n2 ,lst[n1][n2]), end = ' ')
05     print()
```

執行結果

```
lst[0][0] =  1   lst[0][1] =  3   lst[0][2] =  5   lst[0][3] =  7
lst[1][0] = 22   lst[1][1] = 66   lst[1][2] = 44   lst[1][3] = 88
lst[2][0] = -3   lst[2][1] = -9   lst[2][2] = -5   lst[2][3] = -6
```

說明

1. 第 2 行：因 len(lst)=3，所以第 2~5 行 for 外層迴圈的 n1 變數值依序為 0、1、2。

2. 第 3~4 行：在 for 內層迴圈部份，當 n1=0、1、2 時，len(lst[0])、len(lst[1])、len(lst[2]) 皆會等於 4，使得 for 內層迴圈的 n2 變數皆依序為 0、1、2、3。

簡例　用串列生成器建立二維串列 arr，使其內容為 [[0, 0], [0, 0], [0, 0], [0, 0]]。

```
01 A = [0 for x in range(2)]
02 print(A)                # 輸出 [0, 0]
03 arr = [A for y in range(4)]
04 print(arr)              # 輸出 [[0, 0], [0, 0], [0, 0], [0, 0]]
```

說明

1. 第 2 行：建立一維串列 A，使元素內容為 [0, 0]。

2. 第 3 行：用已建立的一維串列 A 的元素索引做為 arr 串列的元素行索引，而 0~3 為列索引。使 arr = [A[0], A[1], A[2], A[3]] = [[0, 0], [0, 0], [0, 0], [0, 0]]。

3. 第 1 行若改為 A = [(2x+1) for x in range(2)]，A 串列的元素內容會為 [1, 3]。使得第 3 行 arr 的元素內容為 [[1, 3], [1, 3], [1, 3], [1, 3]]。

範例　：salary.py

下表為某公司上個月二位員工的薪水資料，請完成空白部份的數據。

| 姓名 | 底薪 | 加班費 | 勞健保費 | 實發金額 |
|------|------|--------|----------|----------|
| 李天德 | 30000 | 2000 | 1200 | |
| 許立旺 | 40000 | 3000 | 2400 | |
| 合計 | | | | |

執行結果

```
姓名     底薪     加班費   勞健保費 實發金額
====================================
李天德   30000   2000    1200    30800
許立旺   40000   3000    2400    40600
------------------------------------
合計     70000   5000    3600    71400
```

程式碼　FileName：salary.py

```
01 data = [['李天德', 30000, 2000, 1200, 0], ['許立旺', 40000, 3000, 2400, 0]]
02 n1 = len(data)              # 第一維串列大小
03 n2 = len(data[0])           # 第二維串大小
04 for x in range(n1):
```

```
05        data[x][n2-1] = data[x][1] + data[x][2] - data[x][3]    # 個人實領薪水
06
07 print('姓名     底薪     加班費    勞健保費   實發金額')
08 print('============================================')
09 for x in range(n1):
10     for y in range(n2):
11         print(data[x][y], end = '\t')
12     print()
13 print('--------------------------------------------')
14 print('合計', end = '\t')
15 for y in range(1,n2):
16     tot = 0
17     for x in range(n1):
18         tot = tot + data[x][y]      # 逐欄加總
19     print(tot, end = '\t')
```

**説明**

1. 第 1 行：使用 data 串列存放員工薪資資料，其中每個第二維的最後一個元素用來存放每個員工電腦計算後的薪水實領金額，計算前預設值為 0。

2. 第 2,3 行：n1 為第一維串列大小，n2 為第二維串列大小。

3. 第 4~5 行：使用 for 迴圈計算每個員工的實領薪水，存放至第二維的最後一個元素。

4. 第 7~13 行：表列輸出每位員工薪資資料。

5. 第 14~19 行：輸出表列中數值欄位的加總。

# 11.5 串列的排序

串列的「排序」(sorting) 就是將串列元素的多項資料，由小而大遞增或由大而小遞減來排列。資料經過排序處理之後，將來要搜尋指定資料時就可以很快找到。

## 一. 串列元素由小到大排列

串列的元素，可以按資料值由小到大的排列方式，重新安排元素順序。語法為：

**語法**

串列名稱.sort()

簡例　建立串列名稱 number，並對該串列的元素做由小到大的順序排序。

```
01 number = [33, 11, 88, 77, 66, 99, 22]
02 number.sort()
03 print(number)          # 輸出 [11, 22, 33, 66, 77, 88, 99]
```

## 二. 串列元素反轉排列

串列的元素，可以按反方向重新排列元素的順序。語法為：

語法
```
串列名稱.reverse()
```

簡例　建立串列名稱 number，再對該串列的元素做由大到小順序的排序。

```
01 number = [33, 11, 88, 77, 66, 99, 22]
02 number.sort()
03 number.reverse()
04 print(number)          # 輸出 [99, 88, 77, 66, 33, 22, 11]
```

說明

1. 第 2 行：串列可以用 sort() 方法使元素由小到大的排序。

2. 第 3 行：串列使用 reverse() 方法做反轉排列，可以對已用 sort() 排列的串列元素再做由大到小的排序。

## 三. 複製並排序串列

使用 sort() 方法排序串列，是採就地排序方式，串列經排序後會失去原有的排列順序。若要有排序後的結果，又要保有排序前的原貌，就得使用 sorted() 函式來複製串列並排序。語法為：

語法
```
串列名稱2 = sorted(串列名稱1, reverse = True|False)
```

簡例　建立串列名稱 animal，對 animal 串列的元素做由小到大的排序，排序結果複製給 data 串列，而 animal 留有原順序的排列。

```
01 animal = ['dog', 'cat', 'monkey', 'fox', 'tiger']
02 data = sorted(animal, reverse = False)
03 print('animal = ', animal)        # animal = ['dog', 'cat', 'monkey', 'fox', 'tiger']
04 print('data = ', data)            # data = ['cat', 'dog', 'fox', 'monkey', 'tiger']
```

說明

1. 第 1 行：animal 為排序前的原串列。

2. 第 2 行：data 為排序後的串列。若 reverse = True，data 會進行由大到小排序；若 reverse = False，data 會進行由小到大排序。

# 11.6 氣泡排序法

使用 sort() 方法排序串列，固然很方便，但無法得窺串列元素間依序排列的原理及完整過程。在各種程式語言所使用的串列 (陣列) 元素的排序方法中，以氣泡排序法最常見。氣泡排序法是採用兩相鄰串列元素的元素值做比較，使元素的元素值由左而右排列時。若是做遞增排列時，元素值較小者排前面，元素值較大者排後面。處理的方式是由左而右進行兩兩比較，當左邊元素的元素值比右邊元素的元素值大時，即進行交換工作。在第一次排列時，元素值最大的元素會移到最右邊；第二次排列時，元素值第二大的元素移到最右邊算過來的第二位；以此類推…。最後，元素值最小的元素會排列在最左邊。

氣泡排序法的排列次數，是串列元素個數減 1。而每次排列的比較次數，是參加排序的元素數減 1。每一次排列比較後，會有一個元素值被放至正確的元素位置。例如有五個元素的串列以氣泡排序法排列，會需要排列 4 次(5-1)，比較次數為 10 次(4+3+2+1)。以 a = [4,-15,20,13,-6] 整數串列為例，說明遞增排列的氣泡排序法原理：

1. 第一次排列：

串列 5 個元素中，兩相鄰元素值互相比較，比較後小者放前面、大者放後面，共比較 4 次，最後找出最大數 20 放至最後面的 a[4] 元素內。

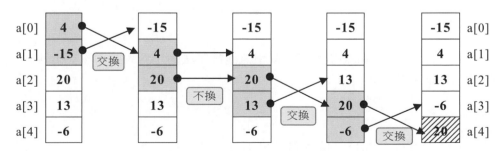

2. 第二次排列：

前面 4 個元素中，兩相鄰元素值互相比較，比較後小者放前面、大者放後面，共比較 3 次，最後找出第二大數 13 放至倒數第二個的 a[3] 元素內。

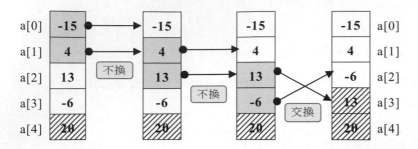

3. 第三次排列：

前面 3 個元素中，兩相鄰元素值互相比較，比較後小者放前面、大者放後面，共比較 2 次，找出第三大數 4 會被放至 a[2] 元素內。

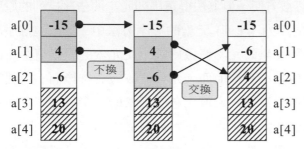

4. 第四次排列 ：

前面 2 個元素中，兩相鄰元素值互相比較，比較後小者放前面、大者放後面，共比較 1 次，其第四大數 -6 會被放至 a[1] 元素內，而最小的數會被放至 a[0] 元素內。

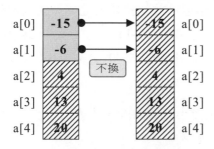

⬇ **範例** ：bubble.py

將 a = [4, -15, 20, 13, -6] 整數串列，使用氣泡排序法由小到大遞增逐次排列，並顯示驗證每一次排列的結果。

執行結果

```
排 序 前 ： a[0] = 4   a[1] =-15  a[2] = 20  a[3] = 13  a[4] = -6
第 1 次排列: a[0] =-15  a[1] = 4   a[2] = 13  a[3] = -6  a[4] = 20
第 2 次排列: a[0] =-15  a[1] = 4   a[2] = -6  a[3] = 13  a[4] = 20
第 3 次排列: a[0] =-15  a[1] = -6  a[2] = 4   a[3] = 13  a[4] = 20
第 4 次排列: a[0] =-15  a[1] = -6  a[2] = 4   a[3] = 13  a[4] = 20
```

**程式碼** FileName：bubble.py

```
01 a = [4, -15, 20, 13, -6]
02 print('排　序　前 :', end = '')
03 for i in range(5):
04     print('  a[%d] =%3d' %(i, a[i]), end = '')
05 for loop in range(1, 5):
06     for index in range(0, (5-loop)):
07         if a[index] > a[index+1] :
08             a[index], a[index+1] = a[index+1], a[index]
09     print()
10     print('第 %d 次排列:' %loop, end = '')
11     for j in range(5):
12         print('  a[%d] =%3d' %(j, a[j]), end = '')
```

**說明**

1. 第 1~4 行：建立一個 a 整數串列 [4, -15, 20, 13, -6]，顯示排序前元素內容。

2. 第 5~8 行：執行氣泡排序法，共進行了四次排列。每一次排列的元素內容比較運算，將較大的數值移至索引較大的元素。

3. 第 10~12 行：每一次的排列比較完畢，將該次排列的結果輸出驗證。

# 11.7 串列與字串

　　一個長字串可以用切割字元 (如：空格、逗號、分號、句號…等) 進行字串分割，被切割後的子字串，可建立字串串列，而被切割的子字串便為字串的元素。而字串串列的元素，也可用連結字元連接成一個長字串。

## 一. 字串的分割

　　將一個長字串根據切割字元 (預設為空白字元)，切割建立成字串串列的語法：

**語法**

　　字串串列 = 字串.split(切割字元)

**簡例** 分割一個長字串 st1，被切割後的子字串建立成 arr1 串列。

```
01 st1 ='人之初,性本善,性相近,習相遠'
02 arr1 = s1t.split(',')
03 print(arr1)          #輸出 ['人之初', '性本善', '性相近', '習相遠']
```

**說明**

1. 第 2 行：切割字元為逗號『,』，切割字元必須存在於被分割的字串中。

## 二. 字串的連結

將字串串列的元素使用連結字元，連接成一個長字串的語法如下：

> **語法**
>
> 字串 = 連結字元.join(字串串列)

**簡例** 將 arr2 字串串列元素連接成一個長字串 st2。

```
01 arr2 = ['苟不教', '性乃遷', '教之道', '貴以專']
02 st2 = ' '.join(arr2)
03 print(st2)        # 輸出 苟不教 性乃遷 教之道 貴以專
```

**說明**

1. 第 2 行：連結字元為一個空白字元。連結字元會成為連結字串的一部分。

**範例** ：splitSentence.py

使用者輸入一行英文句子，將句子中的單字分割成串列元素，再顯示串列的元素值。

**執行結果**

> 請輸入一行英語句子：This is a book. [Enter↵]
> word = ['This', 'is', 'a', 'book']

**程式碼** FileName : splitSentence.py

```
01 st = input('請輸入一行英語句子：')
02 st = st.strip()
03 st = st.strip('.')
04 word = st.split(' ')
05 print('word =', word)
```

**說明**

1. 第 2 行：使用字串的 strip() 方法，可以刪除字串前後指定的字元。如果沒有指定字元，會刪除字串前後的空白字元。

2. 第 4 行：使用字串的 split() 方法，將英文句子 st 中的單字分割成 word 串列的元素。因為 split() 方法預設的切割字元為空白字元，所以可以省略寫法如下：word = st.split()

# Python 函式與遞迴

## 12.1 函式

在撰寫 Python 語言程式時,將重複出現或具特性的程式區塊獨立出來成為副程式(subroutine),給予一些引數(或稱參數)就能被呼叫執行使用。這樣的獨立出來的副程式,稱為「函式」(function)。有系統內建函式和使用者自定函式兩大種類。

系統內建函式 (簡稱「內建函式」),是編譯系統設計好可立即呼叫使用的函式庫,如:輸出入函式、串列函式、字串函式…等。內建函式我們只要會使用,知道給予什麼引數就可傳回所要的結果,不必瞭解函式的內部設計情形,也無法做更改。

使用者自定函式 (簡稱「自定函式」),是程式設計者在撰寫程式時應程式需求自己定義出來的函式。自定函式是程式設計者無中生有產生的,隨時可以調整更改。設計好的自定函式有下列好處:

1. 函式可以重複使用,大程式只需要著重在系統架構的規劃,功能性或主題性的工作交給函式處理,程式碼可較精簡。

2. 若是較大程式軟體,可依功能切割成多個程式單元,再交由多人共同設計。如此不但可縮短程式開發的時間,也可以達到程式模組化的目的。

3. 將相同功能的程式敘述區塊寫成函式,有助於提高程式的可讀性,也讓程式的除錯及維護更加容易。

## 12.2 內建函式

Python 語言的編譯器提供一個已定義好的函式集合稱為「標準函式庫」,在標準函式庫裡有輸出入函式、數值函式、字串函式、檔案輸出入函式、時間函式、亂數函式…等。

# 一. 數值函式

| 函式名稱 | 功能說明 |
|---|---|
| abs(n) | 取得 n 的絕對值。<br>例：num = abs(-7)　　　　　　# num ← 7 |
| round(n) | 取得 n 四捨六入後的整數值。當小數第一位數字是 5 時，若前一位數字是偶數則捨去；若前一位數字是奇數則進位。<br>例：num = round(24.6)　　　　# num ← 25<br>例：num = round(24.4)　　　　# num ← 24<br>例：num = round(24.5)　　　　# num ← 24, 因 4 是偶數，小數捨去<br>例：num = round(23.5)　　　　# num ← 24, 因 1 是奇數，小數進位 |
| int(n) | 將 n 轉換成整數(小數部分直接捨去)。<br>例：num = int(24.56)　　# num ← 24 |
| float(n) | 將 n 轉換成浮點數。<br>例：num = float(12)　　　# num ← 12.0 |
| hex(n) | 將 n 轉換成十六進位數字。<br>例：num = hex(255)　　　# num ← 0xff |
| oct(n) | 將 n 轉換成八進位數字。<br>例：num = oct(12)　　　# num ← 0o14 |
| divmod(n, m) | 取得 n 除以 m 的商和餘數。<br>例：x, y = divmod(20, 6)　　　# x ← 3,　y ← 2<br>例：ret = divmod(20, 6)　　　# ret[0] ← 3,　ret[1] ← 2 |
| pow(n, m) | 取得 n 的 m 次方。<br>例：num = pow(4, 3)　　　# num ← 64 |
| chr(n) | 取得 Unicode 編碼 n 的字元。<br>例：s = chr(21488)　　　# s ← '台' |
| ord(s) | 取得 s 字元的 Unicode 編碼值。<br>例：n = ord('台')　　　# n ← 21488 |

　　上列所列舉的數值函式，是一般常用的方式。但 round()、pow() 函式另有進一步比較複雜的用法。

## round() 函式

　　round() 函式是以四捨六入的方式將浮點數轉換成整數值，但也可以指定要轉換的小數位數，使轉換成小數位數較小的浮點數。語法如下：

> round(n, m)

　　引數 n 是用來被轉換的浮點數，引數 m 是指定轉換結果的小數位數。

簡例

```
01 num = round(24.673, 1)        # num ← 24.7
02 num = round(24.675, 2)        # num ← 24.68
03 num = round(24.674, 2)        # num ← 24.67
04 num = round(24.674)           # num ← 25, 引數 m 省略, 預設轉換為整數
```

## pow() 函式

pow() 函式用來做指數運算, 但也可以計算餘數。語法如下:

pow(n, m, k)

簡例　三個引數的運算意義是, n 的 m 次方結果再除以 k 得餘數。

```
01 mod = pow(5, 3, 4)            # mod ← 1
02 mod = pow(2, 5, 3)           # mod ← 2
```

🔽 **範例**: divmod.py

學年結束, 老師將剩餘班費 12500 元, 平均歸給學生 28 人, 則每位學生可分到多少錢, 仍剩多少元。

執行結果

```
班費剩餘 12500 元, 學生有 28 人
每位學生平均分得 446 元
班費仍剩餘 12 元
```

**程式碼** FileName : divmod.py

```
01 money = 12500
02 person = 28
03 print('班費剩餘 %d 元, 學生有 %d 人' %(money, person))
04 div, mod = divmod(money, person)
05 print('每位學生平均分得 %d 元' %div)
06 print('班費仍剩餘 %d 元' %mod)
```

説明

1. 第 4 行: 使用 divmod() 內建函式, 取得班費均分的金額 div, 以及剩餘的錢數 mod。

## 二. math 套件函式

數值的內建函式不止上一小節那些函式,還有定義在 math 套件中的數值函式,如:sin()、exp()、log()…。不過要使用套件內的函式,必須在使用前匯入 (import) 套件 (package) 名稱,匯入套件的敘述如下:

> import 套件名稱

**簡例** 匯入 math 套件名稱。

> import math

當程式中有用到 math 套件函式時,如 sin() 函式,則在函式前要加上套件名稱,敘述如下:

> math.sin(引數)

▼ 常用的 math 套件函式

| 函式名稱 | 功能說明 | |
|---|---|---|
| pi | 圓周率常數 $\pi$。 | |
| | 例:num = math.pi | # num ← 3.141592653589793 |
| e | 數學常數。 | |
| | 例:num = math.e | # num ← 2.718281828459045 |
| ceil(n) | 取得大於 n 的最小整數。 | |
| | 例:num = math.ceil(4.7) | # num ← 5 |
| floor(n) | 取得小於 n 的最大整數。 | |
| | 例:num = math.floor(4.7) | # num ← 4 |
| fabs(n) | 取得浮點數 n 的絕對值。 | |
| | 例:num = math.fabs(-24.67) | # num ← 24.67 |
| sqrt(n) | 取得 n 的平方根。 | |
| | 例:num = math.sqrt(100) | # num ← 10.0 |
| exp(n) | 取得 $e^n$。 | |
| | 例:num = math.exp(1) | # num ← 2.718281828459045 |
| log(n) | 取得 $\log_e(n)$。 | |
| | 例:num = math.log(10) | # num ← 2.302585092994046 |
| log(n, b) | 取得 $\log_b(n)$。 | |
| | 例:num = math.log(125, 5) | # num ← 3 |
| sin(n) | 取得弳度為 n 的正弦函式值。 | |
| | 例:num = math.sin(math.pi/6) | # num ← 0.5 |

| 函式名稱 | 功能說明 |
|---|---|
| cos(n) | 取得弳度為　n　的餘弦函式值。<br>例：num = math.cos(math.pi/3)　　# num ← 0.5 |
| tan(n) | 取得弳度為　n　的正切函式值。<br>例：num = math.tan(math.pi/4)　　# num ←　1 |
| asin(n) | 取得反正弦函式的弳度值。<br>例：num = math.asin(0.5)　　　　# num ←　0.5235987755982989，$\pi/6$ |
| acos(n) | 取得反餘弦函式的弳度值。<br>例：num = math.acos(0.5)　　　　# num ←　1.0471975511965976，$\pi/3$ |
| atan(n) | 取得反餘弦函式的弳度值。<br>例：num = math.atan(1)　　　　　# num ←　0.7853981633974483，$\pi/4$ |

　　套件名稱在匯入時，可以另外取較簡短或有特殊意義的別名，例如將　math　套件另外取別名為　M，其匯入敘述如下：

```
import math as M
```

　　當程式中有用到 math 套件函式時，則在函式前要加上套件別名 M，例如　sqrt() 函式敘述如下：

```
M.sqrt(引數)
```

簡例 指定半徑給 radius 變數，計算出圓周長 length 及圓面積 aera。

```
01 import math as M
02 radius = 10                    # 圓半徑
03 length = 2 * radius * M.pi     # 圓周長
04 area = radius * radius * M.pi  # 圓周面積
```

　　匯入　math　套件名稱，並使用別名 M。M.pi　為圓周率常數 $\pi$。

　　import 指令有其它語法，可以在程式中使用函式時，不用再加上套件名稱或別名，語法如下：

```
from  套件名稱  import *
```

簡例 匯入　math　套件名稱，並使用　sqrt()　函式。

```
01 from math import *
02 num = sqrt(81)                 # num ← 9.0
```

　　上例匯入 math 套件內的任何函式，所以使用有關 math 套件的函式，不用再加上套件名稱，例如上例 math.sqrt(81) 直接改寫成 sqrt(81)。

匯入套件時，若指定只能使用某函式，如 sqrt()，其匯入時敘述如下。這種情況，在程式中若有使用 math 套件時，只能使用 sqrt() 函式。

```
from math import sqrt
```

匯入套件指定函式時，也可以使用別名，如下敘述則此時使用 sqrt(81)和 squareRoot(81) 是一樣的效果。

```
from math import sqrt as squareRoot
```

## 三. random 套件函式

亂數函式主要用來產生不同的數值，多用於電腦、統計學、模擬、離散數學、抽樣、作業研究、數值分析、決策等各領域。亂數函式的原型定義在 random 套件中。程式若有使用亂數函式時，必須在使用前匯入 random 套件名稱，匯入敘述如下：

```
import random
```

套件名稱在程式匯入時可以取別名，例如將 random 套件取別名為 R，其敘述如下：

```
import random as R
```

▼ 常用的亂數套件函式

| 函式名稱 | 功能說明 |
|---|---|
| randint(n1, n2) | 從 n1 到 n2 之間隨機產生一個整數。<br>例：random.randint(1, 10)　　# 由 1~10 產生一個整數，如：6 |
| randrange(n1,n2,n3) | 從 n1 到 (n2-1) 之間每隔 n3 的數，隨機產生一個整數。<br>例：random.randrange(0, 6, 2)　# 由 0,2,4 產生一個整數，如：4 |
| random() | 從 0 到 1 之間隨機產生一個浮點數。<br>例：random.random()<br>　　# 由 0.00000000000000001~0.99999999999999999 之間產生一個浮點數，如：0.834657283069456 |
| uniform(f1, f2) | 從 f1 到 f2 之間隨機產生一個浮點數。<br>例：random.uniform(1, 10)<br>　　# 由 1.0000000000000001 ~ 9.9999999999999999 之間產生一個浮點數，如：5.2934203283061023 |
| choice(s) | 從 s 字串中隨機取得一個字元。<br>例：random.choice('abc12')　# 由'abc12'中產生一個字元，如：'c' |
| sample(s, n) | 1. 從 s 字串中隨機取得不重複的 n 個字元。<br>　　例：random.sample('abc123', 2)<br>　　　　# 由'abc123'中產生 2 個字元，如：['2', 'b'] |

| 函式名稱 | 功能說明 |
|---|---|
| sample(s, n) | 2. 從 s 串列中隨機取得不重複的 n 個元素。<br>　例：random.sample([2,4,6,8,9], 3)<br>　　# 由[2,4,6,8,9]串列中產生 3 個元素，如：[8, 2, 6] |
| shuffle(串列) | 使串列重新排列。<br>例：lst = [1,2,3,4,5]<br>　　random.shuffle(lst)　　# 使串列 lst 重新排列<br>　　print(lst)　　　　　　# 印出新排列的串列，如：[3,1,2,5,4] |

⬇ **範例**：randInt.py

使用亂數套件函式，隨機產生 5 個 1~10 之間的整數。

**執行結果**

```
第 1 個亂數 : 2
第 2 個亂數 : 8
第 3 個亂數 : 5
第 4 個亂數 : 8
第 5 個亂數 : 1
```

**程式碼**　FileName：randInt.py

```
01 import random as R
02
03 for i in range(5):
04     rnd = R.randint(1, 10)
05     print('第 %d 個亂數 : %d' %(i+1, rnd))
```

**說明**

1. 第 1 行：匯入 random 亂數套件名稱。

2. 第 3~5 行：使用迴圈隨機產生 5 個 1~10 之間的整數，所產生的整數會有重複出現的情形。

⬇ **範例**：randList.py

由 1~49 號碼中產生 6 個不重複的號碼。

執行結果

```
第 1 個亂數 : 15
第 2 個亂數 : 21
第 3 個亂數 : 3
第 4 個亂數 : 39
第 5 個亂數 : 27
第 6 個亂數 : 28
```

程式碼　FileName：randList.py

```
01 import random as R
02 arr = [x for x in range(1,50)]    # 建立 arr 串列,元素內容: [1,2,3,4,……,47,48,49]
03 lst = R.sample(arr, 6)            # 建立 lst 串列,從 arr 串列中產生 6 個不重複的元素
04 for i in range(len(lst)):
05     print('第 %d 個亂數 : %d' %(i+1, lst[i]))
```

説明

1. 第 2 行：建立 arr 串列，並指定元素內容為 [1,2,3,4,……,47,48,49]。

2. 第 3 行：建立 lst 串列，其元素內容取自 arr 串列中的 6 個不重複的元素。

## 四. time 套件函式

時間函式是利用時間變化來協助程式進行，以及取得時間、日期…等有關的設計。時間函式的原型定義在 time 套件中，time 套件提供許多函式給使用者使用，例如 clock()、sleep()、time()…。程式若有使用時間函式時，必須在使用前匯入 time 套件名稱，匯入敘述如下：

```
import time
```

套件名稱在匯入時可以另外取別名，如將 time 套件取別名為 T，匯入敘述如下：

```
import time as T
```

### time() 函式

time() 函式是取得電腦目前的時間，即自 1970-01-01 00:00:00 起到目前為止，所經過的秒數。Python 的時間最小單位是 tick，tick 時間長度為微秒（百萬分之一秒），因此 time() 函式傳回的秒數是精確到小數 7 位的浮點數。

簡例　取得電腦目前的時間。

```
01 import time as T          # 匯入 time 套件名稱,另取別名為 T
02 num = T.time()
03 print(num)                # 例如輸出 1680159807.0952473
```

## ctime() 函式

　　ctime() 函式是取得電腦目前所在時區的日期、時間資料。傳回的資料是英文字串，格式為　'星期 月份 日　時:分:秒 西元年'。

**簡例** 取得電腦目前所在時區的日期、時間字串資料。

```
01 import time as T          # 匯入 time 套件名稱,另取別名為 T
02 st = T.ctime()
03 print(st)                 # 例如輸出 Thu Mar 30 15:06:22 2023
```

## localtime() 函式

　　localctime() 函式可傳回目前電腦所在時區的日期、時間資訊。成員內容如下表：

| 函式名稱 | 功能說明 |
|---|---|
| tm_year | 西元年 |
| tm_mon | 月份（1~12） |
| tm_mday | 日（1~31） |
| tm_hour | 時（0~23） |
| tm_min | 分（0~59） |
| tm_sec | 秒（0~59） |
| tm_wday | 星期(0~6)，0：星期一，1：星期二，…，6：星期日 |
| tm_yday | 該年的第幾天(0~366) |
| tm_isdst | 日光節約時間(0：無日光節約時，1：有日光節約時) |

### 範例：now.py

　　輸出電腦目前時區的「年-月-日　時:分:秒」資料。

**執行結果**

```
2023-3-30 15:14:31
```

**程式碼** FileName：now.py

```
01 import time as T
02 timer = T.localtime()
03 year = timer.tm_year
04 moon = timer.tm_mon
05 day = timer.tm_mday
06 hour = timer.tm_hour
07 minu = timer.tm_min
08 sec = timer.tm_sec
09 print('%s-%s-%s %s:%s:%s' %(year,moon,day,hour,minu,sec))
```

1. 第 2 行的 localctime() 函式取得目前電腦所在時區的日期、時間資訊,指定給 timer 物件。此時這 timer 物件就擁有 tm_year、tm_mon、tm_mday… 等成員的資訊。

2. 第 3~8 行使用「物件.成員」的格式可以取得物件中指定成員的內容。如: timer.tm_year 就是取得 timer 物件中 tm_year 成員的內容。

3. 第 9 行以客製的格式輸出資訊「年-月-日 時:分:秒」。

## sleep() 函式

sleep() 函式可在程式執行的期間,使暫停指定秒數。語法如下:

> 時間套件名稱(或別名).sleep(n)　　　　　　# n 的單位為秒

**範例**:time.py

設定程式執行時暫停 6 秒,輸出暫停前後的電腦時間,並計算暫停前後的時間差距。

執行結果

```
暫停前電腦時間:　1680160856.7346427
暫停後電腦時間:　1680160862.7568133
程式暫停了 6.022171 秒
```

**程式碼** FileName:time.py

```
01 import time as T
02 t1 = T.time()
03 print('暫停前電腦時間:',t1)          # 輸出暫停前電腦時間
04 T.sleep(6)                          # 設定電腦暫停執行 5 秒
05 t2 = T.time()
06 print('暫停後電腦時間:',t2)          # 輸出暫停後電腦時間
07 print('程式暫停了%f秒' %(t2-t1))     # 輸出程式暫停的秒數
```

説明

1. 第 2、5 行:皆是傳回自 1970-01-01 00:00:00 起到目前所經過的總秒數時間 t1、t2,只是這兩個傳回動作 t1、t2 中間有暫停過 6 秒 (第 4 行) 的時間。

2. 第 7 行:輸出 t1、t2 的時間差,會略多於 6 秒,多出來的是電腦執行處理第 3~5 行敘述所花費的時間。

# 12.3　自定函式

　　「自定函式」是程式設計者依需求自行定義開發設計。自行定義的函式是一段獨立的程式敘述集合區塊，這個敘述區塊稱為函式，建立時要賦予函式名稱。在其它程式敘述只要透過呼叫該函式名稱，就可以使用該函式的功能。

## 一. 函式的建立

　　Python 是使用 def 來建立函式名稱，所建立的函式可以傳入多個引數(或稱為參數)，完成函式執行時也可產生多個傳回值。建立自定函式主體的語法如下：

> def 函式名稱( 引數 1, 引數 2, ……　)：
> 　　　程式區塊
> 　　　return　傳回值 1, 傳回值 2, ……

簡例　定義一個函式主體，函式名稱為 average，傳入兩個整數引數 n1、n2，傳回值 a
　　　變數是兩個引數的平均值。

```
01 def average(n1, n2):
02      a = (n1 + n2) / 2
03      return a
```

　　定義函式建立的位置必須在呼叫敘述之前，編譯時才不會產生錯誤，習慣上函式都是宣告在程式碼的最前面，以方便集中管理。函式名稱的命名方式比照識別字的命名規則。在同一個程式中，自定函式的名稱不可以重複定義，也不可以和內建函式的名稱相同。引數可以傳入一個或多個，也可以不傳入，如上例的引數 n1、n2，是接收來自呼叫端的程式敘述傳遞過來的資料。若傳入之引數是二個以上，引數間要用逗點「,」隔開。若不傳入任何引數，仍須保留著一個空的小括弧 ()。

　　執行函式的敘述區塊從事某項功能或任務時，有時會傳回一個或多個結果，這就是傳回值。傳回值可以是資料、變數、運算式，如上例傳回值是使用變數 a，也可以使用運算式 (n1 + n2) / 2，但回傳值最終會是資料結果。使用 return 敘述就可以傳回結果資料，若函式沒有傳回值時，則 return 敘述可省略。

## 二. 函式的呼叫

　　當在主程式或函式中用敘述呼叫另一個函式去執行一個工作時，我們將前者稱為「呼叫敘述」，後者稱為「被呼叫函式」(就是上一小節的函式定義主體)。若前者呼叫敘述小括號內有引數，我們稱為「實引數」(actual argument)，被呼叫函式名稱後面小括號內的引數稱為「虛引數」(dummy argument)。呼叫敘述呼叫函式的寫法有兩種，一種有傳回值，另一種沒有傳回值。

## A. 有傳回值的函式呼叫

變數 1, 變數 2, …… = 函式名稱( 引數 1, 引數 2, …… )

實引數

使用指定運算子「=」，會將等號右邊執行的結果指定給等號左邊的變數，函式可傳回一個或多個結果。在此處的引數為實引數，是傳遞給被呼叫函式使用的資料。實引數的數量、資料型別，必須和被呼叫函式的虛引數一致。實引數可以為變數、串列元素、串列，也可以是字面值 (常值) 或運算式。

電腦將實引數傳出給被呼叫函式 (函式主體) 的虛引數，虛引數將傳入的資料帶入函式主體內，經過運算處理後，在被呼叫函式的最後透過 return 敘述傳回一個或多個結果資料給呼叫敘述端的變數。被呼叫函式端的傳回值數量、資料型別，必須和呼叫敘述端的變數一致。

⬇ **範例** ：average.py

定義一個可以計算兩整數平均值並可傳回計算結果的自定函式，並完成整個呼叫自定函式的過程。

**執行結果**

```
輸入第 1 個整數：15 Enter↵
輸入第 2 個整數：22 Enter↵
15 和 22 兩整數平均為：18.5
```

**程式碼** FileName：average.py

```
01 def average(n1, n2):
02     a = (n1 + n2) / 2
03     return a
04
05 num1 = eval(input('輸入第 1 個整數：'))
06 num2 = eval(input('輸入第 2 個整數：'))
07 avg = average(num1, num2)
08 print('%d 和 %d 兩整數平均為：%0.1f' %(num1, num2, avg), end = '')
```

**說明**

1. 第 1~3 行：是 average() 自定函式定義主體，可傳回一個結果。

2. 第 7 行：呼叫 average(num1, num2) 自定函式，流程如下：
實引數 num1 和 num2，傳給第 1 行 average() 自定函式的 n1 和 n2 虛引數，經第 2 行運算後由第 3 行的 return a 敘述傳回結果。函式傳回結果再指定給 avg 變數。

📥 **範例**：sequence.py

定義一個可以計算兩整數平均值並可傳回計算結果的自定函式，並完成整個呼叫自定函式的過程。

**執行結果**

輸入數列的首項：3 `Enter↵`
輸入數列的公差：2 `Enter↵`
輸入數列的項數：6 `Enter↵`
等差數列的末項為 13，和為 48

**程式碼**　FileName：sequence.py

```
01 def progress(p1, pd, m):
02     pm = p1 + (m-1) * pd        # 末項
03     ps = m * (p1 + pm) / 2      # 和
04     return pm, ps
05
06 a1 = eval(input('輸入數列的首項：'))
07 d = eval(input('輸入數列的公差：'))
08 n = eval(input('輸入數列的項數：'))
09 an, sn = progress(a1, d, n)
10 print('等差數列的末項為 %d，和為 %d' %(an, sn), end = '')
```

**說明**

1. 第 1~4 行：是等差數列 progress() 自定函式定義主體，可傳入的引數為數列，首項 p1、公差 pd、項數 m，傳回值為數列的末項 pm 及數列的和 ps。

2. 第 6~8 行：呼叫 progress() 自定函式前，使用者輸入數列首項 a1、數列公差 d、數列項數 n 三個引數資料。

3. 第 9 行：呼叫 progress() 自定函式，傳回值有兩個，分別是數列的末項及數列的和。

## B. 沒有傳回值的函式呼叫

函式名稱( 引數 1, 引數 2, …… )

　　沒有傳回值的函式呼叫，只是將呼叫敘述端的實引數傳給被呼叫函式端的虛引數。接著，虛引數將所得到的資料帶入函式內經過運算處理後，直接將結果在函式內輸出顯示，不傳回到原來的呼叫敘述。

### ⬇ 範例：showChar.py

　　定義一個能傳入字元和數目的函式，函式任務是顯示傳入的數目量之字元，沒有傳回值。分成三次呼叫，其實引數分別使用變數、字面值、運算式來傳入。

執行結果

```
AAAAAAAAAAAAAAA
BBBBBBBBBB
CCCCCCCCCCCCCCCCCCC
```

程式碼　FileName：showChar.py

```
01 def showChar(ch, n):
02    for i in range(n):
03        print ('%s' %ch, end = '')
04    print()
05
06 ch1 = 'A'
07 n1 = 15
08 showChar(ch1, n1)            # 第一次呼叫：實引數使用變數
09 showChar('B', 10)            # 第二次呼叫：實引數使用字面值
10 showChar('C', n1+4)          # 第三次呼叫：實引數使用運算式
```

説明

1. 第 1~4 行：showChar() 函式可正常執行結束，因沒有傳回值，所以不需要 return 敘述。

2. 第 8~10 行：皆為沒有傳回值的函式呼叫情形。

## 三. 引數的預設值

　　當自定函式建立時有設計傳入引數，但呼叫該函式時卻沒有傳遞引數，或者傳遞的實引數數量少於形式虛引數數量，在這種情況下一般是會產生錯誤的。

簡例 引數數量不一致的函式錯誤呼叫。

```
01 def triangle(B, H):
02     A = B * H / 2
03     return A
```

```
04
05 base = 10
06 area = triangle(base)
07 print(area)
```

　　上例第 1 行的 triangle() 函式宣告主體之形式引數有兩個,分別是 B(底) 和 H(高)。而第 6 行呼叫 triangle() 函式時的實引數只有一個 base(底),故本程式執行時會產生錯誤。要避免造成這種錯誤,只要在宣告函式主體時,將虛引數指定預設值即可。若呼叫該函式時,沒有傳遞引數或傳遞的實引數數量少於虛引數的數量,虛引數的預設值就派上用場了。

📥 **範例**：triangle.py

　　定義一個可以計算兩整數平均值並可傳回計算結果的自定函式,並完成整個呼叫自定函式的過程。

執行結果

```
三角形的底為 6, 高為 6
三角形的面積為  18

三角形的底為 10, 高為 6
三角形的面積為  30

三角形的底為 10, 高為 5
三角形的面積為  25
```

程式碼　FileName：triangle.py

```
01 def triangle(B = 6, H = 6):
02     print()
03     print('三角形的底為%d, 高為%d' %(B, H))
04     A = B * H / 2
05     return A
06
07 area1 = triangle()
08 print('三角形的面積為 %d' %area1)
09 base = 10
10 area2 = triangle(base)
11 print('三角形的面積為 %d' %area2)
12 base = 10
13 high = 5
14 area3 = triangle(base, high)
15 print('三角形的面積為 %d' %area3)
```

説明

1. 第 1~5 行：為三角形 triangle() 函式的主體，建立時兩個虛引數 B(底)與 H(高) 皆設定預設值，傳回值為經計算後的三角形面積。

2. 第 7 行：呼叫 triangle() 函式，但沒有傳遞實引數。故函式執行時，使用虛引數的預設值，即 B(底)=6, H(高)=6，回傳值為 6 * 6 / 2 = 18。

3. 第 9,10 行：呼叫 triangle() 函式，只傳遞一個實引數。故函式執行時，使用第一個虛引數承接傳入的實引數，即 B=base=10，第二個虛引數使用預設值，即 H=6，回傳值為 10 * 6 / 2 = 30。

4. 第 12~14 行：呼叫 triangle() 函式，傳遞兩個實引數。故函式執行時，兩個虛引數皆承接傳入的實引數，即 B=base=10、H=high=5，回傳值為 10 * 5 / 2 = 25。

## 12.4 全域變數與區域變數

變數可供多個函式共同使用時，就稱為「全域變數」(global variable)。變數的有效時間一直到程式結束為止，全域變數必須被建立在所有函式的外面。在函式內建立的變數，稱為「區域變數」(local variable) 。此類變數的有效範圍僅在該函式內，離開該函式時此類變數便由記憶體中被釋放消失，下次再執行該敘述區段時，系統會重新配置記憶體給此類變數使用。

### 一. 變數覆蓋

若全域變數與函式內的區域變數使用到相同名稱的變數，則在函式內會產生「變數覆蓋」的現象。其實這兩個同名稱的變數，在記憶體內是占用不同的位址，互不影響。當程式流程執行到函式時，就使用這個區域所建立的變數，大範圍的全域變數會保留其值，等程式流程離開這較小範圍的函式時，這個區域變數便會消失。待程式流程回到較大範圍程式時，全域變數會延用原保留的值繼續運作。

🔽 **範例**：global_1.py

建立兩個全域變數、兩個區域變數，其中有一個變數名稱相同。觀察程式執行時它們的有效範圍，並留意變數覆蓋時發生的情況。

執行結果

```
----- 變數(全域) -----
v1 = 100, v2 = 200

----- 變數(全域,區域) -----
v1 = 31, v2 = 200, v3 = 33

----- 變數(全域) -----
v1 = 100, v2 = 200
```

程式碼　FileName：global_1.py

```
01 def subpro():
02     v1 = 31
03     v3 = 33
04     print('----- 變數(全域,區域) -----')
05     print('v1 = %d, v2 = %d, v3 = %d' %(v1,v2,v3))
06     print()
07
08 v1 = 100
09 v2 = 200
10 print('----- 變數(全域) -----')
11 print('v1 = %d, v2 = %d' %(v1,v2))
12 print()
13 subpro()
14 print('----- 變數(全域) -----')
15 print('v1 = %d, v2 = %d' %(v1,v2))
```

説明

1. 第 8,9 行：建立全域變數 v1、v2。

2. 第 11 行：輸出呼叫函式 subpro() 前的變數 v1 = 100、v2 = 200，兩者皆是全域變數。

3. 第 2,3 行：建立區域變數 v1 = 31、v3 = 33。其中區域變數 v1 會覆蓋全域變數 v1。原全域變數 v1 會被保留著，待離開函式後再繼續使用。

4. 第 5 行：輸出呼叫函式 subpro() 時的變數，其中
   v1(區域變數) = 31、v2(全域變數) = 200、v3(區域變數) = 33。

5. 第 15 行：輸出呼叫函式 subpro() 後的變數 v1 = 100、v2 = 200，此時暫時被覆蓋的 v1 恢復使用。

6. 在函式內建立的 v3 變數，離開函式時即從記憶體中被釋放已不存在，所以在主程式中不能使用 print() 函式來顯示 v3 變數值。

## 二. global 宣告變數

若在函式內使用到全域變數，又要避免發生變數覆蓋的現象，則該全域變數在該函式內須用 global 來宣告。如此這個變數無論在大範圍的主程式或在這小範圍的函式，在記憶體內是占用相同的位址。當程式流程執行這個函式時或離開這個函式時，這個變數皆一直保留其值。

⬇ **範例** ：global_2.py

定義一個可以計算兩整數平均值並可傳回計算結果的自定函式，並完成整個呼叫自定函式的過程。

**執行結果**

```
----- main -----
n = 100, m = 200
---- subpro -----
n = 110, m = 20
----- main -----
n = 110, m = 200
---- subpro -----
n = 120, m = 20
----- main -----
n = 120, m = 200
```

**程式碼** FileName：global_2.py

```
01 def subpro():
02     global n
03     n = n + 10
04     m = 20
05     print('---- subpro -----')
06     print('n = %d, m = %d' %(n, m))
07
08 n = 100
09 m = 200
10 print('----- main -----')
11 print('n = %d, m = %d' %(n, m))
12
13 subpro()
14 print('----- main -----')
15 print('n = %d, m = %d' %(n, m))
16
17 subpro()
18 print('----- main -----')
19 print('n = %d, m = %d' %(n, m))
```

説明

1. 第 8,9 行：建立全域變數 n、m。

2. 第 11 行：輸出呼叫函式 subpro() 前的變數 n = 100、m = 200，兩者皆是全域變數。

3. 第 2 行：用 global 宣告 n 變數，表示 n 全域變數在該函式內仍可繼續延用。
   當第一次呼叫函式時 (第 13 行)，n=100，要離開函式時，n = n+10 = 110。
   當第二次呼叫函式時 (第 17 行)，n=110，要離開函式時，n = n+10 = 120。

4. 第 4 行：建立區域變數 m=20，在 subpro() 函式內會覆蓋全域變數 m。

# 12.5　資料的傳遞方式

函式所以能夠靈活地重複使用，其中就是能夠傳遞資料。這些傳遞的資料就稱為引數(或稱為參數)，本節將繼續介紹函式的資料傳遞方式。

## 12.5.1　引數的傳遞方式

函式間的資料除了可以使用 return 敘述傳回結果資料外，資料還可以透過引數來傳遞，引數的傳遞方式有「傳值呼叫」(call by value) 和「傳址呼叫」(call by address) 兩種。

### 一. 傳值呼叫

採用「傳值呼叫」呼叫自定函式時，呼叫敘述中的實引數傳入資料給自定函式的虛引數，在自定函式內虛引數內容是否有變動，都不影響原呼叫敘述實引數的內容。因傳值呼叫時，編譯器會複製一份實引數的值給虛引數使用，兩者所占用的記憶體位址不同。當虛引數的位址資料有異動時，不會影響到虛引數的位址資料，也就是引數間的資料傳遞是單行道，即

呼叫敘述實引數的資料內容　→　自定函式的虛引數

到目前為止，本章所接觸到有關函式呼叫的例子，都是傳值呼叫。

### 二. 傳址呼叫

採用「傳址呼叫」呼叫自定函式時，編譯器會將實引數和虛引數所占用的記憶體位址設為一樣，如此引數間的資料傳遞是雙向道，即

呼叫敘述實引數的資料內容　↔　自定函式的虛引數

當呼叫敘述中的實引數傳入資料給自定函式的虛引數，若自定函式內虛引數內容有改變，則原呼叫敘述實引數的內容也跟著變動。

## 12.5.2 傳遞串列元素

串列也可以做為引數在函式之間被傳遞。若函式之間傳遞的引數為串列中的一個元素，其傳遞的方式是屬於傳值呼叫。

**簡例** 若 myFun 為自定函式，myList 為串列，v1 為一般變數，設計在主函式呼叫 myFun 函式且傳入 v1 變數及 myList 串列元素的傳值呼叫。

```
01 def myFun(a, b):              # 自定函式的定義
02      ...
03
04 v1 = 50                         # 主程式
05 myList = [11,22,33,44,55]
06 myFun(v1, myList[3])           # 呼叫函式敘述
07      ...
```

上例第 5 行呼叫函式敘述的實引數 v1=50、myList[3]=44，分別傳值給第 1 行被呼叫函式的虛引數　a　與　b，即　v1=50→a、myArr[3]=44→b，結果使　a=50、b=44。當在被呼叫函式 myFun 本體的敘述區段中，若 a 或 b 的內容有所改變，則呼叫敘述的 v1 的內容仍為 50；myArr[3] 的內容仍為 44。

**範例** ：callByValue.py

建立 triple() 函式，使傳入的引數變成三倍。觀察函式呼叫前、呼叫時、呼叫後，其相對的實引數與虛引數之間變化情況。

執行結果

```
呼叫 triple() 函式前 ------
x = 10        A[1] = 4

執行 triple() 函式 ------
x = 30        y = 12

呼叫 triple() 函式後 ------
x = 10        A[1] = 4
```

**程式碼**　FileName：callByValue.py

```
01 def triple(x, y):
02     x = x * 3
03     y = y * 3
04     print('執行 triple() 函式 ------')
05     print('x = %d      y = %d' %(x, y))
06     print()
07
08 x = 10
09 A = [2, 4, 6, 8]
10 print('呼叫 triple() 函式前 ------')
11 print('x = %d      A[1] = %d' %(x, A[1]))
12 print()
13 triple(x, A[1])
14 print('呼叫 triple() 函式後 ------')
15 print('x = %d      A[1] = %d' %(x, A[1]))
```

**説明**

1. 第 13 行：呼叫 triple() 函式時，實引數為 x, A[1]，而呼叫前 x=10, A[1]=4。

2. 第 1 行：執行 triple() 函式本體時，傳入引數值使虛引數 x←10, y←4。

3. 第 2,3 行：使 x = 10*3 = 30，y = 4*3 = 12。

4. 第 15 行：呼叫 triple() 函式後，因屬傳值呼叫，虛引數不會傳出，故實引數 x, A[1] 仍維持為呼叫函式前的值，即 x = 10, A[1] = 4。

## 12.5.3 傳遞整個串列

　　若函式之間引數使用整個串列傳遞，則為傳址呼叫。此種情況在呼叫敘述中的實引數必須使用串列名稱，因串列名稱是編譯器分配給串列占用記憶體的起始位址。而在被呼叫函式對應的虛引數，必須是一個資料型別一致的新串列。

**簡例**　若 myFun 為自定函式，myList 為串列，v1 為一般變數，設計在主函式 呼叫 myFun 函式且傳入 v1 變數 (傳值呼叫) 及傳入 myList 串列 (傳址呼叫)。

```
01 def myFun(a, tList):           # 自定函式的定義
02     ...
03
04 v1 = 50                        # 主程式
05 myList = [11,22,33,44,55]
06 myFun(v1, myList)              # 呼叫函式敘述
07     ...
```

上例呼叫函式敘述的實引數是整個串列 myList，傳位址給被呼叫函式的虛引數 tList 串列，使 tList = [11,22,33,44,55]。在被呼叫函式 myFun 的敘述區段中，若 tList 串列內容有所改變，譬如所有元素皆為 2 倍，即使 tList = [22,44,66,88,110]，則原呼叫敘述的 myList 串列會跟著改變，即會使 myList = [22,44,66,88,110]。

🔽 **範例**：callByAddress.py

定義一個可以計算兩整數平均值並可傳回計算結果的自定函式，並完成整個呼叫自定函式的過程。

**執行結果**

```
呼叫 triple() 函式前 ------
串列 arr =  [2, 4, 6, 8, 10]

執行 triple() 函式 ------
串列 lst =  [6, 12, 18, 24, 30]

呼叫 triple() 函式後 ------
串列 arr =  [6, 12, 18, 24, 30]
```

**程式碼** FileName：callByAddress.py

```
01 def triple(lst):
02     for i in range(len(lst)):
03         lst[i] = lst[i] * 3
04     print('執行 triple() 函式 ------')
05     print('串列 lst = ', lst)
06     print()
07
08 arr = [2, 4, 6, 8, 10]
09 print('呼叫 triple() 函式前 ------')
10 print('串列 arr = ', arr)
11 print()
12 triple(arr)
13 print('呼叫 triple() 函式後 ------')
14 print('串列 arr = ', arr)
```

**說明**

1. 第 12 行：呼叫 triple() 函式時，實引數為串列 arr。而呼叫函式前串列 arr 的元素為 [2, 4, 6, 8, 10]。

2. 第 1 行：呼叫函式執行 triple() 函式本體時，虛引數為 lst 變數。此時傳入 arr 串列的位址，lst 就成為串列且位址和 arr 相同，所以
lst ← arr = [2, 4, 6, 8, 10]。

3. 第 2、3 行：使 lst 串列元素值皆變為三倍，即使 lst = [6, 12, 18, 24, 30]。

4. 第 14 行：呼叫 triple() 函式後，因串列引數屬傳址呼叫，虛引數會回傳給實引數，故實引數 arr ← lst = [6, 12, 18, 24, 30]。

## 12.6　遞迴

函式間的呼叫除了呼叫別的函式外，也可呼叫自己本身，這種函式呼叫自己的方式稱為「遞迴」(recursive)。遞迴是一種應用極廣的程式設計技術，在函式執行的過程不斷地的呼叫函式自身，但每一次呼叫，皆會產生不一樣的效果，直到遇到終止再呼叫函式自身的條件時，才會停止遞迴離開函式。如果遞迴的函式內沒有設定終止呼叫的條件，則這樣的函式會形成無窮遞迴。

一個問題如果能拆成同形式且較小範圍時，就可以使用遞迴函式來設計。例如要計算 5×4×3×2×1 的乘積時，可以拆成 5 乘於 4×3×2×1，而 4×3×2×1 又可以拆成 4 乘於 3×2×1，3×2×1 又可以拆成 3 乘於 2×1，2×1 可以拆成 2 乘於 1，此時就可以設計成遞迴函式。遞迴函式常使用在具有規則性的程式設計中，其優點是具結構化可以增加程式的可讀性，以及能以簡潔的程式處理反覆的複雜問題。遞迴在數學上常被使用，例如：階乘、費氏數列、輾轉相除法、排列、組合。

📥 **範例**：factorial.py

使用階乘函式計算 n! = 1 * 2 * 3 * (n-1) * n 的結果，其中 n 由使用者輸入。
n 的輸入值必須大於等於 1。

**執行結果**

```
n = 5 [Enter↵]
5! = 120
```

**程式碼**　FileName：factorial.py

```
01 def d(n):
02     if n <= 1:
03         return 1
04     else:        # n > 1
05         return n * d(n-1)
```

```
06
07 while True:
08     n = eval(input('n = '))
09     if (n >= 1):
10         break
11     else:
12         print('輸入資料不符, 請重新輸入...')
13
14 fac = d(n)
15 print ('%d! = %d' %(n, fac))
```

### 説明

1. 第 1~5 行：建立 d(n) 遞迴函式。該函式被呼叫 d(5) 的流程如下所示：

   d(5)

   → return 5 * d(4)

   → return 5 * 4 * d(3)

   → return 5 * 4 * 3 * d(2)

   → return 5 * 4 * 3 * 2 * d(1)

   → return 5 * 4 * 3* 2 * 1

   → return 120    (回傳值)

2. 第 7~12 行：篩選使用者的輸入值是否符合 (n >= 1) 的條件。

3. 第 14 行：呼叫 d(6) 的遞迴計算結果，回傳指定給 fac 變數。

# APCS
# 105 年 3 月實作題解析

## 13.1　成績指標

**問題描述**

一次考試中，於所有及格學生中獲取最低分數者最為幸運，反之，於所有不及格同學中，獲取最高分數者，可以說是最為不幸，而此二種分數，可以視為成績指標。

請你設計一支程式，讀入全班成績 (人數不固定)，請對所有分數進行排序，並分別找出不及格中最高分數，以及及格中最低分數。

當找不到最低及格分數，表示對於本次考試而言，這是一個不幸之班級，此時請你印出：「worst case」；反之，當找不到最高不及格分數時，請你印出「best case」。

註：假設及格分數為 60，每筆測資皆為 0~100 間整數，且筆數未定。

**輸入格式**

第一行輸入學生人數，第二行為各學生分數 (0~100 間)，分數與分數之間以一個空白間格。每一筆測資的學生人數為 1~20 的整數。

**輸出格式**

每筆測資輸出三行。

第一行由小而大印出所有成績，兩數字之間以一個空白間格，最後一個數字後無空白；

第二行印出最高不及格分數，如果全數及格時，於此行印出 best case；

第三行印出最低及格分數，當全數不及格時，於此行印出 worst case。

範例一：輸入

    10
    0 11 22 33 55 66 77 99 88 44

範例一：正確輸出

    0 11 22 33 44 55 66 77 88 99
    55
    66

【說明】不及格分數最高為 55，及格分數最低為 66。

範例二：輸入

    1
    13

範例二：正確輸出

    13
    13
    worst case

【說明】由於找不到最低及格分，因此第三行須印出「worst case」。

範例三：輸入

    2
    73 65

範例三：正確輸出

    65 73
    best case
    65

【說明】由於找不到不及格分，因此第二行須印出「best case」。

**評分說明**

　　輸入包含若干筆測試資料，每一筆測試資料的執行時間限制 (time limit) 均為 2 秒，依正確通過測資筆數給分。

解題分析

1. 從資料檔 data1.txt (或 data2.txt、data3.txt) 讀取學生人數放入變數 n 中，再讀取各學生成績逐一放入串列 score 中。

```
fp = open('data1.txt','r')          # 開啟資料檔
n = int(fp.readline())              # 讀取學生人數，用 int()轉型為整數
score = [0 for x in range(n)]       # 用來存放學生成績串列
temp = fp.readline().split(' ')     # 讀取學生成績
for i in range(0,n):
    score[i] = int(temp[i])         # 逐一將學生成績放入串列
```

2. 使用 sort() 函式將成績串列 score 元素由小到大順序排序，再印出排序後的分數順序，作為第一列輸出文字。

```
score.sort()                    # 成績由小到大排序
for item in score:
    print(item, end = ' ')      # 印出排序後的分數
```

3. 第二列輸出文字為最高不及格分數。使用迴圈由串列最後元素往前尋找小於 60 的分數，第一個被找到的元素為最高不及格分數。若在迴圈內都找不到，則印出 "best case" (最佳狀態)。

```
flag1 = False                   # 為尋找標記
for k in range(n-1, -1,-1):
    if score[k] < 60 :          # 尋找最高不及格分數
        print(score[k])         # 印出最高不及格分數
        flag1 = True
        break
if flag1 == False:
    print('best case')          # 印出最佳狀態
```

5. 第三列輸出文字為最低及格分數：使用迴圈由串列第一個元素往後尋找大於或等於 60 的分數，第一個被找到的元素為最低及格分數。若在迴圈內都找不到，則印出 "worst case" (最差狀態)。

```
flag2 = False                   # 為尋找標記
for h in range(0, n):
    if score[h] >= 60:          # 尋找最低及格分數
        print(score[h])         # 印出最低及格分數
        flag2 = True
        break
if flag2 == False:
    print('worse case')         # 印出最差狀態
```

**程式碼**　FileName：apcs_10503_01.py

```
01 fp = open('data1.txt', 'r')          # 開啟資料檔
02 n = int(fp.readline())               # 讀取學生人數，用 int() 轉型為整數
03 score = [0 for x in range(n)]        # 用來存放學生成績串列
04 temp = fp.readline().split(' ')      # 讀取學生成績
05 for i in range(0,n):
06     score[i] = int(temp[i])          # 逐一將學生成績放入串列
07
08 score.sort()                         # 成績由小到大排序
09 for item in score:
10     print(item, end = ' ')           # 印出排序後的分數
11 print()
12
```

```
13 flag1 = False                    # 為尋找標記
14 for k in range(n-1, -1,-1):
15     if score[k] < 60 :           # 尋找最高不及格分數
16         print(score[k])          # 印出最高不及格分數
17         flag1 = True
18         break
19 if flag1 == False:
20     print('best case')           # 印出最佳狀態
21
22 flag2 = False                    # 為尋找標記
23 for h in range(0, n):
24     if score[h] >= 60:           # 尋找最低及格分數
25         print(score[h])          # 印出最低及格分數
26         flag2 = True
27         break
28 if flag2 == False:
29     print('worse case')          # 印出最差狀態
30
31 fp.close()                       # 關閉檔案
```

執行結果

範例一：讀入 data1.txt 資料檔的執行結果

輸出結果

```
0 11 22 33 44 55 66 77 88 99
55
66
```

範例二：讀入 data2.txt 資料檔的執行結果

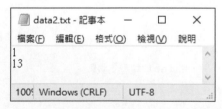

輸出結果

```
13
13
worse case
```

範例三：讀入 data3.txt 資料檔的執行結果

輸出結果

```
65 73
best case
65
```

## 13.2　矩陣轉換

**問題描述**

矩陣是將一群元素整齊的排列成一個矩形，在矩陣中的橫排稱為列 (row)，直排稱為行 (column)，其中以 $X_{ij}$ 來表示矩陣 $X$ 中的第 $i$ 列第 $j$ 行的元素。如圖一中，$X_{32}= 6$。

我們可以對矩陣定義兩種操作如下：

翻轉：即第一列與最後一列交換、第二列與倒數第二列交換、...依此類推。

旋轉：將矩陣以順時針方向轉 90 度。

例如：矩陣 $X$ 翻轉後可得到 $Y$，將矩陣 $Y$ 再旋轉後可得到 $Z$。

圖一

一個矩陣 $A$ 可以經過一連串的旋轉與翻轉操作後，轉換成新矩陣 $B$。如圖二中，$A$ 經過翻轉與兩次旋轉後，可以得到 $B$。給定矩陣 $B$ 和一連串的操作，請算出原始的矩陣 $A$。

圖二

**輸入格式**

第一行有三個介於 1 與 10 之間的正整數 $R, C, M$。接下來有 $R$ 行 (line) 是矩陣 $B$ 的內容，每一行 (line) 都包含 $C$ 個正整數，其中的第 $i$ 行第 $j$ 個數字代表矩陣 $B_{ij}$ 的值。在矩陣內容後的一行有 $M$ 個整數，表示對矩陣 $A$ 進行的操作。第 $k$ 個整數 $m_k$ 代表第 k 個操作，如果 $m_k= 0$ 則代表旋轉，$m_k= 1$ 代表翻轉。同一行的數字之間都是以一個空白間格，且矩陣內容為 0~9 的整數。

**輸出格式**

輸出包含兩個部分。第一個部分有一行，包含兩個正整數 $R'$ 和 $C'$，以一個空白隔開，分別代表矩陣 $A$ 的列數和行數。接下來有 $R'$ 行，每一行都包含 $C'$ 個正整數，且每一行的整數之間以一個空白隔開，其中第 $i$ 行的第 $j$ 個數字代表矩陣 $A_{ij}$ 的值。每一行的最後一個數字後並無空白。

| 範例一：輸入 | 範例二：輸入 |
|---|---|
| 3 2 3 | 3 2 2 |
| 1 1 | 3 3 |
| 3 1 | 2 1 |
| 1 2 | 1 2 |
| 1 0 0 | 0 1 |
| **範例一：正確輸出** | **範例二：正確輸出** |
| 3 2 | 2 3 |
| 1 1 | 2 1 3 |
| 1 3 | 1 2 3 |
| 2 1 | 【說明】 |
| 【說明】 | |
| 如圖二所示 | |

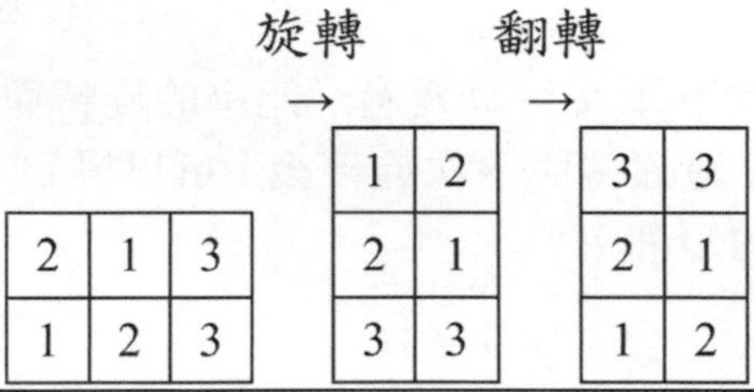

**評分說明**

輸入包含若干筆測試資料，每一筆測試資料的執行時間限制 (time limit) 均為 2 秒，依正確通過測資筆數給分。其中：

第一子題組共 30 分，其每個操作都是翻轉。

第二子題組共 70 分，操作有翻轉也有旋轉。

解題分析

1. 本題目是使矩陣來做翻轉和旋轉的搬移動作，而且要從已搬移後的矩陣去反推順序操作求出搬移前的原始矩陣。

2. 翻轉搬移動作是將矩陣上下顛倒，即使矩陣第一列和最後一列交換、第二列和倒數第二列交換、…。若反向翻轉搬移動作，就是將矩陣再上下顛倒一次。也就是說矩陣翻轉與反向翻轉的搬移動作，結果是相同的。矩陣上下翻轉的函式如下：

```
01  # 矩陣上下翻轉函式
02  def mirror(A, r, c):
03      T = [[0 for x in range(10)] for y in range(10)]  # 暫時串列
04      for i in range(0, r):
05          for j in range(0, c):
06              T[i][j] = A[(r-1)-i][j]    # 翻轉搬移
07      # 將暫存在 T 串列的資料指定給 A 串列
08      for i in range(0, r):
09          for j in range(0, c):
10              A[i][j] = T[i][j]               # 指定
```

① 第 2 行：傳入搬移前的串列 A，行、列數的最大值為 10。r 是傳入串列 A 的列數，c 是傳入串列 A 的行數。

② 第 3 行：T 串列為暫時使用的替換串列，T 串列的元素用來暫時存放 A 串列元素搬移後的對應位置。

③ 第 4~6 行：矩陣翻轉搬移的過程以下圖為例：(假設 r=3, c=2)

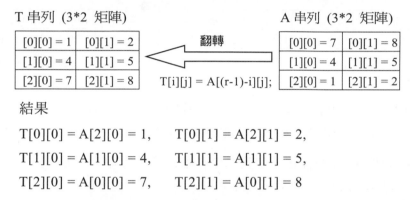

結果

T[0][0] = A[2][0] = 1,　　T[0][1] = A[2][1] = 2,

T[1][0] = A[1][0] = 4,　　T[1][1] = A[1][1] = 5,

T[2][0] = A[0][0] = 7,　　T[2][1] = A[0][1] = 8

④ 第 8~10 行：將暫存在 T 串列的資料指定給 A 串列(原串列)，使 A 原串列的元素為翻轉搬移後的矩陣資料。

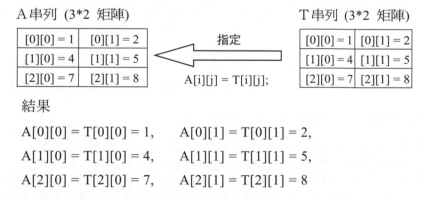

結果

A[0][0] = T[0][0] = 1,　　A[0][1] = T[0][1] = 2,

A[1][0] = T[1][0] = 4,　　A[1][1] = T[1][1] = 5,

A[2][0] = T[2][0] = 7,　　A[2][1] = T[2][1] = 8

3. 旋轉搬移動作是將矩陣以順時針方向向右轉 90 度。若反向旋轉就是將矩陣以逆時針方向向左轉 90 度，即原左上角位置的數字會移至左下角、原右下角位置的數字會移至右上角、…。矩陣向左轉 90 度的函式如下：

```
01 # 矩陣向左旋轉90度函式
02 def rotate(A, r, c):
03     T = [[0 for x in range(10)] for y in range(10)]  # 暫時串列
04     for i in range(0, c):
05         for j in range(0, r):
06             T[i][j] = A[j][c-1-i]       # 旋轉搬移
07     # 將暫存在T串列的資料指定給A串列
08     for i in range(0, c):
09         for j in range(0, r):
10             A[i][j] = T[i][j]           # 指定
```

① 第2行：傳入搬移前的串列A，r是傳入串列A的列數，c是傳入串列A的行數。

② 第3行：T串列為暫時使用的替換串列。

③ 第4~6行：矩陣向左旋轉的搬移過程以下圖為例；(假設 r=3, c=2)

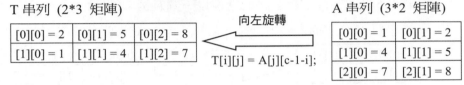

結果

T[0][0] = A[0][1] = 2,     T[0][1] = A[1][1] = 5,     T[0][2] = A[2][1] = 8,

T[1][0] = A[0][0] = 1,     T[1][1] = A[1][0] = 4,     T[1][2] = A[2][0] = 7

④ 第8~10行：將暫存在T串列的資料指定給A原串列，使A原串列的元素為旋轉搬移後的矩陣資料。

結果

A[0][0] = T[0][0] = 2,     A[0][1] = T[0][1] = 5,     A[0][2] = T[0][2] = 8 ,

A[1][0] = T[1][0] = 1,     A[1][1] = T[1][1] = 4,     A[1][2] = T[1][2] = 7

4. 讀取文件檔 (如：data1.txt) 的資料。

```
01 fp = open('data1.txt', 'r')              # 讀取資料檔
02 tR,tC,tM = fp.readline().split(' ')      # 輸入文件第一行資料
03 R, C, M = int(tR), int(tC), int(tM)      # 將字串轉換成整數資料
04 A = [[0 for x in range(10)] for y in range(10)]  # 用來存放矩陣
05
06 # 輸入已搬移操作後的矩陣資料
07 for i in range(0, R):
08     tList = []
09     temp = fp.readline().split(' ')
```

```
10      for j in range(0, C):
11          A[i][j] = int(temp[j])
12
13  # 輸入搬移操作方式的順序
14  temp = fp.readline().split(' ')
15  mk = []
16  for k in range(0, M):
17      mk.append(int(temp[k]))
```

① 第 1~3 行：讀取文件第一行資料，再分別轉成整數指定給變數 R、C、M。

② 第 7~11 行：讀取文件資料，放入 A 串列中，為已搬移操作後的矩陣資料。

③ 第 14~17 行：讀取文件資料，放入 mk 串列中，為搬移操作方式的順序。若元素資料是 1，則是翻轉搬移；若元素資料是 0，則是旋轉搬移。

5. 反推順序操作，是將輸入的操作方式，由後往前反向操作一遍。

```
01  # 反推順序操作
02  for h in range(M-1, -1, -1):
03      if mk[h] == 1:
04          mirror(A, R, C)          # 反翻轉操作
05      if mk[h] == 0 :
06          rotate(A, R, C)          # 反旋轉操作
07          tmp = R
08          R = C
09          C = tmp
```

① 第 2~9 行：迴圈的執行方式是反推順序。

② 第 3~4 行：若元素是 1，則是反翻轉搬移操作，呼叫 mirror(A, R, C) 翻轉函式。其中 A 為矩陣串列、R 為串列 A 的列數，C 是串列 A 的行數。

③ 第 5~9 行：若元素是 0，則是反旋轉搬移操作，呼叫 rotate(A, R, C) 向左旋轉函式。因旋轉後，矩陣行列數會互換，故使 R 和 C 的變數值互調。

6. 印出反順序操作後的原始矩陣內容。

```
01  print(R,C)                          # 印出第一列文字
02  for n in range(0, R):
03      for m in range(0, C):
04          print(A[n][m], end=' ')     # 印出原始矩陣內容
05      print()
```

**程式碼**　FileName：apcs_10503_02.py

```
01  # 矩陣上下翻轉函式
02  def mirror(A, r, c):
03      T = [[0 for x in range(10)] for y in range(10)]   # 暫時串列
04      for i in range(0, r):
05          for j in range(0, c):
```

```
06        T[i][j] = A[(r-1)-i][j]  # 翻轉搬移
07    # 將暫存在 T 串列的資料指定給 A 串列
08    for i in range(0, r):
09        for j in range(0, c):
10            A[i][j] = T[i][j]          # 指定
11
12 # 矩陣向左旋轉 90 度函式
13 def rotate(A, r, c):
14    T = [[0 for x in range(10)] for y in range(10)]     # 暫時串列
15    for i in range(0, c):
16        for j in range(0, r):
17            T[i][j] = A[j][c-1-i]    # 旋轉搬移
18    # 將暫存在 T 串列的資料指定給 A 串列
19    for i in range(0, c):
20        for j in range(0, r):
21            A[i][j] = T[i][j]          # 指定
22
23 fp = open('data1.txt', 'r')                # 讀取資料檔
24 tR,tC,tM = fp.readline().split(' ')        # 輸入文件第一行資料
25 R, C, M = int(tR), int(tC), int(tM)        # 將字串轉換成整數資料
26 A = [[0 for x in range(10)] for y in range(10)]        # 用來存放矩陣
27
28 # 輸入已搬移操作後的矩陣資料
29 for i in range(0, R):
30    tList = []
31    temp = fp.readline().split(' ')
32    for j in range(0, C):
33        A[i][j] = int(temp[j])
34
35 # 輸入搬移操作方式的順序
36 temp = fp.readline().split(' ')
37 mk = []
38 for k in range(0, M):
39    mk.append(int(temp[k]))
40
41 # 反推順序操作
42 for h in range(M-1, -1, -1):
43    if mk[h] == 1:
44        mirror(A, R, C)           # 反翻轉操作
45    if mk[h] == 0 :
46        rotate(A, R, C)           # 反旋轉操作
47        tmp = R
48        R = C
49        C = tmp
```

| 50 | | |
|---|---|---|
| 51 | print(R,C) | # 印出第一列文字 |
| 52 | for n in range(0, R): | |
| 53 |    for m in range(0, C): | |
| 54 |       print(A[n][m], end=' ') | # 印出原始矩陣內容 |
| 55 |    print() | |
| 56 | | |
| 57 | fp.close() | # 關閉檔案 |

執行結果

範例一：讀入 data1.txt 資料檔的執行結果

輸出結果

```
3 2

1 1

1 3

2 1
```

範例二：讀入 data2.txt 資料檔的執行結果

輸出結果

```
2 3

2 1 3

1 2 3
```

# 13.3　線段覆蓋長度

問題描述

給定一維座標上一些線段，求這些線段所覆蓋的長度，注意，重疊的部分只能算一次。例如給定四個線段：(5, 6)、(1, 2)、(4, 8)、和(7, 9)，如下圖，線段覆蓋長度為 6。

輸入格式：

第一列是一個正整數 N，表示此測試案例有 N 個線段。

13-11

接著的 N 列每一列是一個線段的開始端點座標和結束端點座標整數值，開始端點座標值小於等於結束端點座標值，兩者之間以一個空格區隔。

**輸出格式：**

輸出其總覆蓋的長度。

**範例一：輸入**

| 輸入 | 說明 |
|---|---|
| 5 | 此測試案例有 5 個線段 |
| 160 180 | 開始端點座標值與結束端點座標值 |
| 150 200 | 開始端點座標值與結束端點座標值 |
| 280 300 | 開始端點座標值與結束端點座標值 |
| 300 330 | 開始端點座標值與結束端點座標值 |
| 190 210 | 開始端點座標值與結束端點座標值 |

**範例一：輸出**

| 輸出 | 說明 |
|---|---|
| 110 | 測試案例的結果 |

**範例二：輸入**

| 輸入 | 說明 |
|---|---|
| 1 | 此測試案例有 1 個線段 |
| 120 120 | 開始端點座標值與結束端點座標值 |

**範例二：輸出**

| 輸出 | 說明 |
|---|---|
| 0 | 測試案例的結果 |

**評分說明**

輸入包含若干筆測試資料，每一筆測試資料的執行時間限制 (time limit) 均為 2 秒，依正確通過測資筆數給分。每一個端點座標是一個介於 0~M 之間的整數，每筆測試案例線段個數上限為 N。其中：

第一子題組共 30 分，M<1000，N<100，線段沒有重疊。

第二子題組共 40 分，M<1000，N<100，線段可能重疊。

第三子題組共 30 分，M<10000000，N<10000，線段可能重疊。

解題分析

1. 在一維的直線座標中，給予一些長短不一的線段來覆蓋直線，重疊部份只能取覆蓋一次。

2. 先設定直線長度為 M。再建立一個布林型別的串列 line，將 line 串列的元素初始值皆設為 False，表示一條直線的每一個座標區域預設皆還沒被覆蓋。

| 0 | 1 | 2 | 3 | 4 | 5 | 6 | 7 | 8 | 9 | 10 |
|---|---|---|---|---|---|---|---|---|---|---|
| False | False | False | False | False | False | False | False | False | False | |

```
M = 10000000                       # 一維直線的長度 M
line = [False for x in range(M)]   # 建立布林串列 line,
                                   # 元素初值皆設為 False
```

3. 讀取覆蓋線段數目 N。

```
fp = open('data1.txt', 'r')        # 讀取資料檔
N = int(fp.readline())             # 讀取覆蓋線段數目 N，轉型為整數
```

4. 設計函式，其功能是：若給予覆蓋線段區域的頭尾兩個端點，則 line 串列的元素被標記為 True，表示該座標區域已被覆蓋。

```
# 標記直線被線段覆蓋的座標區域
def SetLine(line, nStart, nEnd):
    for i in range(nStart, nEnd):
        line[i] = True;            # 被覆蓋座標標記為 True
```

如傳入兩個端點分別為 3, 6，則串列的元素被標記為 True 的情形如下圖：

| 0 | 1 | 2 | 3 | 4 | 5 | 6 | 7 | 8 | 9 | 10 |
|---|---|---|---|---|---|---|---|---|---|---|
| False | False | False | **True** | **True** | **True** | False | False | False | False | |

5. 若有 N 個線段，分別給予這些線段的頭尾端點座標 pA, pB，再一一去呼叫 SetLine(line, pA, pB) 函式。當有座標被重疊覆蓋時，原覆蓋的座標已被標記為 True，重疊覆蓋時還是再標記為 True。但還沒被覆蓋的座標區域，其標記就會由 False 變成 True。

```
for i in range(0, N):
    tA, tB = fp.readline().split(' ')   # 讀取首尾端點坐標資料
    pA, pB = int(tA), int(tB)           # 將字串轉換成整數資料
    SetLine(line, pA, pB)               # 標記被線段覆蓋的座標區域
```

6. 總計 line 串列元素為 True 的數量，就是這些線段所覆蓋的座標區域總長度。

```
# 總計直線被線段覆蓋的總長度
lineNum = 0;      # 記錄被覆蓋的線段長度
for j in range(0, M):
    if line[j] == True:
        lineNum += 1      # 累加被覆蓋的長度

print(lineNum)            # 印出加被覆蓋的總長度
```

**程式碼** FileName：apcs_10503_03.py

```
01 # 標記直線被線段覆蓋的座標區域
02 def SetLine(line, nStart, nEnd):
03     for i in range(nStart, nEnd):
04         line[i] = True;                    # 被覆蓋座標標記為 True
05
06 M = 10000000                               # 一維直線的長度 M
07 line = [False for x in range(M)]           # 建立布林串列 line，元素初值皆設為 False
08 fp = open('data1.txt', 'r')                # 讀取資料檔
09 N = int(fp.readline())                     # 讀取覆蓋線段數目 N，轉型為整數
10
11 for i in range(0, N):
12     tA, tB = fp.readline().split(' ')      # 讀取首尾端點坐標資料
13     pA, pB = int(tA), int(tB)              # 將字串轉換成整數資料
14     SetLine(line, pA, pB)                  # 標記被線段覆蓋的座標區域
15
16 # 總計直線被線段覆蓋的總長度
17 lineNum = 0;       # 記錄被覆蓋的線段長度
18 for j in range(0, M):
19     if line[j] == True:
20         lineNum += 1       # 累加被覆蓋的長度
21
22 print(lineNum)             # 印出加被覆蓋的總長度
23 fp.close()                 # 關閉檔案
```

執行結果

範例一：讀入 data1.txt 資料檔的執行結果

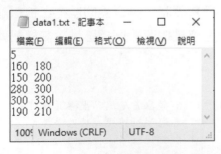

輸出結果

110

範例二：讀入 data2.txt 資料檔的執行結果

輸出結果

0

# 13.4　血緣關係

**問題描述**

　　小宇有一個大家族。有一天,他發現記錄
整個家族成員和成員間血緣關係的家族族
譜。小宇對於最遠的血緣關係 (我們稱之為"
血緣距離") 有多遠感到很好奇。

　　右圖為家族的關係圖。 0 是 7 的孩子,
1、2 和 3 是 0 的孩子, 4 和 5 是 1 的
孩子, 6 是 3 的孩子。我們可以輕易的發現
最遠的親戚關係為 4(或 5) 和 6 ,他們的
"血緣距離"是 4 (4→1→0→3→6)。

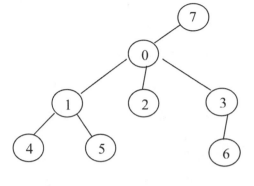

　　給予任一家族的關係圖,請找出最遠的 "血緣距離"。你可以假設只有一個人是
整個家族成員的祖先,而且沒有兩個成員有同樣的小孩。

**輸入格式**

　　第一行為一個正整數 n 代表成員的個數,每人以 0~n-1 之間唯一的編號代
表。接著的 n-1 行,每行有兩個以一個空白隔開的整數 a 與 b (0 ≤ a, b ≤ n-1),
代表 b 是 a 的孩子。

**輸出格式**

　　每筆測資輸出一行最遠 "血緣距離" 的答案。

| 範例一：輸入 | 範例二：輸入 |
|---|---|
| 8 | 4 |
| 0 1 | 0 1 |
| 0 2 | 0 2 |
| 0 3 | 2 3 |
| 7 0 | |
| 1 4 | |
| 1 5 | |
| 3 6 | |
| **範例一：正確輸出** | **範例二：正確輸出** |
| 4 | 3 |
| **【說明】** | **【說明】** |
| 如題目所附之圖,最遠路徑為 4→1→0<br>→3→6 或 5→1→0→3→6,距離為 4 。 | 最遠路徑為 1→0→2→3,距離<br>為 3。 |

**評分說明**

　　輸入包含若干筆測試資料，每一筆測試資料的執行時間限制 (time limit) 均為 2 秒，依正確通過測資筆數給分。其中：

第 1 子題組 10 分，整個家族的祖先最多 2 個小孩，其他成員最多一個小孩，$2 \le n \le 100$。

第 2 子題組 30 分， $2 \le n \le 100$。

第 3 子題組 30 分， $101 \le n \le 2,000$。

第 4 子題組 30 分， $1,001 \le n \le 100,000$。

解題分析

1. 先介紹樹狀結構的基本觀念，作為解題的先備知識。「樹」(Tree) 是模擬現實樹木型態的資料結構，像一棵根部在上倒掛的樹，也像家族的族譜。樹是由 1 或多個「節點」(Node) 擴展延伸所組成，根部稱為「根節點」(Root，或稱「根」)，根節點可有 0 到 n 個「子節點」(Children)，子節點可以再繼續向下延伸。

2. 樹的節點間會互相連結，但必須遵守階層架構不能形成封閉的迴圈 (cycle) (例如下圖若節點 2、3 相連結是不合法)，或不連結 (例如下圖若節點 0 不連結節點 3 是不合法)，所以任意兩個節點間只有一條路徑。下圖為合法樹狀結構的例子：

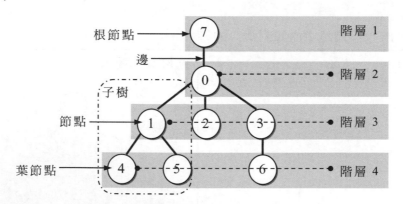

① **節點** (Node)：節點為樹的組成元素，其中沒有上層的節點稱為根節點，也就是說根節點沒有父節點，例如：上圖的節點 7。沒有下層的節點稱為葉節點 (Leaf) 或稱為終端節點 (Terminal Nodes)，例如：節點 4、5、6。除了葉節點之外的其它節點稱為非終端節點，例如：節點 7、0、1、2、3。

② **邊** (Edge)：將節點連接起來的線就是「邊」，樹若有 n 個節點會有 n-1 個邊。

③ **分支度** (Dregree)：分支度是指節點所擁有的子節點數。例如：節點 0 的分支度是 3，節點 1 的分支度是 2。

④ **階層** (Level)：階層是樹的層級，例如節點 7 屬階層 1，節點 0 屬階層 2，節點 1、2、3 屬階層 3，節點 4、5、6 屬階層 4。

⑤ **樹高** (Height)：指樹的最大階層數，例如：上圖的樹高是 4。樹高值等於樹深 (Depth)。

⑥ **節點間關係**：節點所屬上方的一個節點稱為此節點的父節點 (Parent)，而節點向下分支出的節點稱為子節點 (Child)，例如：節點 4 的父節點為 1，節點 1 的子節點為 4、5。如同父子關係父節點只有一個，子節點可以有零、一個或多個。同一個父節點的子節點，稱為兄弟節點(Siblings)，例如節點 1、2、3 彼此為兄弟節點。一個節點往上走到根節點，所經過的節點都稱為祖先節點 (Ancenstors)，例如節點 5 的祖先節點為節點 1、0、7。一個節點往下走到葉節點 (包含所有分支)，所經過的節點都稱為子孫節點 (Descendant)，例如節點 0 的子孫節點為節點 1~6。

⑦ **子樹** (Subtree)：除了根節點外，每個子節點可以分成多個不相交的子樹。

3. 樹結構的表示法，常用有鏈結串列和串列兩種方式：

① **鏈結串列**：假設樹有 n 個節點、最大分支度為 d，則節點結構中 data 存放節點的資料，link_1 ~ link_d 分別存放各子節點的指標，結構如下：

| data | link_1 | link_2 | ... | link_d |
|------|--------|--------|-----|--------|

例如前面的範例用鏈結串列來表示，結果如下：

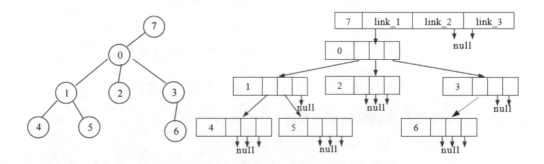

② **串列**：使用鏈結串列來表示樹，不但浪費空間，而且不易找到父節點，本題將採串列來實作樹。前面的範例利用兩個串列來表示，其中 f[][]二維串列儲存樹的結構、c[] 串列儲存節點的分支度，結果如下：

| 樹 的 節 點 | | 節點的分支度 |
|---|---|---|
| 節點 | 子節點 | |
| f[0][0]=7 | f[0][1]=0 | c[0]=3 |
| f[1][0]=0 | f[1][1]=1 | c[1]=2 |
| f[2][0]=0 | f[2][1]=2 | c[2]=0 |
| f[3][0]=0 | f[3][1]=3 | c[3]=1 |
| f[4][0]=1 | f[4][1]=4 | c[4]=0 |
| f[5][0]=1 | f[5][1]=5 | c[5]=0 |
| f[6][0]=3 | f[6][1]=6 | c[6]=0 |
| | | c[7]=1 |

4. 利用串列實作樹的結構後，就可以來探索樹：

① **取得父節點**：利用 f[][] 串列中所紀錄的節點、子節點，可以取得指定節點的父節點，例如求節點 5 的父節點，程式寫法如下：

```
father = -1
node = 5
for i in range(n-1):
    if f[i][1] == node:
        father = f[i][0]
        break
```

② **取得根節點**：用迴圈將 f[][] 串列中所有的節點，逐一和子節點比較，若相同就表示該節點還有父節點，也就不是根節點所以跳離迴圈，直到找不到時該節點就是根節點。如上例中子節點內沒有 7，7 不是所有節點的子節點，所以 7 就是根節點。程式寫法如下：

```
root = -1 # 預設根節點為 -1
for i in range(n-1):
    for j in range(n-1):
        if f[i][0] == f[j][1]:
            break # 若節點也是子節點就離開
        else:
            if j == (n-2):
                root = f[i][0] # 都不相同就是根節點
    if root != -1:
        break # 若 root != -1 表找到根節點就離開
```

③ **取得根到葉節點的最大距離**：利用遞迴從根節點起，不斷向下探詢到葉節點，求最大距離也就是經過的最多邊數，程式寫法如下：

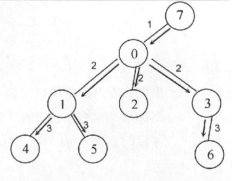

```
# 從根節點起到葉節點求最大距離的函式
def height(node):
    d, maxD = 0, 0      # 記錄深度和最大深度
    if c[node] == 0:  # 沒有子節點時結束遞迴
        return 0
    elif c[node] == 1:      # 只有一個子節點時深度加 1
        for i in range(n-1):
            if f[i][0] == node:      # 找到節點時
                return height(f[i][1])+1      # 遞迴呼叫子節點
    else: # 多個子節點時其深度加 1
        for i in range(n-1):
            if f[i][0] == node:      # 找到節點時
                d = height(f[i][1])+1      # 遞迴呼叫子節點
                if d > maxD:      # 若傳回值大於最大深度
                    maxD = d      # 記錄最大深度
    return maxD      # 傳回最大深度
```

④ **取得樹的直徑**：樹的直徑就是樹上任意
兩點間最長的距離，樹的直徑值就是樹
各節點的最深兩個距離相加的最大值。
例如節點 7、0、1 和 3 的最深兩個距離
和，分別為 3、4(最大值)、2、1，所以
該樹的直徑為 4。程式寫法如下：

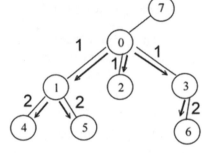

```
# 求節點的最大深度的函式(並計算樹直徑)
def diameter(node):
    global dAns, c, f
    depth = 0 # 記錄該節點的深度
    dFir, dSec = 0, 0      # 紀錄第 1 和第 2 深度
    if c[node] == 0:          # 沒有子節點時結束遞迴
        return 0
    elif c[node] == 1:      # 只有一個子節點時深度加 1
        for j in range(n-1):
            if f[j][0] == node:      # 找到節點時
                return diameter(f[j][1])+1      # 遞迴呼叫子節點
    else:      # 多個子節點時深度加 1
        for j in range(n-1):
            if f[j][0] == node: # 找到節點時
                depth = diameter(f[j][1]) + 1 # 遞迴呼叫子節點
                if depth > dFir:  # 若深度 > 最大深度則兩者交換
                    depth, dFir = dFir, depth
                if depth > dSec:  # 若深度 > 第二深度
                    dSec = depth  # 設第二深度 = 深度
        dAns = max(dAns, dFir + dSec)# 計算最大值為直徑
    return dFir   # 傳回最大深度
```

5. 本題是求家族成員間的最遠血緣距離，就是前面所介紹求樹的直徑。首先宣告 num (家庭成員總人數)、family (紀錄家族成員和小孩的串列)、child (記錄家族成員小孩數的串列)、dAns (記錄最長血緣距離) 為全域變數。因為在 diameter() 函式中會使用到上述的全域變數，所以必須用 global 宣告這些變數，使其由區域變數提升成為全域變數。

6. 本題會用到 family、child 兩個串列，因為串列大小要讀取資料檔後才確定，而且要從資料檔中讀取資料才能寫入串列。所以先宣告沒有指定初值的串列，從資料檔讀取資料後，再重設串列大小並指定初值，寫法如下：

```
family = []        # 紀錄家族成員和小孩的串列
child =[]          # 記錄每位成員有多少小孩的串列
...
```

7. 從 data1.txt 資料檔中讀取家庭成員總人數 num，根據 num 宣告 family 和 child 串列的大小。寫法如下：

```
fp = open('data1.txt', 'r')    # 開啟資料檔
num = int(fp.readline())    # 讀取家族成員總數，用 int()轉型為整數
# 重設 family 大小為 num x 2 的二維整數串列
family = [[0] * 2 for i in range(num)]
child=[0]*num  # 重設 child 大小為 num 的一維整數串列
```

child=[0]*num 敘述是重設 child 大小為 num 的一維串列，並指定各元素的初值為 0。而 family = [[0] * 2 for i in range(num)] 敘述是重設 family 大小為 [num][2] 的二維串列，並指定各元素的初值為 0。

8. 繼續由資料檔中讀取節點、子節點和孩子數，並存入 family 和 child 串列，寫法如下：

```
for i in range(num-1):
    temp=fp.readline().split()
    family[i][0] = int(temp[0])    #紀錄節點
    family[i][1] = int(temp[1])    #紀錄該節點的子節點
    child[family[i][0]] += 1        #該節點的孩子數量加 1
```

字串的 split()方法，可以將字串分拆成為串列，沒有引數時預設以空格區分，如果要以「,」區隔，寫法為：字串變數.split(",")。

9. 接著是先找出家族樹的根節點，然後求樹的直徑，程式寫法在前面已經介紹。

**程式碼** FileName：apcs_10503_04.py

| 01 num = 0 | # 家庭成員總人數 |
|---|---|
| 02 family = [] | # 紀錄家族成員和小孩的串列 |
| 03 child =[] | # 記錄每位成員有多少小孩的串列 |
| 04 dAns = 0 | # 紀錄最長血緣距離 |

```
05
06 def diameter(node): #求節點的最大深度的函式(並計算樹直徑)
07     global num, family, child, dAns     # 宣告為全域變數
08
09     depth = 0  # 記錄該家族成員的深度
10     dFir = 0    # 紀錄最深的兩個深度預設為 0
11     dSec = 0
12
13     if child[node] == 0:        # 沒有孩子時結束遞迴
14         return 0
15     elif child[node] == 1:    # 只有一個孩子時將深度加 1
16         for j in range(num - 1):
17             if family[j][0] == node:    # 找到指定節點時
18                 return diameter(family[j][1]) + 1 # 遞迴呼叫子節點
19     else:  # 多個孩子時
20         for j in range(num - 1):
21             if family[j][0] == node:       # 找到指定節點時
22                 depth = diameter(family[j][1]) + 1 # 深度加 1
23                 if depth > dFir:       # 若深度>最大深度則兩者交換
24                     depth, dFir = dFir, depth
25                 if depth > dSec:       # 若深度>第二深度
26                     dSec = depth   # 設第二深度=深度
27         dAns = max(dAns, dFir + dSec)    # 計算最大值為直徑
28         return dFir
29
30 fp = open('data1.txt', 'r')                      # 開啟資料檔
31 num = int(fp.readline())                      # 讀取家族成員總數，用 int() 轉型為整數
32
33 family = [[0] * 2 for i in range(num)]   # 重設 family 大小為 num X 2 的二維整數串列
34 child=[0] * num  # 重設 child 大小為 num 的一維整數串列
35
36 for i in range(num-1):
37     temp=fp.readline().split()
38     family[i][0] = int(temp[0])       #紀錄節點
39     family[i][1] = int(temp[1])       #紀錄該節點的子節點
40     child[family[i][0]] += 1          #該節點的孩子數量加 1
41
42 root = -1            # 預設家族的根節點為-1
43 for i in range(num - 1):
44     for j in range(num - 1):
45         if family[i][0] == family[j][1]:
46             break     # 若父節點也是子節點就離開
47         else:
```

```
48              if j == (num - 2):
49                  root = family[i][0]      # 都不相同就是根節點
50
51      if root != -1:
52          break      # 若 root!=-1 表找到根節點就離開
53
54  max_d = diameter(root)      # 從根節點出發的最大深度
55  dAns = max(max_d, dAns)
56  print(dAns)
57  fp.close()      # 關閉檔案
```

**執行結果**

範例一：讀入 data1.txt 資料檔的執行結果

輸出結果

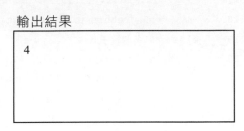

範例二：讀入 data2.txt 資料檔的執行結果

輸出結果

## 14.1　三角形辨別

**問題描述**

　　三角形除了是最基本的多邊形外,亦可進一步細分為鈍角三形、直角三角形及銳角三角形。若給定三個線段的長度,透過下列公式運算,即可得知此三線段能否構成三角形,亦可判斷是直角、銳角和鈍角三角形。

提示:若 a、b、c 為三個線段的邊長,且 c 為最大值,則

　　　若 $a + b \leq c$,三線段無法構成三角形

　　　若 $a \times a + b \times b < c \times c$,三線段構成鈍角三角形 (Obtuse triangle)

　　　若 $a \times a + b \times b = c \times c$,三線段構成直角三角形 (Right triangle)

　　　若 $a \times a + b \times b > c \times c$,三線段構成銳角三角形 (Acute triangle)

　　請設計程式以讀入三個線段的長度判斷並輸出此三線段可否構成三角形?若可,判斷並輸出其所屬三角形類型。

**輸入格式**

　　輸入僅一行包含三正整數,三正整數皆小於 30,001,兩數之間有一空白。

**輸出格式**

　　輸出共有兩行,第一行由小而大印出此三正整數,兩字之間以一個空白格間格,最後一個數字後不應有空白;第二行輸出三角形的類型:

　　若無法構成三角形時輸出「No」;

　　若構成鈍角三形時輸出「Obtuse」;

　　若直角三形時輸出「Right」;

　　若銳角三形時輸出「Acute」。

| 範例一：輸入 | 範例二：輸入 | 範例三：輸入 |
|---|---|---|
| 3 4 5 | 101 100 99 | 10 100 10 |
| 範例一：正確輸出 | 範例二：正確輸出 | 範例三：正確輸出 |
| 3 4 5<br>Right | 99 100 101<br>Acute | 10 10 100<br>No |
| 【說明】<br>axa + bxb = cxc 成立時為直角三角形。 | 【說明】<br>邊長排序由小到大輸出，axa + bxb > cxc 成立時為銳角三角形。 | 【說明】<br>由於無法構成三角形，因此第二行須印出「No」。 |

**評分說明**

　　輸入包含若干筆測試資料，每一筆測試資料的執行時間限制 (time limit) 均為 1 秒，依正確通過測資筆數給分。

解題分析

1. 本題先用 input() 函式接受輸入三個線段長度的字串到 data 變數，然後用字串的 split() 方法，以空格分隔分拆成為 side 串列的元素。

```
data=input("輸入三角形的三邊長：(以空格間隔)\n")    #輸入三角形的三邊長
side=data.split()    #用空格分隔分拆成為串列元素
```

2. 用 for 迴圈逐一將 side 串列中所有的元素值轉為整數型別。

```
for i in range(3):            #將串列中所有元素值轉為整數
    side[i]=int(side[i])
```

3. 使用 sort() 方法將 side 串列值做遞增排序，然後逐一顯示排序後的串列值。

```
side.sort()    # 串列值由小到大排序
print(*side)   # 逐一顯示排序後的串列值
```

4. 判斷 side[0]+side[1] 是否小於等於 side[2]，若成立表無法構成三角形，就輸出「No」；若不成立表可以構成三角形。確定三個線段可以構成三角形後，再利用 side[0]×side[0] + side[1]×side[1] 和 side[2]×side[2] 的大小關係，來判斷是屬於何種三角形。若前者小於後者就輸出「Obtuse」；若兩者相同就輸出「Right」；其餘就輸出「Acute」。

```
if side[0] + side[1] <= side[2]:  # 若 a+b ≦ c
    print("No")
else:
    ab = side[0] * side[0] + side[1] * side[1]
    c = side[2] * side[2]
    if ab < c:        # 若 a×a+b×b ＜ c×c
        print("Obtuse")
```

```
        elif ab == c:    # 若 a×a+b×b ＝ c×c
            print("Right")
        else:
            print("Acute")
```

**程式碼**　FileName：apcs_10510_01.py

```
01  data=input("輸入三角形的三邊長：(以空格間隔)\n")    #輸入三角形的三邊長
02  side=data.split()              #用空格分開轉為串列
03
04  for i in range(3):             #將串列中所有元素值轉為整數
05      side[i]=int(side[i])
06
07  side.sort()       # 串列值由小到大排序
08  print(*side)      # 逐一顯示排序後的串列值
09
10  if side[0] + side[1] <= side[2]:  # 若 a+b ≦ c
11      print("No")
12  else:
13      ab = side[0] * side[0] + side[1] * side[1]
14      c = side[2] * side[2]
15      if ab < c:        # 若 a×a + b×b ＜ c×c
16          print("Obtuse")
17      elif ab == c:    # 若 a×a + b×b ＝ c×c
18          print("Right")
19      else:
20          print("Acute")
```

**執行結果**

範例一：

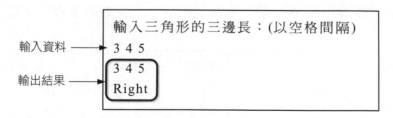

範例二：

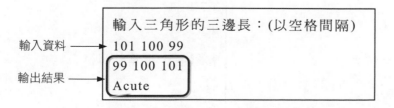

範例三：

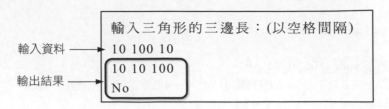

輸入資料 ⟶ 10 100 10

輸出結果 ⟶ 10 10 100
No

輸入三角形的三邊長：(以空格間隔)

# 14.2 最大和

**問題描述**

給定 N 群數字，每群都恰有 M 個正整數。若從每群數字中各選擇一個數字（假設第 i 群所選出數字為 $t_i$），將所選出的 N 個數字加總即可得總和 S = $t_1$+$t_2$+...+$t_N$。請寫程式計算 S 的最大值(最大總和)，並判斷各群所選出的數字是否可以整除 S。

**輸入格式**

第一行有二個正整數 N 和 M，1≦N≦20，1≦M≦20。

接下來的 N 行，每一行各有 M 個正整數 $x_i$，代表一群整數，數字與數字間有一個空格，且 1≦$i$≦M，以及 1≦$x_i$≦256。

**輸出格式**

第一行輸出最大總和 S。

第二行按照被選擇數字所屬群的順序，輸出可以整除 S 的被選擇數字，數字與數字間以一個空格隔開，最後一個數字後無空白；若 N 個被選擇數字都不能整除 S，就輸出-1。

| 範例一：輸入 | 範例二：輸入 |
|---|---|
| 3 2 | 4 3 |
| 1 5 | 6 3 2 |
| 6 4 | 2 7 9 |
| 1 1 | 4 7 1 |
|  | 9 5 3 |
|  |  |
| 範例一：正確輸出 | 範例二：正確輸出 |
| 12 | 31 |
| 6 1 | -1 |

| 【說明】 | 【說明】 |
|---|---|
| 挑選的數字依序是 5, 6, 1，總和 S=12。而此三數中可整除 S 的是 6 與 1，6 在第二群，1 在第 3 群所以先輸出 6 再輸出 1。注意，1 雖然也出現在第一群，但她不是第一群中挑出的數字，所以順序是先 6 後 1。 | 挑選的數字依序是 6,9,7,9，總和 S= 31。而此四數中沒有可整除 S 的，所以第二行輸出 -1。 |

**評分說明**

輸入包含若干筆測試資料，每一筆測試資料的執行時間限制 (time limit) 均為 1 秒，依正確通過測資筆數給分。其中：

第 1 子題組 20 分：$1 \leq N \leq 20$，$M = 1$。

第 2 子題組 30 分：$1 \leq N \leq 20$，$M = 2$。

第 3 子題組 50 分：$1 \leq N \leq 20$，$1 \leq M \leq 20$。

**解題分析**

1. 給予 N 群數字，每群數字中有 M 個正整數。

```
01 fp = open('data1.txt', 'r')        # 開啟資料檔
02 tN,tM = fp.readline().split(' ')    # 讀取文件第一行資料
03 N, M = int(tN), int(tM)        # 有 N 群數字，每群數字中有 M 個正整數
```

2. 依序讀入 N 群的 M 個正整數。

```
01 num = [[0 for x in range(M)] for y in range(N)]  # 存放各群整數
02 for i in range(0, N):
03     tList = []
04     temp = fp.readline().split(' ')
05     for j in range(0, M):
06         num[i][j] = int(temp[j])
```

3. 從每群數字中選出最大正整數，累計各最大數字的總和。

```
01 t = [0 for x in range(N)]   # 用來存放 N 群數字的各最大正整數
02 S = 0                       # 用來存放各群最大正整數之總和
03 for i in range(0, N):       # 有 N 群數字
04     big = 0                 # 用來存放最大正整數
05     for j in range(0, M):   # 每群有 M 個正整數
06         big = max(big, num[i][j])    # 選出最大正整數
07
08     t[i] = big             # 存放各群的最大正整數
09     S += big               # 累計各最大正整數的總和
10
11 print(S)                    # 印出最大正整數的總和 S
```

4. 逐一判斷各群存放入 t 串列中的最大正整數是否可以整除總和 S，若能整除的，
則輸出該數字；若每群的最大數字皆不能整除 S，就輸出 -1。

```
01 cnt = 0
02 for i in range(0, N):
03     if (S % t[i] == 0):    # 如果可以整除總和
04         cnt += 1
05         print(t[i], end=' ')
06
07 # 若沒有整除 S 的數字，就輸出 -1
08 if cnt == 0:
09     print('-1')
```

**程式碼**　FileName：apcs_10510_02.py

```
01 fp = open('data1.txt', 'r')                    # 開啟資料檔
02 tN,tM = fp.readline().split(' ')               # 讀取文件第一行資料
03 N, M = int(tN), int(tM)                        # 有 N 群數字，每群數字中有 M 個正整數
04
05 # 依序讀入 N 群的 M 個正整數
06 num = [[0 for x in range(M)] for y in range(N)]   # 存放各群整數
07 for i in range(0, N):
08     tList = []
09     temp = fp.readline().split(' ')
10     for j in range(0, M):
11         num[i][j] = int(temp[j])
12
13 # 從每群數字中選出最大正整數，累計各最大數字的總和
14 t = [0 for x in range(N)]        # 用來存放 N 群數字的各最大正整數
15 S = 0;                           # 用來存放各群最大正整數之總和
16 for i in range(0, N):            # 有 N 群數字
17     big = 0                      # 用來存放最大正整數
18     for j in range(0, M):        # 每群有 M 個正整數
19         big = max(big, num[i][j])    # 選出最大正整數
20
21     t[i] = big;                  # 存放各群的最大正整數
22     S += big;                    # 累計各最大正整數的總和
23
24 print(S)                         # 印出最大正整數的總和 S
25
26 # 判斷各群所選出的最大正整數是否可以整除總和 S
27 cnt = 0
28 for i in range(0, N):
29     if (S % t[i] == 0):          # 如果可以整除總和
30         cnt += 1
```

| 31 | 　　　print(t[i], end=' ') |
|----|----|
| 32 | |
| 33 | # 若沒有整除 S 的數字，就輸出 -1 |
| 34 | if cnt == 0: |
| 35 | 　　print('-1') |
| 36 | |
| 37 | fp.close()　　　# 關閉檔案 |

執行結果

範例一：讀入 data1.txt 資料檔的執行結果

輸出結果

```
12
6 1
```

範例二：讀入 data2.txt 資料檔的執行結果

輸出結果

```
31
-1
```

# 14.3　定時 K 彈

**問題描述**

　　「定時 K 彈」是一個團康遊戲，N 個人圍成一圈，由 1 號依序到 N 號，從 1 號開始依序傳遞一枚玩具炸彈，每次到第 M 個人就會爆炸，此人即淘汰，被淘汰的人要離開圓圈，然後炸彈再從該淘汰者的下一個開始傳遞。遊戲之所以稱 K 彈是因為這枚炸彈只會爆 K 次，在第 K 次爆炸後，遊戲即停止，而此時在第 K 個淘汰者的下一位遊戲者被稱為幸運者，通常就會要求表演節目。例如 N=5，M=2，如果 K=2，炸彈會爆兩次，被爆炸淘汰的順序依是 2 與 4 (參見下圖)，這時 5 號就是幸運者。如果 K=3，剛才的遊戲會繼續，第三個淘汰是 1 號，所以幸運者是 3 號。如果 K=4，下一輪淘汰 5 號，所以 3 號是幸運者。

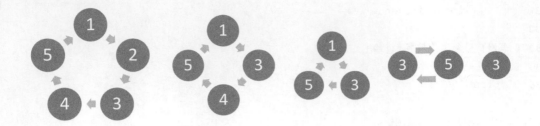

**輸入格式**

輸入只有一行包含三個正整數，依序為 N、M 與 K，兩數中間有一個空格分開。其中 1 ≤ K<N。

**輸出格式**

請輸出幸運者的號碼，結尾有換行符號。

| 範例一：輸入 | 範例二：輸入 |
|---|---|
| 5 2 4 | 8 3 6 |

| 範例一：正確輸出 | 範例二：正確輸出 |
|---|---|
| 3 | 4 |

【說明】
被淘汰的順序是 2、4、1、5，此時5的下一位是3，也是最後剩下的，所以幸運者是3。

【說明】
被淘汰的順序是 3、6、1、5、2、8，此時8的下一位是4，所以幸運者是4。

**評分說明**

輸入包含若干筆測試資料，每一筆測試資料的執行時間限制 (time limit) 均為 1 秒，依正確通過測資筆數給分。其中：

第 1 子題組 20 分，1 ≤ N ≤ 100，且 1 ≤ M ≤10，K = N - 1。

第 2 子題組 30 分，1 ≤ N ≤ 10,000，且 1 ≤ M ≤1,000,000，K = N - 1。

第 3 子題組 20 分，1 ≤ N ≤ 200,000，且 1 ≤ M ≤ 1,000,000，K = N - 1。

第 4 子題組 30 分，1 ≤ N ≤ 200,000，且 1 ≤ M ≤ 1,000,000，1 ≤ K < N。

解題分析

1. 本題以串列來模擬此遊戲的過程，每一個串列元素代表一個玩家，玩家編號由 1 開始，串列索引值是由 0 開始，所以若有 N 個玩家，串列索引值會是從 0 到 N-1 排列，每一個串列內儲存的是下一個串列的索引值。例如：串列索引值 0 的串列內容是 1，代表第 1 個玩家的下一位玩家是 2 號。由於參與遊戲的人員是圍成一個圓圈，所以 N-1 的串列內容是 0，如此串列便頭尾相接，形成一個環狀。

```
lstMan = list(range(1, N + 1))
pre = N - 1
lstMan[pre] = 0
point = 0
```

2. 遊戲從玩家 1 開始，其串列索引值是 0，其上家是玩家 5，索引值是 4，所以 point=0 (point 變數紀錄目前玩家的索引值)，pre=4 (pre 變數紀錄上家的索引值)。

3. 下表呈現的是範例一的遊戲過程：

| 玩家編號 | 1 | 2 | 3 | 4 | 5 | point | pre |
|---|---|---|---|---|---|---|---|
| 串列索引值 | 0 | 1 | 2 | 3 | 4 | | |
| 初始值 | 1 | 2 | 3 | 4 | 0 | 0 | 4 |
| 1-1 | 1 | 2 | 3 | 4 | 0 | 1 | 0 |
| 1-2 | 1→2 | 2 | 3 | 4 | 0 | 2 | 0 |
| 2-1 | 2 | 2 | 3 | 4 | 0 | 3 | 2 |
| 2-2 | 2 | 2 | 3→4 | 4 | 0 | 4 | 2 |
| 3-1 | 2 | 2 | 4 | 4 | 0 | 0 | 4 |
| 3-2 | 2 | 2 | 4 | 4 | 2 | 2 | 4 |
| 4-1 | 2 | 2 | 4 | 4 | 2 | 4 | 2 |
| 4-2 | 2 | 2 | 4→2 | 4 | 2 | 2 | 2 |

① 遊戲過程中 m 值如果大於零 (第 03 行)，則炸彈不會引爆，遊戲流程繼續進行，目前玩家成為上家 (第 04 行)，下一個玩家成為新玩家 (第 05 行)，m 值遞減 1 (第 06 行)。

② 遊戲過程中，如果炸彈引爆 (m 值等於零)，則該玩家將被淘汰，所以該玩家要告知其上家，自己的下一位玩家編號，然後退出遊戲。實作上是以串列 [point] 的內容值複製到串列 [pre] (第 09 行)，同時串列 [point] 的內容值為下一回合的起始 (第 10 行)，此時被淘汰的玩家的索引值不再出現在遊戲串列中。恢復 m 值 (第 07 行)，引爆次數 K 值遞減 1 (第 08 行)。

```
01 m = M
02 while K > 0:
03     while m > 1:
04         pre = point
05         point = lstMan[point]
06         m -= 1
```

```
07      m = M
08      K -= 1
09      lstMan[pre] = lstMan[point]
10      point = lstMan[point]
```

4. 以此類推,直到炸彈引爆 K 次為止。此時的 point 加 1 就是幸運者的玩家索引值。

**程式碼**　FileName : apcs_10510_03.py

```
01 sT = input()
02 lstT = sT.split(' ')
03 N = int(lstT[0])
04 M = int(lstT[1])
05 K = int(lstT[2])
06 lstMan = list(range(1, N + 1))
07 pre = N - 1
08 lstMan[pre] = 0
09 point = 0
10 m = M
11 while K > 0:
12     while m > 1:
13         pre = point
14         point = lstMan[point]
15         m -= 1
16     m = M
17     K -= 1
18     lstMan[pre] = lstMan[point]
19     point = lstMan[point]
20 print(point + 1)
```

執行結果

範例一:

輸入資料 ——▶ 5 2 4
輸出結果 ——▶ 3

範例二:

輸入資料 ——▶ 8 3 6
輸出結果 ——▶ 4

14-10

# 14.4　棒球遊戲

**問題描述**

謙謙最近迷上棒球,他想自己寫一個簡化的棒球遊戲計分程式。這個程式會讀入球隊中每位球員的打擊結果,然後計算出球隊的得分。

這是個簡化版的模擬,假設擊球員的打擊結果只有以下情況:

(1) 安打:以 1B,2B,3B 和 HR 分別代表一壘打、二壘打、三壘打和全 (四) 壘打。

(2) 出局:以 FO,GO,和 SO 表示。

這個簡化版的規則如下:

(1) 球場上有四個壘包,稱為本壘、一壘、二壘和三壘。

(2) 站在本壘握著球棒打球的稱為「擊球員」,站在另外三個壘包的稱為「跑壘員」。

(3) 當擊球員的打擊結果為「安打」時,場上球員 (擊球員與跑壘員) 可以移動;結果為「出局」時,跑壘員不動,擊球員離場,換下一位擊球員。

(4) 球隊總共有九位球員,依序排列。比賽開始由第 1 位開始打擊,當第 1 位球員打擊完畢後,由第 (i+1) 位球員擔任擊球員。當第九位球員完畢後,則輪回第一位球員。

(5) 當打出 K 壘打時,場上球員 (擊球員和跑壘員) 會前進 K 個壘包。從本壘前進一個壘包會移動到一壘,接著是二壘、三壘,最後回到本壘。

(6) 每位球員回到本壘時可得 1 分。

(7) 每達到三個出局數時,一、二和三壘就會清空 (跑壘員都得離開),重新開始。

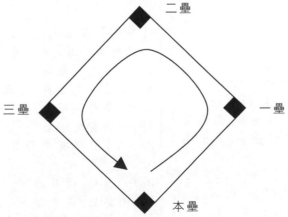

現在請你也寫出具備這樣功能的程式,計算球隊的總得分。

**輸入格式**

1. 每組測試資料固定有十行。

2. 第一到九行，依照球員順序，每一行代表一位球員的打擊資訊。每一行開始有一個正整數 a(1≤ a ≤5) ，代表球員總共打了 a 次。接下來有 a 個字串(均為兩個字元) ，依序代表每次打擊的結果。資料之間均以一個空白字元隔開。球員的打擊資訊不會有錯誤也不會缺漏。

3. 第十行有一個正整數 b(1 ≤ b≤ 27)，表示我們想要計算當總出局數累計到 b 時，該球隊的得分。輸入的打擊資訊中至少包含 b 個出局。

**輸出格式**

計算在總計第 b 個出局數發生時的總得分，並將此得分輸出於一行。

| 範例一：輸入 | 範例二：輸入 |
|---|---|
| 5 1B 1B FO GO 1B | 5 1B 1B FO GO 1B |
| 5 1B 2B FO FO SO | 5 1B 2B FO FO SO |
| 4 SO HR SO 1B | 4 SO HR SO 1B |
| 4 FO FO FO HR | 4 FO FO FO HR |
| 4 1B 1B 1B 1B | 4 1B 1B 1B 1B |
| 4 GO GO 3B GO | 4 GO GO 3B GO |
| 4 1B GO GO SO | 4 1B GO GO SO |
| 4 SO GO 2B 2B | 4 SO GO 2B 2B |
| 4 3B GO GO FO | 4 3B GO GO FO |
| 3 | 6 |
| 範例一：正確輸出 | 範例二：正確輸出 |
| 0 | 5 |

| 【說明】 | 【說明】接續範例一，達到第三個出局數時未得分，壘上清空。 |
|---|---|
| 1B:一壘有跑壘員。 | 1B:一壘有跑壘員。 |
| 1B:一、二壘有跑壘員。 | SO:一壘有跑壘員，一出局。 |
| SO:一、二壘有跑壘員，一出局。 | 3B:三壘有跑壘員，一出局，得一分。 |
| FO:一、二壘有跑壘員，兩出局。 | 1B:一壘有跑壘員，一出局，得兩分。 |
| 1B:一、二、三壘有跑壘員，兩出局。 | 2B:二、三壘有跑壘員，一出局，得兩分。 |
| GO:一、二、三壘有跑壘員，三出局。 | HR:一出局，得五分。 |
| | FO:兩出局，得五分。 |
| 達到第三個出局數時，一、二、三壘均有跑壘員，但無法得分。因為 b=3，代表三個出局就結束比賽，因此得到 0 分。 | 1B:一壘有跑壘員，兩出局，得五分。 |
| | GO:一壘有跑壘員，三出局，得五分。 |

| | 因為 b=6，代表我們要計算的是累積六個出局時的得分，因此在前 3 個出局數時得 0 分，第 4~6 個出局數得到 5 分，因此總得分是 0+5=5 分。 |
|---|---|

**評分說明**

　　輸入包含若干筆測試資料，每一筆測試資料的執行時間限制 (time limit) 均為 1 秒，依正確通過測資筆數給分。其中：

第 1 子題組 20 分，打擊表現只有 HR 和 SO 兩種。

第 2 子題組 20 分，安打表現只有 1B，而且 b 固定為 3。

第 3 子題組 20 分，b 固定為 3。

第 4 子題組 40 分，無特別限制。

解題分析

1. 本題資料量較多，因此請在程式檔相同路徑下建立 data1.txt 和 data2.txt 資料檔當做輸入的資料，data1.txt 與 data2.txt 資料檔如下：

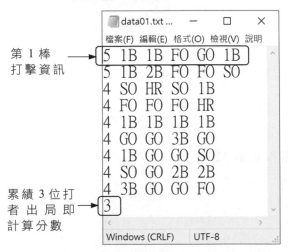
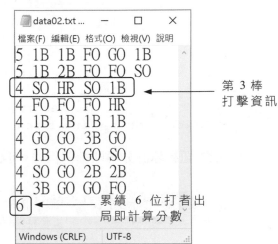

第 1 棒打擊資訊

累績 3 位打者出局即計算分數

第 3 棒打擊資訊

累績 6 位打者出局即計算分數

2. 資料檔共有 10 行，第 1~9 行為每位打擊者的打擊資訊。例如：data1.txt 第 1 行「5 1B 1B FO GO 1B」表示第 1 棒打了 5 次，打擊資訊依序為 1B (一壘打)、1B (一壘打)、FO (出局)、GO (出局)、1B (一壘打)；又例如：data2.txt 第 3 行「4 SO HR SO 1B」表示第 3 棒打了 4 次，打擊資訊依序為 SO (出局)、HR (全壘打)、SO (出局)、1B (一壘打)。

3. 資料檔第 10 行的數值，表示要累積到第幾個打者出局時的得分。例如：data1.txt 第 10 行為 3 表示要累計到第 3 個打者出局時的得分；例如：data2.txt 第 10 行為 6 表示要累計到第 6 個打者出局時的得分。計分方式可參閱本題 **輸出格式** 說明。

4. 為方便計算打者上壘資訊與得分，將資料檔每位打者打擊資訊進行轉換，並放入 hit_result 陣列中。例如：讀入的打擊資料為 FO、GO、SO 即記錄為 0，1B 一壘打即記錄為 1，2B 二壘打即記錄為 2，3B 一壘打即記錄為 3，HR 壘打即記錄為 4。

```python
# 讀取檔案
# 記錄這場比賽的打擊結果
# 0 表示出局，1 表示一壘打，2 表示二壘打，3 表示三壘打，4 表示全壘打
with open(TESTDATA, 'r') as f:
    hit_result = [0] * 100   # 紀錄所有球員的打擊資料
    for i in range(9):
        a = int(f.read(2))   # 記錄該球員的打擊次數
        # 暫存該球員打擊結果，以字串表示，如 FO，1B、2B...等
        hit_result_str = f.readline().split()
        # 將該球員打擊資料置入 hit_result 陣列內
        for k in range(a):
            if hit_result_str[k] in ["FO", "GO", "SO"]:
                hit_result[k*9+i] = 0    # 出局
            elif hit_result_str[k] == "1B":
                hit_result[k*9+i] = 1     # 一壘打
            elif hit_result_str[k] == "2B":
                hit_result[k*9+i] = 2    # 二壘打
            elif hit_result_str[k] == "3B":
                hit_result[k*9+i] = 3     # 三壘打
            else:
                hit_result[k*9+i] = 4     # 全壘打
    out_total = int(f.readline())      # 讀取總出局數
```

5. 依本題棒球計分規則撰寫程式，可參閱程式第 32-71 行程式，有相關註解說明。

**程式碼** FileName：apcs_10510_04.py

```python
01  TESTDATA = "data1.txt"     # 定義 TESTDATA 常數用來存放資料檔
02
03  # 讀取檔案
04  # 記錄這場比賽的打擊結果
05  # 0 表示出局，1 表示一壘打，2 表示二壘打，3 表示三壘打，4 表示全壘打
06  with open(TESTDATA, 'r') as f:
07      hit_result = [0] * 100     # 紀錄所有球員的打擊資料
08      for i in range(9):
09          a = int(f.read(2))     # 記錄該球員打擊次數
10          # 暫存該球員打擊結果，以字串表示，如 FO，1B、2B...等
11          hit_result_str = f.readline().split()
12          # 將該球員打擊資料置入 hit_result 陣列內
13          for k in range(a):
14              if hit_result_str[k] in ["FO", "GO", "SO"]:
```

```
15              hit_result[k*9+i] = 0        # 出局
16          elif hit_result_str[k] == "1B":
17              hit_result[k*9+i] = 1        # 一壘打
18          elif hit_result_str[k] == "2B":
19              hit_result[k*9+i] = 2        # 二壘打
20          elif hit_result_str[k] == "3B":
21              hit_result[k*9+i] = 3        # 三壘打
22          else:
23              hit_result[k*9+i] = 4        # 全壘打
24      out_total = int(f.readline())        # 讀取總出局數
25
26  base = [0] * 3        # 記錄一二三壘包是否有人，1 表示有人，0 表示沒有人
27  index = 0             # 記錄目前讀到第幾筆打擊結果
28  points = 0            # 記錄得分
29  out_current = 0       # 記錄目前這局的出局
30  b = 0                 # 記錄累計出局數
31
32  # 累計出局數小於總出局數即進入 while 迴圈計算分數
33  while out_total > b:
34      if hit_result[index] == 1:     # 若為一壘打
35          if base[2] == 1:           # 若三壘有人加 1 分
36              points += 1
37          base[2] = base[1]          # 二壘前進到三壘
38          base[1] = base[0]          # 一壘前進到二壘
39          base[0] = 1                # 打者上一壘
40      elif hit_result[index] == 2:   # 若為二壘打
41          if base[2] == 1:           # 若三壘有人加 1 分
42              points += 1
43          if base[1] == 1:           # 若二壘有人加 1 分
44              points += 1
45          base[2] = base[0]          # 一壘前進到三壘
46          base[1] = 1                # 打者上二壘
47          base[0] = 0                # 一壘無人
48      elif hit_result[index] == 3:   # 若為三壘打
49          if base[2] == 1:           # 若三壘有人加 1 分
50              points += 1
51          if base[1] == 1:           # 若二壘有人加 1 分
52              points += 1
53          if base[0] == 1:           # 若一壘有人加 1 分
54              points += 1
55          base[2] = 1       # 打者上三壘
56          base[1] = 0       # 二壘無人
```

| 57 | base[0] = 0     # 一壘無人 |
| 58 | elif hit_result[index] == 4:   # 若為全壘打 |
| 59 |   for i in range(3):     # 若壘上有人加1分 |
| 60 |     if base[i] == 1: |
| 61 |       points += 1 |
| 62 |       base[i] = 0;   # 設該壘無人 |
| 63 |   points += 1;         # 打者加1分 |
| 64 | else: |
| 65 |   out_current += 1;    # 此局出局數加1 |
| 66 |   # 若此局有三位打者出局即清空壘包，同時設定 out_current=0 |
| 67 |   if out_current == 3: |
| 68 |     out_current = 0; |
| 69 |     base = [0]*3; |
| 70 |   b+=1;  # 累計出局數加1 |
| 71 | index+=1;  # index 加1，準備讀取下一筆打擊結果 |
| 72 | |
| 73 | print(points)  #顯示得分 |

執行結果

1. **範例一：**如下圖使用 data1.txt 輸入的執行結果，計算 3 位打擊者出局時得 0 分。

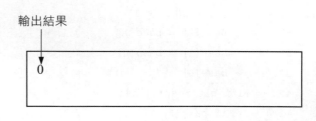

2. **範例二：**如下圖使用 data2.txt 輸入的執行結果，計算 6 位打擊者出局時得 5 分。

## 15.1 秘密差

**問題描述**

將一個十進位正整數的奇數位數的和稱為 A，偶數位數的和稱為 B，則 A 與 B 的絕對差值|A－B|稱為這個正整數的秘密差。

例如：263541 的奇數位數的和 A = 6+5+1 = 12，偶數位數的和 B = 2+3+4 = 9，所以 263541 的秘密差是|12－9|= 3。

給定一個十進位正整數 X，請找出 X 的秘密差。

**輸入格式**

輸入為一行含有一個十進位表示法的正整數 X，之後是一個換行字元。

**輸出格式**

請輸出 X 的秘密差 Y (以十進位表示法輸出)，以換行字元結尾。

| 範例一：輸入 | 範例二：輸入 |
|---|---|
| 263541 | 131 |
| **範例一：正確輸出** | **範例二：正確輸出** |
| 3 | 1 |
| 【說明】 | 【說明】 |
| 263541 的 A=6+5+1=12，B=2+3+4=9，\|A-B\|=\|12-9\|=3。 | 131 的 A=1+1=2，B=3，\|A-B\|=\|2-3\|=1。 |

**評分說明**

輸入包含若干筆測試資料，每一筆測試資料的執行時間限制 (time limit) 均為 1 秒，依正確通過測資筆數給分。其中：

第 1 子題組 20 分，X 一定恰好四位數。

第 2 子題組 30 分，X 的位數不超過 9。

第 3 子題組 50 分，X 的位數不超過 1000。

解題分析

1. 題目雖然說明輸入格式是一個十進位表示法的正整數,但在讀取時當作字串來處理。

2. 字串的最後 1 位數一定是奇數,所以字串由後向前讀取,同時交替累加奇、偶位數的和。變數 bF 如果為 True 代表該位數是奇數;反之,如果為 True 代表該位數是偶奇數。

3. 反向讀取字串的方法:產生 1 到字串長度的數列,依序讀取數列數值 (第 1 行),再加上負值符號,就會變成負數,即可由後向前讀取單一字元,最後以 int() 函式,將字元轉換成整數 (第 3、5 行)。02 行~05 行:是一個判斷區塊,當該位數是奇數時,執行第 3 行;反之,則執行第 5 行。第 6 行:使用邏輯運算子將變數 bF 反相,也就是如果本次迴圈是偶數位,下次迴圈就是奇數位。

```
01 for i in range(1, len(X) + 1):
02     if bF == True:
03         A += int(X[-i])
04     else:
05         B += int(X[-i])
06     bF = not bF
```

4. 題目要求輸出 A 與 B 的絕對差值,所以在輸出程式 A 與 B 的差值之前必須呼叫 abs() 函式。

程式碼　FileName：apcs_10610_01.py

```
01 A = 0
02 B = 0
03 bF = True
04 X = input()
05 for i in range(1, len(X) + 1):
06     if bF == True:
07         A += int(X[-i])
08     else:
09         B += int(X[-i])
10     bF = not bF
11 print(f'{abs(A-B)}')
```

執行結果

範例一:

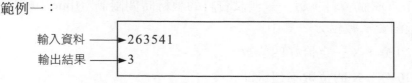

輸入資料 ——▶ 263541
輸出結果 ——▶ 3

範例二：

輸入資料 ──▶ 131
輸出結果 ──▶ 1

## 15.2　小群體

**問題描述**

　　Q 同學正在學習程式，P 老師出了以下的題目讓他練習。

　　一群人在一起時經常會形成一個一個的小群體。假設有 N 個人，編號由 0 到 N-1，每個人都寫下他最好朋友的編號 (最好朋友有可能是他自己的編號，如果他自己沒有其他好友)，在本題中，每個人的好友編號絕對不會重複，也就是說 0 到 N-1 每個數字都恰好出現一次。

　　這種好友的關係會形成一些小群體。例如 N=10，好友編號如下：

|  | 0 | 1 | 2 | 3 | 4 | 5 | 6 | 7 | 8 | 9 |
|---|---|---|---|---|---|---|---|---|---|---|
| 好友編號 | 4 | 7 | 2 | 9 | 6 | 0 | 8 | 1 | 5 | 3 |

　　0 的好友是 4，4 的好友是 6，6 的好友是 8，8 的好友是 5，5 的好友是 0，所以 0、4、6、8、和 5 就形成了一個小群體。另外，1 的好友是 7 而且 7 的好友是 1，所以 1 和 7 形成另一個小群體，同理，3 和 9 是一個小群體，而 2 的好友是自己，因此他自己是一個小群體。總而言之，在這個例子裡有 4 個小群體：{0,4,6,8,5}、{1,7}、{3,9}、{2}。本題的問題是：輸入每個人的好友編號，計算出總共有幾個小群體。

　　Q 同學想了想卻不知如何下手，和藹可親的 P 老師於是給了他以下的提示：如果你從任何一人 x 開始，追蹤他的好友，好友的好友，…，這樣一直下去，一定會形成一個圈回到 x，這就是一個小群體。如果我們追蹤的過程中把追蹤過的加以標記，很容易知道哪些人已經追蹤過，因此，當一個小群體找到之後，我們再從任何一個還未追蹤過的開始繼續找下一個小群體，直到所有的人都追蹤完畢。

　　Q 同學聽完之後很順利的完成了作業。

　　在本題中，你的任務與 Q 同學一樣：給定一群人的好友，請計算出小群體個數。

**輸入格式**

　　第一行是一個正整數 N，說明團體中人數。

　　第二行依序是 0 的好友編號、1 的好友編號、…、N-1 的好友編號。共有 N 個數字，包含 0 到 N-1 的每個數字恰好出現一次，數字間會有一個空白隔開。

## 輸出格式

請輸出小群體的個數。不要有任何多餘的字或空白,並以換行字元結尾。

| 範例一:輸入 | 範例二:輸入 |
|---|---|
| 10 | 3 |
| 4 7 2 9 6 0 8 1 5 3 | 0 2 1 |
| 範例一:正確輸出 | 範例二:正確輸出 |
| 4 | 2 |
| 【說明】 | 【說明】 |
| 4 個小群體是 | 2 個小群體分別是 {0},{1,2}。 |
| {0,4,6,8,5},{1,7},{3,9}和{2}。 | |

## 評分說明

輸入包含若干筆測試資料,每一筆測試資料的執行時間限制 (time limit) 均為 1 秒,依正確通過測資筆數給分。其中:

第 1 子題組 20 分,$1 \leq N \leq 100$,每一個小群體不超過 2 人。

第 2 子題組 30 分,$1 \leq N \leq 1,000$,無其他限制。

第 3 子題組 50 分,$1,001 \leq N \leq 50,000$,無其他限制。

解題分析

1. 本題可依照題目中 P 老師所提示的演算法來實作,即可以完成。

2. 追蹤過的好友編號標記為-1,下表呈現的是範例一的追蹤過程:

| 陣列索引值 | 0 | 1 | 2 | 3 | 4 | 5 | 6 | 7 | 8 | 9 |
|---|---|---|---|---|---|---|---|---|---|---|
| 好友編號 | 4 | 7 | 2 | 9 | 6 | 0 | 8 | 1 | 5 | 3 |
| 0-1 | 4→ -1 | 7 | 2 | 9 | 6 | 0 | 8 | 1 | 5 | 3 |
| 0-2 | -1 | 7 | 2 | 9 | 6→ -1 | 0 | 8 | 1 | 5 | 3 |
| 0-3 | -1 | 7 | 2 | 9 | -1 | 0 | 8→ -1 | 1 | 5 | 3 |
| 0-4 | -1 | 7 | 2 | 9 | -1 | 0 | -1 | 1 | 5→ -1 | 3 |
| 0-5 | -1 | 7 | 2 | 9 | -1 | 0→ -1 | -1 | 1 | -1 | 3 |
| 1-1 | -1 | 7→ -1 | 2 | 9 | -1 | -1 | -1 | 1 | -1 | 3 |
| 1-2 | -1 | -1 | 2 | 9 | -1 | -1 | -1 | 1→ -1 | -1 | 3 |
| 2-1 | -1 | -1 | 2→ -1 | 9 | -1 | -1 | -1 | -1 | -1 | 3 |
| 3-1 | -1 | -1 | -1 | 9→ -1 | -1 | -1 | -1 | -1 | -1 | 3 |
| 3-2 | -1 | -1 | -1 | -1 | -1 | -1 | -1 | -1 | -1 | 3→ -1 |

3. 假設從 i 開始，追蹤其好友，好友的好友，…，其程式流程如下：

```
01 next = I                         # 追蹤的起點
02 while(True):                     # 無窮迴圈
03     temp = int(lstT[next])       # 讀取好友編號
04     lstT[next] = '-1'            # 納入小群體
05     if (lstT[temp] == str(i)):   # 如果指回到起點，結束追蹤
06         lstT[temp] = '-1'        # 設為-1，不用再追蹤
07         group += 1               # 小群體數增加 1 個
08         break                    # 結束追蹤
09     next = temp                  # 下個追蹤的起點
```

第 2~9 行：該迴圈會一直執行，直到其好友為追蹤起點 i 為止。

4. 假設從 i 開始，其好友就是自己時，執行以下敘述。

```
01 if (lstT[i] == str(i)):          # 好友等於自己
02     lstT[i] = '-1'               # 設為-1，不用再追蹤
03     group += 1                   # 小群體數增加 1 個
```

5. 測試資料儲存於「data1.txt」，執行時直接讀取檔案。讀取團體人數 N 及好友名單，好友名單儲存於 lstT 串列內。

```
01 fr = open('data1.txt', 'r')      # 讀取資料檔
02 N = int(fr.readline())           # 讀取團體人數
03 sT = fr.readline()               # 讀取好友名單
04 fr.close()                       # 關閉檔案
05 lstT = sT.split(' ')             # 產生好友名單串列
```

**程式碼**　FileName：apcs_10603_02.py

```
01 fr = open('data1.txt', 'r')          # 讀取資料檔
02 N = int(fr.readline())               # 讀取團體人數
03 sT = fr.readline()                    # 讀取好友名單
04 fr.close()                            # 關閉檔案
05 lstT = sT.split(' ')                  # 產生好友名單串列
06 group = 0                             # 群體數
07 for i in range(0, N):
08     if (lstT[i] == '-1'):            # -1 表示已納入小群體，不用再追蹤
09         continue
10     if (lstT[i] == str(i)):          # 好友等於自己
11         lstT[i] = '-1'               # 設為-1，不用再追蹤
12         group += 1                   # 小群體數增加 1 個
13     else:
14         next = I                     # 追蹤的起點
15         while(True):                 # 無窮迴圈
16             temp = int(lstT[next])   # 讀取好友編號
```

| 17 |          lstT[next] = '-1' | # 納入小群體 |
|---|---|---|
| 18 |          if (lstT[temp] == str(i)): | # 如果指回到起點，結束追蹤 |
| 19 |              lstT[temp] = '-1' | # 設為-1，不用再追蹤 |
| 20 |              group += 1 | # 小群體數增加 1 個 |
| 21 |              break | # 結束追蹤 |
| 22 |          next = temp | # 下個追蹤的起點 |
| 23 print(group) | | |

執行結果

範例一：讀入 data1.txt 資料檔的執行結果

data1.txt - 記事本  —  □  ×
檔案(F)  編輯(E)  格式(O)  檢視(V)  說明
```
10
4 7 2 9 6 0 8 1 5 3
```
100  Windows (CRLF)  UTF-8

輸出結果

```
4
```

範例二：讀入 data2.txt 資料檔的執行結果

data2.txt - 記事本  —  □  ×
檔案(F)  編輯(E)  格式(O)  檢視(V)  說明
```
3
0 2 1
```
100  Windows (CRLF)  UTF-8

輸出結果

```
2
```

# 15.3 數字龍捲風

問題描述

　　給定一個 N*N 的二維陣列，其中 N 是奇數，我們可以從正中間的位置開始，以順時針旋轉的方式走訪每個陣列元素恰好一次。對於給定的陣列內容與起始方向，請輸出走訪順序之內容。下面的例子顯示了 N=5 且第一步往左的走訪順序：

依此順序輸出陣列內容則可以得到「9123857324243421496834621」。

類似地,如果是第一步向上,則走訪順序如下:

依此順序輸出陣列內容則可以得到「9385732124214968346214243」。

### 輸入格式

輸入第一行是整數 N,N 為奇數且不小於 3。第二行是一個 0~3 的整數代表起始方向,其中 0 代表左、1 代表上、2 代表右、3 代表下。第三行開始 N 行是陣列內容,順序是由上而下,由左至右,陣列的內容為 0~9 的整數,同一行數字中間以一個空白間隔。

### 輸出格式

請輸出走訪順序的陣列內容,該答案會是一連串的數字,數字之間不要輸出空白,結尾有換行符號。

| 範例一:輸入 | 範例二:輸入 |
|---|---|
| 5 | 3 |
| 0 | 1 |
| 3 4 2 1 4 | 4 1 2 |
| 4 2 3 8 9 | 3 0 5 |
| 2 1 9 5 6 | 6 7 8 |
| 4 2 3 7 8 | |
| 1 2 6 4 3 | 範例二:正確輸出 |
| | 012587634 |
| 範例一:正確輸出 | |
| 9123857324243421496834621 | |

### 評分說明

輸入包含若干筆測試資料,每一筆測試資料的執行時間限制 (time limit) 均為 1 秒,依正確通過測資筆數給分。其中:

第 1 子題組 20 分,3 ≤ N ≤ 5,且起始方向均為向左。

第 2 子題組 80 分,3 ≤ N ≤ 49,起始方向無限定。

提示：本題有多種處理方式，其中之一是觀察每次轉向與走的步數。例如，起始方向是向左時，前幾步的走法是：左 1、上 1、右 2、下 2、左 3、上 3、……一直到出界為止。

解題分析

1. 資料檔 data1.txt 所儲存的資料與本題範例一的輸入資料相同。

```
01 fr = open('data1.txt', 'r')      # 讀取資料檔
02 N = int(fr.readline())
03 direction = int(fr.readline())
04 lst = []                          # 產生空串列
05 for i in range(0, N):             # 控制讀取 N 行
06     sT = fr.readline()            # 讀取陣列內容
07     sT = sT.strip()               # 清除換行字元
08     lst.append(sT.split(' '))     # 資料分割成串列，加到 lst 串列中
09 fr.close()                        # 關閉檔案
```

2. 題目要求順時針走，順序是左(0)、上(1)、右(2)、下(3)。實作中以 dirStep 二維串列，控制 x、y 座標的變化。向左時 y 值不變，x 值減 1，所以串列內容為 [0,-1]。向上時 y 值減 1，x 值不變，所以串列內容為 [-1,0]。向右時 y 值不變，x 值加 1，所以串列內容為 [0,1]。向下時 y 值加 1，x 值不變，所以串列內容為 [1,0]。

```
dirStep = [[0,-1],[-1,0],[0,1],[1,0]]
```

3. 依據題目的提示，可得知步數的數列是 1、1、2、2、3、3、…，數列的步數走完之後，以順時針方向轉向。所以實作中必須產生相同數列用來控制步數及方向，數列生成的方式如下：

```
01 step = [i for i in range(1, N + 1)]    # 生成 1~N 的串列
02 step *= 2              # 複製相同串列
03 step.sort()           # 串列重新排序
```

4. 題目要求從正中間的位置開始走，所以變數 x 和 y 的初始值為 int(N / 2)。變數 iStep 是步數數列的指標，初始值為 0。觀察全部行走步數，可得知總步數為 N×N-1。所以實作中以變數 stepSum 控制迴圈執行次數，以避免走出界，初始值為 N×N。

5. 走訪迴圈：迴圈開頭先輸出該陣列內容 (第 2 行)，再移動 x、y 座標 (第 3、4 行)。程式執行時 step 串列值即前進步數，每走一步，串列值減一 (第 5 行)，串列值歸零時，前進方向順時針轉向 (第 6~9 行)，iStep 步數數列指標向下移動 (第 10 行)。最後總步數減一 (第 11 行)，繼續執行走訪迴圈。

```
01 while(stepSum):
02     print(lst[x][y], end='')
03     x += dirStep[direction][0]
04     y += dirStep[direction][1]
05     step[iStep] -= 1
06     if (step[iStep] == 0):  # step[iStep]為 0 時前進方向要順時針轉向
07         direction += 1       # 前進方向旗標加 1
08         if (direction == 4): # 方向旗標超出陣列範圍時，執行下一行敘述
09             direction = 0    # 方向旗標設為 0，前進路線才會形成順時針循環
10         iStep += 1
11     stepSum -= 1
```

程式碼　FileName：apcs_10603_03.py

```
01 fr = open('data1.txt', 'r')         # 讀取資料檔
02 N = int(fr.readline())
03 direction = int(fr.readline())
04 lst = []                            # 產生空串列
05 for i in range(0, N):               # 控制讀取 N 行
06     sT = fr.readline()              # 讀取陣列內容
07     sT = sT.strip()                 # 清除換行字元
08     lst.append(sT.split(' '))       # 資料分割成串列,加到 lst 串列中
09 fr.close()                          # 關閉檔案
10 dirStep = [[0,-1],[-1,0],[0,1],[1,0]]
11 step = [i for i in range(1, N + 1)]     # 生成 1~N 的串列
12 step *= 2                               # 複製相同串列
13 step.sort()                             # 串列重新排序
14 x = int(N / 2)
15 y = int(N / 2)
16 iStep = 0
17 stepSum = N * N
18 while(stepSum):
19     print(lst[x][y], end='')
20     x += dirStep[direction][0]
21     y += dirStep[direction][1]
22     step[iStep] -= 1
23     if (step[iStep] == 0):          # step[iStep]為 0 時前進方向要順時針轉向
24         direction += 1              # 前進方向旗標加 1
25         if (direction == 4):        # 方向旗標超出陣列範圍時，執行下一行敘述
26             direction = 0           # 方向旗標設為 0，前進路線才會形成順時針循環
27         iStep += 1
28     stepSum -= 1
29 print('\n')
```

執行結果

範例一：讀入 data1.txt 資料檔的執行結果

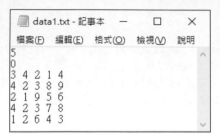

輸出結果

```
9123857324243421496834621
```

範例二：讀入 data2.txt 資料檔的執行結果

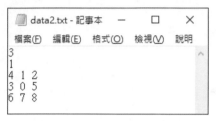

輸出結果

```
012587634
```

# 15.4 基地台

問題描述

　　為因應資訊化與數位化的發展趨勢，某市長想要在城市的一些服務點上提供無線網路服務，因此他委託電信公司架設無線基地台。某電信公司負責其中 N 個服務點，這 N 個服務點位在一條筆直的大道上，它們的位置（座標）係以與該大道一端的距離 P[i] 來表示，其中 i=0~N-1。由於設備訂製與維護的因素，每個基地台的服務範圍必須都一樣，當基地台架設後，與此基地台距離不超過 R（稱為基地台的半徑）的服務點都可以使用無線網路服務，也就是說每一個基地台可以服務的範圍是 D=2R（稱為基地台的直徑）。現在電信公司想要計算，如果要架設 K 個基地台，那麼基地台的最小直徑是多少才能使每個服務點都可以得到服務。

　　基地台架設的地點不一定要在服務點上，最佳的架設地點也不唯一，但本題只需要求最小直徑即可。以下是一個 N=5 的例子，五個服務點的座標分別是 1、2、5、7、8。

　　假設 K=1，最小的直徑是 7，基地台架設在座標 4.5 的位置，所有點與基地台的距離都在半徑 3.5 以內。假設 K=2，最小的直徑是 3，一個基地台服務座標 1與 2 的點，另一個基地台服務另外三點。在 K=3 時，直徑只要 1 就足夠了。

**輸入格式**

　　輸入有兩行。第一行是兩個正整數 N 與 K，以一個空白間格。第二行 N 個非負整數 P[0], P[1], .... ,P[N-1]表示 N 個服務點的位置，這些位置彼此之間以一個空白間格。請注意，這 N 個位置並不保證相異也未經過排序。本題中，K<N 且所有座標是整數，因此，所求最小直徑必然是不小於 1 的整數。

**輸出格式**

　　輸出最小直徑，不要有任何多餘的字或空白並以換行結尾。

| 範例一：輸入 | 範例二：輸入 |
|---|---|
| 5 2 | 5 1 |
| 5 1 2 8 7 | 7 5 1 2 8 |
| 範例一：正確輸出 | 範例二：正確輸出 |
| 3 | 7 |
| 【說明】 | 【說明】 |
| 如題目中之說明。 | 如題目中之說明。 |

**評分說明**

　　輸入包含若干筆測試資料，每一筆測試資料的執行時間限制 (time limit) 均為 2 秒，依正確通過測資筆數給分。其中：

　　第 1 子題組 10 分，座標範圍不超過 100，$1 \le K \le 2$，$K < N \le 10$。

　　第 2 子題組 20 分，座標範圍不超過 1,000，$1 \le K < N \le 100$。

　　第 3 子題組 20 分，座標範圍不超過 1,000,000,000，$1 \le K < N \le 500$。

　　第 4 子題組 50 分，座標範圍不超過 1,000,000,000，$1 \le K < N \le 50,000$。

解題分析

1. 依照題目說明基地台服務範圍最小直徑是 1，而最大直徑則是
   ( (服務點最大座標 － 最小座標) / 基地台個數 ) ＋ 1。

2. 根據範例一來做解題步驟的說明：

   ① 題目指定 N=5 (服務點有 5 個)、K=2 (基地台有 2 個)，服務點座標分別為 5、1、2、8、7，將座標存入串列中然後作遞增排序。

   ② D 由最小直徑 1 開始逐一檢查到最大直徑 4【(最大座標 － 最小座標) / K ＋ 1，((8 － 1) / 2) ＋ 1＝4】，看需要設立幾個基地台才能涵蓋所有的服務點。

③ 當 D=1 時需要設立三個基地台，不符合題目要求 (K=2)。當 D=2 時需要三個基地台，也不符合題目要求。

④ 當 D=3 時需要設立兩個基地台，符合題目要求 (K=2)，結束檢查，輸出最小直徑為 3。

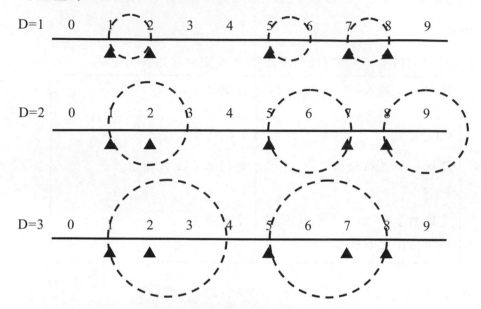

2. 以上是 D 依序由 1 檢查到 4 (循序搜尋法)，當數量大時會比較沒有效率，下面改用二分搜尋法 (Binary Search) 來撰寫，可以提高執行速度。使用二分搜尋法之前，必須先將串列值排序完畢。然後設定搜索範圍，每次都用這範圍最中間的值當直徑，來查看要設立的基地台總數。如果要設定的基地台總數大於指定基地台數，表示目前直徑太小所以正確的直徑在右半邊，就設搜尋範圍為中間值+1 到最大值。反之，如果要設定的基地台總數小於指定基地台數，表示目前直徑太大所以正確的直徑在左半邊，就設搜尋範圍為最小值到中間值。反覆執行以上步驟，直到找到最小值為止。範例一採用二分搜尋法步驟如下：

① 第 1 次搜尋範圍為 1～4，中間值 D=2，((1 + 4) / 2)。以 D=2 檢查需要設立三個基地台，所以正確直徑在右半邊。

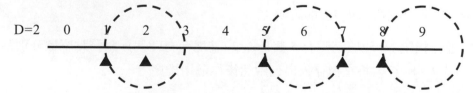

② 第 2 次搜尋範圍為 3 (第 1 次的中間值+1)～4，中間值 D=3，((3 + 4) / 2)。以 D=3 檢查需要二個基地台，符合題目要求結束搜尋，只要兩次運算就可以找到答案。

③ 二分搜尋法的寫法如下：

```
minD = 1        # 直徑最小範圍
maxD = (Point[N-1] - Point[0]) // K + 1     # 直徑最大範圍
midD = 1        # 直徑中間值

while minD < maxD:          # 若直徑最小範圍<最大範圍
    midD = (minD + maxD) // 2        #計算直徑的中間值
    if cover(Point, N, K, midD):   # 若 cover 回傳 True
        minD = midD + 1# 設直徑最小範圍為中間值+1，繼續檢查右半邊
    else:
        maxD = midD            # 設直徑最大範圍為中間值，繼續檢查左半邊
```

3. cover() 函式根據傳入的直徑 (midD) 逐一檢查服務點，若設定基地台總數大於指定基地台數量，就表示目前的直徑太小，就傳回 True。若基地台數量小於等於指定基地台數量，且能涵蓋所有服務點時，就傳回 False。

```
def cover(pArray, N, K, midD):
    right = 0        # 預設基地台涵蓋的右界座標為 0
    p_total = 0      # 預設基地台總數為 0
    index = 0        # 預設串列索引值為 0
    for i in range(N):  # 逐一檢查服務點
        right = pArray[index] + midD     # 計算基地台涵蓋的右界座標
        p_total += 1           # 基地台總數加 1
        if p_total > K:        # 若基地台總數大於 K(表直徑太小)
            return True        # 回傳 True
        # 其他若基地台數量小於等於 K 且能涵蓋所有服務點
        elif p_total <= K and pArray[N-1] <= right:
            return False       # 回傳 False
        while pArray[index] <= right:     # 跳到下一個沒有被涵蓋的服務點
            index += 1         # 索引值加 1
```

**程式碼**　FileName：apcs_10603_04.py

| 01 | Point=[]　　# 服務點座標串列 |
| --- | --- |
| 02 | |
| 03 | def cover(pArray, N, K, midD): |
| 04 | 　　right = 0　　　# 預設基地台涵蓋的右界座標為 0 |
| 05 | 　　p_total = 0　　# 預設基地台總數為 0 |
| 06 | 　　index = 0　　　# 預設串列索引值為 0 |
| 07 | 　　for i in range(N):　# 逐一檢查服務點 |
| 08 | 　　　　right = pArray[index] + midD　　# 計算基地台涵蓋的右界座標 |
| 09 | 　　　　p_total += 1　　# 基地台總數加 1 |
| 10 | 　　　　if p_total > K:　# 若基地台總數大於 K(表直徑太小) |
| 11 | 　　　　　　return True　# 回傳 True |
| 12 | 　　　　# 其他若基地台數量小於等於 K 且能涵蓋所有服務點 |
| 13 | 　　　　elif p_total <= K and pArray[N-1] <= right: |

```
14              return False    # 回傳 False
15          while pArray[index] <= right:    # 跳到下一個沒有被涵蓋的服務點
16              index += 1    # 索引值加 1
17
18 fp = open('data2.txt','r')        # 開啟 data1.txt 資料檔供讀取
19 data = fp.readline().split()  # 讀入服務點和指定基地台數量並分拆成串列元素到 data 串列
20 N=int(data[0])      # 將服務點資料轉成整數到 N 變數
21 K=int(data[1])      # 將指定基地台數量資料整成整數到 K 變數
22
23 data = fp.readline().split()  # 讀入服務點座標並分拆成串列元素到 data 串列
24 for i in range(N):
25     Point.append(int(data[i]))      # 逐一將服務點座標整成整數到 Point 串列
26 Point.sort()  # 使用 sort()方法遞增排序 Point 串列
27
28 minD = 1  # 直徑最小範圍
29 maxD = (Point[N-1] - Point[0]) // K + 1      # 直徑最大範圍
30 midD = 1  # 直徑中間值
31
32 while minD < maxD:      # 若直徑最小範圍<最大範圍
33     midD = (minD + maxD) // 2        #計算直徑的中間值
34   if cover(Point, N, K, midD):      # 若 cover()函式回傳 True
35         minD = midD + 1 # 設直徑最小範圍為中間值+1，繼續檢查右半邊
36     else:
37         maxD = midD      # 設直徑最大範圍為中間值，繼續檢查左半邊
38
39 print(minD)    # 輸出結果
40 fp.close()      # 關閉檔案
```

### 執行結果

範例一：讀入 data1.txt 資料檔的執行結果

```
data1.txt - 記事本    —    □    ×
檔案(F)  編輯(E)  格式(O)  檢視(V)  說明
5 2
5 1 2 8 7
```

輸出結果

```
3
```

範例二：讀入 data2.txt 資料檔的執行結果

```
data2.txt - 記事本    —    □    ×
檔案(F)  編輯(E)  格式(O)  檢視(V)  說明
5 1
7 5 1 2 8
```

輸出結果

```
7
```

# CHAPTER 16

# APCS 106 年 10 月實作題解析

## 16.1 邏輯運算子

**問題描述**

小蘇最近在學三種邏輯運算子 AND、OR 和 XOR。這三種運算子都是二元運算子，也就是說在運算時需要兩個運算元，例如 a AND b。對於整數 a 與 b，以下三個二元運算子的運算結果定義如下列三個表格：

| a AND b | b為0 | b不為0 |
|---|---|---|
| a為0 | 0 | 0 |
| a不為0 | 0 | 1 |

| a OR b | b為0 | b不為0 |
|---|---|---|
| a為0 | 0 | 1 |
| a不為0 | 1 | 1 |

| a XOR b | b為0 | b不為0 |
|---|---|---|
| a為0 | 0 | 1 |
| a不為0 | 1 | 0 |

舉例來說：

(1) 0 AND 0 的結果為 0，0 OR 0 以及 0 XOR 0 的結果也為 0。

(2) 0 AND 3 的結果為 0，0 OR 3 以及 0 XOR 3 的結果則為 1。

(3) 4 AND 9 的結果為 1，4 OR 9 的結果也為 1，但 4 XOR 9 的結果為 0。

請撰寫一個程式，讀入 a、b 以及邏輯運算的結果，輸出可能的邏輯運算為何。

**輸入格式**

輸入只有一行，共三個整數值，整數間以一個空白隔開。第一個整數代表 a，第二個整數代表 b，這兩數均為非負的整數。第三個整數代表邏輯運算的結果，只會是 0 或 1。

**輸出格式**

輸出可能得到指定結果的運算，若有多個，輸出順序為 AND、OR、XOR，每個可能的運算單獨輸出一行，每行結尾皆有換行。若不可能得到指定結果，輸出 IMPOSSIBLE。(注意輸出時所有英文字母均為大寫字母。)

| 範例一：輸入 | 範例二：輸入 |
|---|---|
| 0 0 0 | 1 1 1 |
| 範例一：正確輸出 | 範例二：正確輸出 |
| AND<br>OR<br>XOR | AND<br>OR |

| 範例三：輸入 | 範例四：輸入 |
|---|---|
| 3 0 1 | 0 0 1 |
| 範例三：正確輸出 | 範例四：正確輸出 |
| OR<br>XOR | IMPOSSIBLE |

**評分說明**

輸入包含若干筆測試資料，每一筆測試資料的執行時間限制 (time limit) 均為 1 秒，依正確通過測資筆數給分。其中：

第 1 子題組 80 分，a 和 b 的值只會是 0 或 1。

第 2 子題組 20 分，$0 \le a$，$b < 10,000$。

解題分析

1. 本題使用 & (AND、且)、| (OR、或) 和 ^ (XOR、互斥) 位元運算子，做法是先將運算元轉成二進制，然後根據位元運算子的運算規則做運算。下表為 AND、OR、XOR 位元運算子的運算結果：

| a | b | a & b (AND) | a \| b (OR) | a ^ b (XOR) |
|---|---|---|---|---|
| 1 | 1 | 1 | 1 | 0 |
| 1 | 0 | 0 | 1 | 1 |
| 0 | 1 | 0 | 1 | 1 |
| 0 | 0 | 0 | 0 | 0 |

2. 宣告 a, b, c 三個整數變數，並將使用者輸入的三個整數置入。寫法如下：

```
a, b, c = map(int, input().split())
```

3. 因位元運算子是對 0 和 1 做運算，但如下題目舉例發現可進行大於 1 的值的運算，例如：0 AND 3 或 4 OR 9 …等。

① 0 AND 0 的結果為 0，0 OR 0 以及 0 XOR 0 的結果也為 0。

② 0 AND 3 的結果為 0，0 OR 3 以及 0 XOR 3 的結果則為 1。

③ 4 AND 9 的結果為 1，4 OR 9 的結果也為 1，但 4 XOR 9 的結果為 0。

為簡化程式可使用 if 選擇敘述判斷 a 或 b 兩整數變數是否大於 0，若大於 0 則另該變數值為 1。寫法如下：

```
if a > 0:
    a = 1        # a 大於 0 時,令 a 為 1
if b > 0:
    b = 1        # b 大於 0 時,令 b 為 1
```

4. 宣告 and_result、or_result、xor_result 三個整數變數用來存放 AND、OR、XOR 位元運算的結果，若結果為 1 表示該位元運算成立。

再依序判斷 a、b 進行 AND、OR、XOR 位元運算的結果是否等於 c，若成立將對應的 and_result、or_result、xor_result 的值設為 1。寫法如下：

```
and_result = 0
or_result = 0
xor_result = 0

# 依序判斷 a 和 b 進行 AND、OR、XOR 位元運算的結果是否等於 c
if (a & b) == c:
    and_result = 1
if (a | b) == c:
    or_result = 1
if (a ^ b) == c:
    xor_result = 1
```

5. 依序判斷 and_result、or_result、xor_result 的值是否為 1，若成立即印出該位元運算子的英文字，輸出順序為 AND、OR、XOR。寫法如下：

```
if and_result == 1:
    print("AND")
if or_result == 1:
    print("OR")
if xor_result == 1:
    print("XOR")
```

6. 當 and_result、or_result、xor_result 三個變數值皆為 0 時，即印出 "IMPOSSIBLE"。寫法如下：

```
if and_result == 0 and or_result == 0 and xor_result == 0:
    print("IMPOSSIBLE")
```

程式碼 FileName：apcs_10610_01.py

```python
01 # 宣告 a, b, c 三個整數變數，並將使用者輸入的三個整數置入
02 a, b, c = map(int, input().split())
03
04 if a > 0:
05     a = 1   # a 大於 0 時,令 a 為 1
06 if b > 0:
07     b = 1   # b 大於 0 時,令 b 為 1
08
09 # 宣告 and_result, or_result, xor_result 三個變數
10 # 用來存放 AND、OR、XOR 位元運算子的運算結果
11 # 若 and_result, or_result, xor_result 的值為 1，表示該運算子成立
12 and_result = 0
13 or_result = 0
14 xor_result = 0
15
16 # 依序判斷 a 和 b 進行 AND、OR、XOR 位元運算的結果是否等於 c
17 if (a & b) == c:
18     and_result = 1
19 if (a | b) == c:
20     or_result = 1
21 if (a ^ b) == c:
22     xor_result = 1
23
24 # 依序判斷 and_result, or_result, xor_result 的值是否為 1
25 # 若成立即印出該運算子的英文字
26 if and_result == 1:
27     print("AND")
28 if or_result == 1:
29     print("OR")
30 if xor_result == 1:
31     print("XOR")
32
33 # 當 and_result, or_result, xor_result 的值為 0 時即印出 IMPOSSIBLE
34 if and_result == 0 and or_result == 0 and xor_result == 0:
35     print("IMPOSSIBLE")
```

執行結果

範例一：輸入 0△0△ 0 的執行結果。

```
0 0 0
AND
OR
XOR
```

範例二：輸入 1△1△1 的執行結果。

```
1 1 1
AND
OR
```

範例三：輸入 3△0△1 的執行結果。

```
3 0 1
OR
XOR
```

範例四：輸入 0△0△1 的執行結果。

```
0 0 1
IMPOSSIBLE
```

# 16.2 交錯字串

**問題描述**

　　一個字串如果全由大寫英文字母組成，我們稱為大寫字串；如果全由小寫字母組成則稱為小寫字串。字串的長度是它所包含字母的個數，在本題中，字串均由大小寫英文字母組成。假設 k 是一個自然數，一個字串被稱為「k-交錯字串」，如果它是由長度為 k 的大寫字串與長度為 k 的小寫字串交錯串接組成。

　　舉例來說，「StRiNg」是一個 1-交錯字串，因為它是一個大寫一個小寫交替出現；而「heLLow」是一個 2-交錯字串，因為它是兩個小寫接兩個大寫再接兩個小寫。但不管 k 是多少，「aBBaaa」、「BaBaBB」、「aaaAAbbCCCC」都不是 k-交錯字串。

　　本題的目標是對於給定 k 值，在一個輸入字串找出最長一段連續子字串滿足 k-交錯字串的要求。例如 k=2 且輸入「aBBaaa」，最長的 k-交錯字串是「BBaa」，長度為 4。又如 k=1 且輸入「BaBaBB」，最長的 k-交錯字串是「BaBaB」，長度為 5。

　　請注意，滿足條件的子字串可能只包含一段小寫或大寫字母而無交替，如範例二。此外，也可能不存在滿足條件的子字串，如範例四。

**輸入格式**

輸入的第一行是 k，第二行是輸入字串，字串長度至少為 1，只由大小寫英文字母組成 (A~Z, a~z) 並且沒有空白。

**輸出格式**

輸出輸入字串中滿足 k-交錯字串的要求的最長一段連續子字串的長度，以換行結尾。

| 範例一：輸入 | 範例二：輸入 | 範例三：輸入 | 範例四：輸入 |
|---|---|---|---|
| 1 | 3 | 2 | 3 |
| aBBdaaa | DDaasAAbbCC | aafAXbbCDCCC | DDaaAAbbCC |
| 範例一：正確輸出 | 範例二：正確輸出 | 範例三：正確輸出 | 範例四：正確輸出 |
| 2 | 3 | 8 | 0 |

**評分說明**

輸入包含若干筆測試資料，每一筆測試資料的執行時間限制 (time limit) 均為 1 秒，依正確通過測資筆數給分。其中

第 1 子題組 20 分，字串長度不超過 20 且 k=1。

第 2 子題組 30 分，字串長度不超過 100 且 k ≤ 2。

第 3 子題組 50 分，字串長度不超過 100,000 且無其他限制。

提示：根據定義，要找的答案是大寫片段與小寫片段交錯串接而成。本題有多種解法的思考方式，其中一種是從左往右掃描輸入字串，我們需要紀錄的狀態包含：目前是在小寫子字串中還是大寫子字串中，以及在目前大(小)寫子字串的第幾個位置。根據下一個字母的大小寫，我們需要更新狀態並且記錄以此位置為結尾的最長交替字串長度。

另外一種思考是先掃描一遍字串，找出每一個連續大(小)寫片段的長度並將其記錄在一個陣列，然後針對這個陣列來找出答案。

解題分析

1. 利用範例一將解題的演算法說明如下：

① 先將字串的所有大寫字母都用「A」取代，所有小寫字母都用「a」取代。例如範例一的 aBBdaaa 字串，會轉換成 aAAaaaa。

② 根據題目指定的 k 值產生交錯字串，交錯字串可能以大寫字母開頭，以 k=1 為例：A、Aa、AaA、AaAa、AaAaA、AaAaAa...。也可能以小寫字母開頭，例如：a、aA、aAa、aAaA、aAaAa、aAaAaa...。若以 k=2 為例：AA、AAaa、AAaaAA、AAaaAAaa、AAaaAAaaAA...和 aa、aaAA、aaAAaa、aaAAaaAA、aaAAaaAAaa...。

③ 將大寫開頭交錯字串，由字串長度從短到長，依序在字串中搜尋，若找到就繼續搜尋；否則就結束。例如以 A 在 aAAaaaa 中搜尋可以找到，繼續以 Aa 在 aAAaaaa 中搜尋也可找到，再以 AaA 搜尋結果找不到就結束搜尋，最後符合的最長交錯字串為 Aa。

④ 將小寫開頭交錯字串，依照上述方法搜尋。例如以 a 在 aAAaaaa 中搜尋可以找到，再以 aA 在 aAAaaaa 中搜尋也可找到，再以 aAa 搜尋結果找不到就結束搜尋，最後符合的最長交錯字串為 aA。

⑤ 大寫和小寫開頭交錯字串的最後字串長度，兩者的最大值就是答案。例如範例一大寫開頭交錯字串的最後字串為 Aa，小寫開頭則為 aA，兩者的長度都是 2，所以答案就是 2。

2. 為降低本題邏輯判斷的複雜度，所以先將字串的所有大寫字母都用 A 取代，所有小寫字母都用 a 取代。例如範例二的 DDaasAAbbCC 字串，會轉換成 AAaaaAAaaAA。程式寫法如下：

```
for i in range(26): #逐一指定字母
    strK = strK.replace(chr(i+66), 'A')    #將指定的大寫字母以 A 取代
    strK = strK.replace(chr(i+98), 'a')    #將指定的小寫字母以 a 取代
```

上面程式碼使用字串的 replace() 方法來取代字母，指定字母時利用字母的 ASCII 碼，例如 B 為 66 就用 chr(66)，b 為 98 就用 chr(98)，如此就可以用 for 迴圈指定所有字母。

3. 將產生交錯字串的程式，獨立成為 kStr() 函式。傳入的引數為 n (幾組交錯字串)、k (每組字串的字數)、upper (True 時表大寫字母開頭；False 時表小寫字母開頭)。程式寫法如下：

```
def kStr(n, k, upper):   # 定義函式 kStr
    strUp = "A" * k      # A 字母重複 k 個
    strLow = "a" * k     # a 字母重複 k 個
    s = ""      # 傳回的字串

    for i in range(1, n+1):# 執行 n 次
        if upper:    # 若開頭為大寫字母
            if i % 2:     # 若餘數為 1
                s += strUp    # 加上大寫 A 字串
            else:
                s += strLow   # 加上小寫 a 字串
        else:
            if i % 2:
                s += strLow
            else:
                s += strUp
```

```
        return s  # 傳回 s
}
```

上面程式碼使用 "A" * k，來產生 k 個 A 字母的字串。利用 for 迴圈 i 變數由 1 到 n，產生 n 組交錯字串。利用 i % 2 產生 1 或 0 餘數，再配合 upper 引數值決定大小寫交錯字串。

4. 使用 len(strK) // k 取得搜尋字串的最大組數 maxNum。利用 for 迴圈 i 變數由 1 到 maxNum，分別將大、小寫開頭交錯字串由長度短到長，逐一在 strK 字串中搜尋。若找到就記錄交錯字串的長度並繼續搜尋；否則就結束。

```
maxNum = len(strK) // k         # 搜尋字串最大組數
strFind = ""                    # 搜尋的交錯字串
lenUp, lenLow = 0, 0            # 紀錄大、小寫開頭最終交錯字串的長度

for i in range(1, maxNum+1):    # 逐一指定字串組數
    strFind = kStr(i, k, True)  # 指定搜尋的交錯字串為大寫開頭
    if strFind not in strK:     # 若傳回值-1 就離開迴圈
        break
    else:
        lenUp = len(strFind)    # 紀錄大寫開頭交錯字串的最大長度
```

5. lenLow、lenUp 分別記錄交錯字串的長度，用 max() 函式取兩者的最大值。

```
print(max(lenLow, lenUp))    # 印出 lenLow、lenUp 的最大值
```

**程式碼** FileName：apcs_10610_02.py

```
01 def kStr(n, k, upper):  # 定義函式 kStr
02     strUp = "A" * k       # A 字母重複 k 個
03     strLow = "a" * k       # a 字母重複 k 個
04     s = ""      # 傳回的字串
05
06     for i in range(1, n+1):# 執行 n 次
07         if upper:   # 若開頭為大寫字母
08             if i % 2:   # 若餘數為 1
09                 s += strUp   # 加上大寫 A 字串
10             else:
11                 s += strLow  # 加上小寫 a 字串
12         else:
13             if i % 2:
14                 s += strLow
15             else:
16                 s += strUp
17     return s  # 傳回 s
18
19 fp= open("data1.txt", "r")   # 讀取檔案
```

```
20 k = int(fp.readline())   # 交錯字串字數
21 strK = fp.readline()      # 搜尋的字串
22
23 for i in range(26): #逐一指定字母
24     strK = strK.replace(chr(i+66), 'A')    #將指定的大寫字母以 A 取代
25     strK = strK.replace(chr(i+98), 'a')    #將指定的小寫字母以 a 取代
26
27 maxNum = len(strK) // k       # 搜尋字串最大組數
28 strFind = ""      # 搜尋的交錯字串
29 lenUp, lenLow = 0, 0  # 紀錄大、小寫開頭最終交錯字串的長度
30
31 for i in range(1, maxNum+1):       # 逐一指定字串組數
32     strFind = kStr(i, k, True)     # 指定搜尋的交錯字串為大寫開頭
33     if strFind not in strK:        # 若傳回值-1 就離開迴圈
34         break
35     else:
36         lenUp = len(strFind)       # 紀錄大寫開頭交錯字串的最大長度
37
38 for i in range(1, maxNum+1):
39     strFind = kStr(i, k, False)    # 指定搜尋的交錯字串為小寫開頭
40     if strFind not in strK:        # 若傳回值-1 就離開迴圈
41         break
42     else:
43         lenLow = len(strFind)      # 紀錄小寫開頭交錯字串的最大
44
45 print(max(lenLow, lenUp))          # 印出 lenLow、lenUp 的最大值
46 fp.close()                         # 關閉檔案
```

執行結果

範例一：讀入 data1.txt 資料檔的執行結果

```
data1.txt - 記事本        □  ×
檔案(F)  編輯(E)  格式(O)  檢視(V)  說明
1
aBBdaaa

100  Windows (CRLF)     UTF-8
```

輸出結果

```
2
```

範例二：讀入 data2.txt 資料檔的執行結果

```
data2.txt - 記事本        □  ×
檔案(F)  編輯(E)  格式(O)  檢視(V)  說明
3
DDaasAAbbCC

100  Windows (CRLF)     UTF-8
```

輸出結果

```
3
```

範例三：讀入 data3.txt 資料檔的執行結果

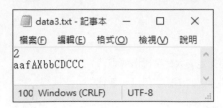

輸出結果

8

範例四：讀入 data4.txt 資料檔的執行結果

輸出結果

0

# 16.3 樹狀圖分析

**問題描述**

　　本題是關於有根樹 (rooted tree)。在一棵 n 個節點的有根樹中，每個節點都是以 1~n 的不同數字來編號，描述一棵有根樹必須定義節點與節點之間的親子關係。一棵有根樹恰有一個節點沒有父節點 (parent)，此節點被稱為根節點(root)，除了根節點以外的每一個節點都恰有一個父節點，而每個節點被稱為是它父節點的子節點 (child)，有些節點沒有子節點，這些節點稱為葉節點(leaf)。在當有根樹只有一個節點時，這個節點既是根節點同時也是葉節點。

　　在圖形表示上，我們將父節點畫在子節點之上，中間畫一條邊 (edge) 連結。例如，圖一中表示的是一棵 9 個節點的有根樹，其中，節點 1 為節點 6 的父節點，而節點 6 為節點 1 的子節點；又 5、3 與 8 都是 2 的子節點。節點 4 沒有父節點，所以節點 4 是根節點；而 6、9、3 與 8 都是葉節點。

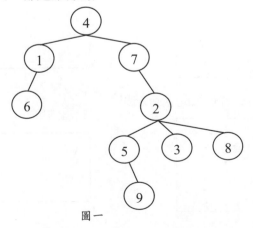

圖一

樹狀圖中的兩個節點 u 和 v 之間的距離 d(u,v) 定義為兩節點之間邊的數量。如圖一中，d(7,5)=2，而 d(1,2)=3。對於樹狀圖中的節點 V，我們以 h(v) 代表節點 V 的高度，其定義是節點 v 和節點 v 下面最遠的葉節點之間的距離，而葉節點的高度定義為 0。如圖一中，節點 6 的高度為 0，節點 2 的高度為 2，而節點 4 的高度為 4。此外，我們定義 H(T) 為 T 中所有節點的高度總和，也就是說 $H(T)=\sum_{v \in T} h(v)$。給定一個樹狀圖 T，請找出 T 的根節點以及高度總和 H(T)。

**輸入格式**

第一行有一個正整數 n 代表樹狀圖的節點個數，節點的編號為 1 到 n。接下來有 n 行，第 i 行的第一個數字 k 代表節點 i 有 k 個子節點，第 i 行接下來的 k 個數字就是這些子節點的編號。每一行的相鄰數字間以空白隔開。

**輸出格式**

輸出兩行各含一個整數，第一行是根節點的編號，第二行是 H(T)。

| 範例一(第 1、3 子題)：輸入 | 範例二(第 2、4 子題)：輸入 |
|---|---|
| 7 | 9 |
| 0 | 1 6 |
| 2 6 7 | 3 5 3 8 |
| 2 1 4 | 0 |
| 0 | 2 1 7 |
| 2 3 2 | 1 9 |
| 0 | 0 |
| 0 | 1 2 |
| | 0 |
| 範例一：正確輸出 | 0 |
| 5 | |
| 4 | 範例二：正確輸出 |
| | 4 |
| | 11 |

**評分說明**

輸入包含若干筆測試資料，每一筆測試資料的執行時間限制 (time limit) 均為 1 秒，依正確通過測資筆數給分。測資範圍如下，其中 k 是每個節點的子節點數量上限：

第 1 子題組 10 分，$1 \leq n \leq 4, k \leq 3$, 除了根節點之外都是葉節點。

第 2 子題組 30 分，$1 \leq n \leq 1,000, k \leq 3$。

第 3 子題組 30 分，$1 \leq n \leq 100,000, k \leq 3$。

第 4 子題組 30 分，$1 \leq n \leq 100,000$, k 無限制。

提示：輸入的資料是給每個節點的子節點有哪些或沒有子節點，因此，可以根據定義找出根節點。關於節點高度的計算，我們根據定義可以找出以下遞迴關係式：(1)葉節點的高度為 0；(2)如果 v 不是葉節點，則 v 的高度是它所有子節點的最大高度加一。也就是說，假設 v 的子節點有 a,b 與 c，則 h(v)=max { h(a), h(b), h(c)}+1。以遞迴方式可以計算出所有節點的高度。

解題分析

1. 要解本題首先要先認識資料檔代表樹狀圖結構，如下以範例一即 data1.txt 資料檔進行說明，第 1 行代表節點數量，第 2 行表節點 1 的資訊，第 3 行表節點 2 的資訊，其餘類推。節點資訊的第 1 個數值表示其子節點數量，其餘數值為各子節點編號。資料檔每行對應說明如下：

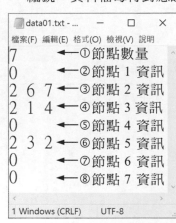

① 第 1 行表示樹共有 7 個節點。

② 第 2 行表示節點 1 有 0 個子節點。

③ 第 3 行表示節點 2 有 2 個子節點，其子節點為 6 和 7。

④ 第 4 行表示節點 3 有 2 個子節點，其子節點為 1 和 4。

⑤ 第 5 行表示節點 4 有 0 個子節點。

⑥ 第 6 行表示節點 5 有 2 個子節點，其子節點為 3 和 2。

⑦ 第 7 行表示節點 6 有 0 個子節點。

⑧ 第 8 行表示節點 7 有 0 個子節點。

上述資料檔所對應樹狀圖結構如下：

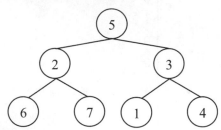

2. 本例宣告如下變數與串列用來存放各個節點的資訊。

```
LENGTH = 100000
n = 0                          # 記錄節點數量
child_node_count = [0 for x in range(LENGTH)]# 記錄各個節點的子節點數量
parent_node = [0 for x in range(LENGTH)]      # 記錄各個節點的父節點
node_height = [0 for x in range(LENGTH)]       # 記錄各個節點的高度
```

3. 將資料檔第 1 行讀入取得節點的數量，接著再使用巢狀 for 迴圈讀取資料檔，進行建置樹狀圖資料結構，即建立每個節點有多少子節點，以及每個節點的父節點資訊。寫法如下：

```
fp = open('data1.txt', 'r')    # 讀取輸入資料檔 data1.txt 或 data2.txt
n = int(fp.readline())         # 讀入檔案第 1 行為節點數量
# 使用巢狀 for 讀取資料檔進行建置樹狀圖資料結構
# 即建立每個節點有多少子節點，以及每個節點的父節點資訊
for i in range(1, n+1):
    # 讀取每個子節點數量，即 1~n 的子節點數量
    subnode = fp.readline().split(' ')
    child_node_count[i] = int(subnode[0])     # 存放每列子節點數
    if child_node_count[i] > 0:
        for j in range(1, child_node_count[i]+1):
            parent_node[int(subnode[j])] = i  # 記錄子節點的父節點
```

上述程式執行後 child_node_count 串列會記錄該節點的子節點數量，parent_node 會記錄該節點的父節點。例如：節點 3 的 child_node_count[3]=2，表示節點 3 有兩個子節點，其父節點為 5，其他以此類推。

| 節點 | child_node_count(子節點數量) | parent_node(父節點) |
|------|------------------------------|---------------------|
| 1 | child_node_count[1]=0 | parent_node[1]=3 |
| 2 | child_node_count[2]=2 | parent_node[2]=5 |
| 3 | child_node_count[3]=2 | parent_node[3]=5 |
| 4 | child_node_count[4]=0 | parent_node[4]=3 |
| 5 | child_node_count[5]=2 | parent_node[5]=0 |
| 6 | child_node_count[6]=0 | parent_node[6]=2 |
| 7 | child_node_count[7]=0 | parent_node[7]=2 |

4. 當知道每個節點的父節點，即可使用巢狀迴圈依序計算每個節點的高度，接著將每個節點的高度存放至 node_height 串列中。寫法如下：

```
# 計算各個節點的高度
for i in range(1, n+1):
    height = 0               # 記錄目前節點的高度
    node = parent_node[i]    # 移到 i 節點的父節點
    # 若不為 0 表示有子節點，即計算該節點高度
    while node != 0:
        height += 1
        if height > node_height[node]:
            node_height[node] = height
        node = parent_node[node]
```

上述程式執行後，node_height 串列會記錄該節點高度。例如：節點 3 的 node_height[3] = 1，表示節點 3 的高度為 1，其他以此類推。

| 節點 | child_node_count (子節點數量) | parent_node (父節點) | node_height (節點高度) |
|---|---|---|---|
| 1 | child_node_count[1]=0 | parent_node[1]=3 | node_height[1]=0 |
| 2 | child_node_count[2]=2 | parent_node[2]=5 | node_height[2]=1 |
| 3 | child_node_count[3]=2 | parent_node[3]=5 | node_height[3]=1 |
| 4 | child_node_count[4]=0 | parent_node[4]=3 | node_height[4]=0 |
| 5 | child_node_count[5]=2 | parent_node[5]=0 | node_height[5]=2 |
| 6 | child_node_count[6]=0 | parent_node[6]=2 | node_height[6]=0 |
| 7 | child_node_count[7]=0 | parent_node[7]=2 | node_height[7]=0 |

5. 最後使用循序搜尋法找出根節點，父節點為 0 即是根節點。寫法如下：

```
# 循序搜尋法找出根節點，即父節點為 0 的節點
for i in range(1, n+1):
    if parent_node[i] == 0:
        print(i)              # 印出根節點
```

6. 再以 for 迴圈計算 node_height 所有串列元素總和即得到所有節點高度總和。寫法如下：

```
# 加總所有節點的高度
sum_of_tree_height = 0
for i in range(1, n+1):
    sum_of_tree_height += node_height[i]
print(sum_of_tree_height)
```

**程式碼** FileName：apcs_10610_03.py

```
01 LENGTH = 100000
02 n = 0                                 # 記錄節點數量
03 child_node_count = [0 for x in range(LENGTH)]    # 記錄各個節點的子節點數量
04 parent_node = [0 for x in range(LENGTH)]         # 記錄各個節點的父節點
05 node_height = [0 for x in range(LENGTH)]         # 記錄各個節點的高度
06
07 fp = open('data1.txt', 'r')           # 讀取輸入資料檔 data1.txt 或 data2.txt
08 n = int(fp.readline())                # 讀入檔案第 1 行為節點數量
09 # 使用巢狀 for 讀取資料檔進行建置樹狀圖資料結構
10 # 即建立每個節點有多少子節點，以及每個節點的父節點資訊
11 for i in range(1, n+1):
12     # 讀取每個子節點數量，即 1~n 的子節點數量
13     subnode = fp.readline().split(' ')
14     child_node_count[i] = int(subnode[0])        # 存放每列子節點數
15     if child_node_count[i] > 0:
16         for j in range(1, child_node_count[i]+1):
```

```
17              parent_node[int(subnode[j])] = i       # 記錄子節點的父節點
18
19  # 計算各個節點的高度
20  for i in range(1, n+1):
21      height = 0                      # 記錄目前節點的高度
22      node = parent_node[i]           # 移到 i 節點的父節點
23      # 若不為 0 表示有子節點，即計算該節點高度
24      while node != 0:
25          height += 1
26          if height > node_height[node]:
27              node_height[node] = height
28          node = parent_node[node]
29
30  # 循序搜尋法找出根節點，即父節點為 0 的節點
31  for i in range(1, n+1):
32      if parent_node[i] == 0:
33          print(i)                # 印出根節點
34
35  # 加總所有節點的高度
36  sum_of_tree_height = 0
37  for i in range(1, n+1):
38      sum_of_tree_height += node_height[i]
39  print(sum_of_tree_height)
40
41  fp.close()                      # 關閉檔案
```

**執行結果**

範例一：讀入 data1.txt 資料檔的執行結果

輸出結果

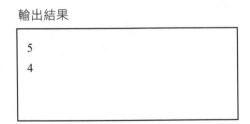

範例二：讀入 data2.txt 資料檔的執行結果

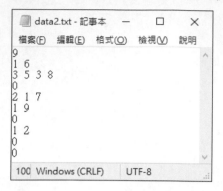

輸出結果

```
4
11
```

# 16.4 物品堆疊

**問題描述**

　　某個自動化系統中有一個存取物品的子系統，該系統是將 N 個物品堆在一個垂直的貨架上，每個物品各佔一層。系統運作的方式如下：每次只會取用一個物品，取用時必須先將在其上方的物品貨架升高，取用後必須將該物品放回，然後將剛才升起的貨架降回原始位置，之後才會進行下一個物品的取用。

　　每一次升高某些物品所需要消耗的能量是以這些物品的總重來計算，在此我們忽略貨架的重量以及其他可能的消耗。現在有 N 個物品，第 1 個物品的重量是 w(i) 而需要取用的次數為 f(i)，我們需要決定如何擺放這些物品的順序來讓消耗的能量越小越好。舉例來說，有兩個物品 w(1)=1、w(2)=2、f(1)=3、f(2)=4，也就是說物品 1 的重量是 1 需取用 3 次，物品 2 的重量是 2 需取用 4 次。我們有兩個可能的擺放順序(由上而下)：

● (1, 2)，也就是物品 1 放在上方，2 在下方。那麼，取用 1 的時候不需要能量，而每次取用 2 的能量消耗是 w(1)=1，因為 2 需取用 f(2)=4 次，所以消耗能量數為 w(1)*f(2)=4。

● (2, 1)，也就是物品 2 放在 1 的上方。那麼，取用 2 的時候不需要能量，而每次取用 1 的能量消耗是 w(2)=2，因為 1 需取用 f(1)=3 次，所以消耗能量數 =w(2)*f(1)=6。

　　在所有可能的兩種擺放順序中，最少的能量是 4，所以答案是 4。再舉一例，若有三物品而 w(1)=3、w(2)=4、w(3)=5、f(1)=1、f(2)=2、f(3)=3。假設由上而下以 (3,2,1) 的順序，此時能量計算方式如下：取用物品 3 不需要能量，取用物品 2 消耗 w(3)*f(2)=10，取用物品 1 消耗 (w(3)+w(2))*f(1)=9，總計能量為 19。如果以 (1,2,3) 的順序，則消耗能量為 3*2+(3+4)*3=27。事實上，我們一共有 3 != 6 種可能的擺放順序，其中順序 (3,2,1) 可以得到最小消耗能量 19。

**輸入格式**

輸入的第一行是物品件數 N，第二行有 N 個正整數，依序是各物品的重量 w(1)、w(2)、...、w(N)，重量皆不超過 1000 且以一個空白間隔。第三行有 N 個正整數，依序是各物品的取用次數 f(1)、f(2)、...、f(N)，次數皆為 1000 以內的正整數，以一個空白間隔。

**輸出格式**

輸出最小能量消耗值，以換行結尾。所求答案不會超過 63 個位元所能表示的正整數。

| 範例一(第 1、3 子題)：輸入 | 範例二(第 2、4 子題)：輸入 |
| --- | --- |
| 2 | 3 |
| 20 10 | 3 4 5 |
| 1 1 | 1 2 3 |
| 範例一：正確輸出 | 範例二：正確輸出 |
| 10 | 19 |

**評分說明**

輸入包含若干筆測試資料,每一筆測試資料的執行時間限制 (time limit) 均為 1 秒，依正確通過測資筆數給分。其中：

第 1 子題組 10 分，N=2，且取用次數 f(1)=f(2)=1。

第 2 子題組 20 分，N=3。

第 3 子題組 45 分，N≤1,000，且每一個物品 i 的取用次數 f(i)=1。

第 4 子題組 25 分，N≤100,000。

<kbd>解題分析</kbd>

1. 本題在程式檔相同路徑下建立 data1.txt 和 data2.txt 資料檔當做輸入的資料，資料檔的第 1 列表示物品數量，第 2 列表示每一個物品重量，第 3 列表示每一物品取用次數。舉例左下圖說明 data1.txt 有兩筆物品，第一筆物品重量為 20 且取用次數為 1、第二筆物品重量為 10 且取用次數為 1；右下圖說明 data2.txt 有三筆物品，第二筆物品重量為 4 且取用次數為 2，第三筆物品重量為 5 且取用次數為 3。

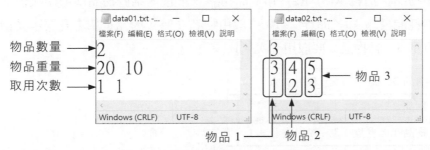

2. 本例物品所需要消耗的能量,是以這些物品的重量和取用次數來進行計算,因此可將物品視為一個結構資料型別。本例用類別方式來模擬結構資料型別,並先定義 goods 物件擁有 wt 重量和 use 物品取用次數欄位。寫法如下:

```
class Struct(object):
    wt:int
    use:int
goods = Struct
```

3. 將 data1.txt 或 data2.txt 資料檔的內容,讀入到 goods 物品物件 的 wt 重量欄位與 use 取用次數欄位中,接著再放入 objG 二維串列中。

```
fp = open('data2.txt', 'r')     # 讀入資料檔 data1.txt 或 data2.txt
count = int(fp.readline())          # 讀取放存放物品筆數
tempWT = fp.readline().split(' ')   # 讀取放各物品重量
tempUse = fp.readline().split(' ')  # 讀取放各物品取用次數

objG = []                           # 二維串列
# 逐一加入物件資料
for i in range(0, count):
    temp = []                       # 暫存物品重量與取用次數的串列
    goods.wt = int(tempWT[i])       # 逐一讀取物品重量
    goods.use = int(tempUse[i])     # 逐一讀取物品取用次數
    temp.append(goods.wt)           # 將物品重量放入暫存串列中
    temp.append(goods.use)          # 將物品取用次數放入暫存串列中
    # 將 temp 暫存的串列做為元素放入 objG 二維串列中
    objG.append(temp)
```

4. 由上而下排列物件 3、物件 2、物件 1,(3,2,1) 的順序的總計消耗能量為 19。如下以圖示說明能量計算方式:

Step 1　取用物品 3 不需要能量,因貨架最上層物品可直接取用。

| 物品 3:重量:5、取用次數:3 |
| 物品 2:重量:4、取用次數:2 |
| 物品 1:重量:3、取用次數:1 |

Step2　取用物品 2 消耗 w(3)*f(2)=10。即物品 3 重量 5 乘於物品 2 取用次數 2,結果消耗能量為 10,即 5*2=10。(取用物品 2 時,因為貨架上升要承受物品 3 的重量 5,且物品 2 要取用 2 次。)

**Step3**　取用物品 1 消耗 (w(3)+w(2))*f(1)=9。即物品 3 重量 5 加物品 2 重量 4 後再乘於物品 1 取用次數 1，即 (5+4)*1=9。(取用物品 1 時，因為貨架上升要承受物品 3 和物品 2 的重量，且物品 1 要取用 1 次。)

物品 3：重量：5、取用次數：3

物品 2：重量：4、取用次數：2

物品 1：重量：3、取用次數：1　　(5+4)*1=9

**Step4**　將取用物件 2 消耗能量 10 (即 5*2=10)，與取用物件 1 消耗能量 9 (即 (5+4)*1=9 )，10 和 9 兩者相加，即得到由上而下疊放物件 3、物件 2、物件 1 (即 (3,2,1) ) 順序的總計消耗能量為 19。

5. 為了讓總計消耗能量達到最小，因此本例使用氣泡排序法將物品重量愈小且取用次數愈小的物件放到下層。寫法如下：

```
# 使用氣泡排序法，將物品重量愈小且取用次數愈小的物件放到下層
for i in range(0, count-1):
    for j in range(0, count-1-i):
        if objG[j][0]*objG[j+1][1] > objG[j+1][0]*objG[j][1]:
            objG[j], objG[j+1] = objG[j+1], objG[j]   # 互換
```

6. 使用迴圈逐一將目前物品重量與上層物品重量加總後，再乘上目前物品取用次數並進行累加，即可得到最小消耗能量總和。寫法如下：

```
# 計算最小消耗能量總和
total_weight = 0              # 目前物品重量與上層物品重量的總和
min_total_energy = 0          # 最小消耗能量總和
for i in range(0, count-1):
    total_weight += objG[i][0] # 累加上層物件的重量
    # 累加每層消耗能量總和
    min_total_energy += total_weight * objG[i+1][1]
print(min_total_energy)
```

**程式碼**　FileName：apcs_10610_04.py

```
01 class Struct(object):
02     wt:int
03     use:int
04 goods = Struct
05
06 fp = open('data2.txt', 'r')          # 讀入資料檔 data1.txt 或 data2.txt
07 count = int(fp.readline())           # 讀取放存放物品筆數
08 tempWT = fp.readline().split(' ')    # 讀取放各物品重量
09 tempUse = fp.readline().split(' ')   # 讀取放各物品取用次數
10
```

```
11  objG = []                                # 二維串列
12  # 逐一加入物品資料
13  for i in range(0, count):
14      temp = []                            # 暫存物件品重量與取用次數的串列
15      goods.wt = int(tempWT[i])            # 逐一讀取物品重量
16      goods.use = int(tempUse[i])          # 逐一讀取物品取用次數
17      temp.append(goods.wt)
18      temp.append(goods.use)
19      # 將 temp 暫存的結構串列做為元素放入 objG 二維串列中
20      objG.append(temp)
21
22  # 使用氣泡排序法，將物品重量愈小且取用次數愈小的物件放到下層
23  for i in range(0, count-1):
24      for j in range(0, count-1-i):
25          if objG[j][0]*objG[j+1][1] > objG[j+1][0]*objG[j][1]:
26              objG[j], objG[j+1] = objG[j+1], objG[j]    # 互換
27
28  # 計算最小消耗能量總和
29  total_weight = 0                    # 目前物品重量與上層物品重量的總和
30  min_total_energy = 0               # 最小消耗能量總和
31  for i in range(0, count-1):
32      total_weight += objG[i][0]             # 累加上層物件的重量
33      # 累加每層消耗能量總和
34      min_total_energy += total_weight * objG[i+1][1]
35  print(min_total_energy)
36
37  fp.close()                                # 關閉檔案
```

執行結果

範例一：讀入 data1.txt 資料檔的執行結果

輸出結果

```
10
```

範例二：讀入 data2.txt 資料檔的執行結果

輸出結果

```
19
```